Human Capital Management

Personalprozesse erfolgreich managen

Helmut Kruppke
Manfred Otto
Maximilian Gontard
Herausgeber

Human Capital Management

Personalprozesse
erfolgreich managen

Mit 83 Abbildungen
und 19 Tabellen

 Springer

Helmut Kruppke
Manfred Otto

Altenkesselerstraße 17
66115 Saarbrücken
E-mail: helmut.kruppke@ids-scheer.com
E-mail: manfred.otto@ids-scheer.com

Dr. Maximilian Gontard
Lindwurmstraße 23
80337 München
E-mail: maximilian.gontard@ids-scheer.com

Die Deutsche Bibliothek verzeichnet diese Publikation in der Deutschen Nationalbibliografie; detaillierte bibliografische Daten sind im Internet über *http://dnb.ddb.de* abrufbar.

ISBN-10 3-540-33298-7 Springer Berlin Heidelberg New York
ISBN-13 978-3-540-33298-5 Springer Berlin Heidelberg New York

Springer ist ein Unternehmen von Springer Science+Business Media
springer.de

© Springer-Verlag Berlin Heidelberg 2006
Printed in Germany

Einbandgestaltung: design & production GmbH
Herstellung: Helmut Petri
Druck: Strauss Offsetdruck
SPIN 11733287   Gedruckt auf säurefreiem Papier – 43/3153 – 5 4 3 2 1 0

Vorwort

HR-Verantwortliche müssen dem technologischen Fortschritt und den sich kontinuierlich verändernden Anforderungen von Mitarbeitern und Management Rechnung tragen. Die Herausforderung besteht darin, flexibel und erfolgreich agieren zu können. Einen Erfolg versprechenden Weg zu diesem Ziel zeigt ein ganzheitliches und kontinuierliches Geschäftsprozessmanagement (BPM) auf.

Wie BPM zur konkreten Unterstützung von HR-Verantwortlichen eingesetzt werden kann, wird in dem vorliegenden Buch aus verschiedenen Perspektiven dargestellt und diskutiert. Die Themenfelder reichen von der HR-Strategiebestimmung über die Konzeption und Implementierung bis hin zum operativen HR-Prozesscontrolling. Dazu dient auch die einleitende Darstellung und Erklärung des „HR Business Process Management (BPM) Lifecycle", der die thematische Klammer des gesamten Buches darstellt. Theoretische Konzepte werden darin durch konkrete Praxisberichte ergänzt. Erfahrene Personalmanager können sich so einen Überblick über das Thema „Geschäftsprozessmanagement im Bereich Human Capital" verschaffen. Dabei wird Human Capital Management als Treiber der Wettbewerbsfähigkeit und Wertschöpfung von Unternehmen verstanden.

Stellschrauben der HR-Strategie müssen diskutiert werden, doch wäre es wenig zielführend hier stehen zu bleiben, gilt es doch, die Brücke zu schlagen zur operativen Leistungsfähigkeit eines Personalbereichs und dessen Performancemessung. Dabei sehen sich Personalverantwortliche nicht zuletzt damit konfrontiert, dass sie Antworten auf die in immer kürzeren Zyklen notwendigen organisatorischen Anpassungen des Peronalbereichs finden müssen. Ein exemplarischer Vorschlag zur einer Organisation des HR-Bereichs, die flexibel an veränderte Situationen angepasst werden kann, soll hier neue Wege aufzeigen. Wie strategische HR-Ausrichtungen bewertet werden können, erläutert dieses Buch unter anderem an Optionen wie „HR Shared Service Center" und „HR Business Process Outsourcing".

Die Herausforderungen an HR-Manager sind vielfältig und gehen weit über die reine Personalführung hinaus. Der Bogen lässt sich von der Personalbedarfsplanung bis zum Management von realen Kunden- und Lieferantenbeziehungen spannen. Prozesslandkarten mit verlässlichen Prozessdokumentationen stellen sich hier als unerlässliche Management-Tools heraus.

Die IT muss möglichst reibungslos in die optimierten Personal-Prozesse implementiert werden. Ein Fallbeispiel aus der Praxis erläutert, wie dies etwa mit Blick auf die betriebswirtschaftliche Software SAP R/3 HR umgesetzt werden kann.

Ob HR-Prozesse wirklich effizient sind, muss und kann verlässlich überwacht und gesteuert werden. Im Umfeld des Themas „HR Business Process Controlling" wird unter anderem am Beispiel eines HR-Outsourcing-Dienstleisters beschrieben, wie mit Unterstützung der Prozessmanagement-Software ARIS die Aufgabe „Prozesskostenrechnung" umfassend gelöst werden kann. Das Aufgabenspektrum reicht hierbei von der reinen Berechnung von Prozesskosten unter Berücksichtigung verschiedener Kostenarten über die Kapazitätssteuerung von Ressourcen bis hin zur Unterstützung der Geschäftsprozessoptimierung.

Theorie und Praxis eng zu verbinden gehört zu den kontinuierlichen Anforderungen an HR-Verantwortliche und ist folglich auch Diskussionsgegenstand dieser Publikation. „Change Management" ist hier der viel zitierte Begriff, der entlang eines 6-Phasen-Modells mit Leben erfüllt und auf kritische Erfolgsfaktoren hin geprüft wird.

Die Verbindung von Theorie und Praxis ist nicht nur der thematische Anspruch an das vorliegende Buch: Viele Autoren sind als HR-Verantwortliche aktiv in Unternehmen tätig und stehen für die praktische Evaluierungen der theoretischen Modelle. Als Herausgeber wünschen wir uns, dass dieses Buch einen konstruktiven Beitrag zur aktuellen Diskussion über das Management von Personalprozessen leistet.

Helmut Kruppke   Saarbrücken und München, Januar 2006
Manfred Otto
Dr. Maximilian Gontard

Inhaltsverzeichnis

Teil IV: HR Business Process Implementation

Teil V: HR Business Process Controlling

Teil VI: Change Management

TEIL I:

HR Business Process Management Lifecycle

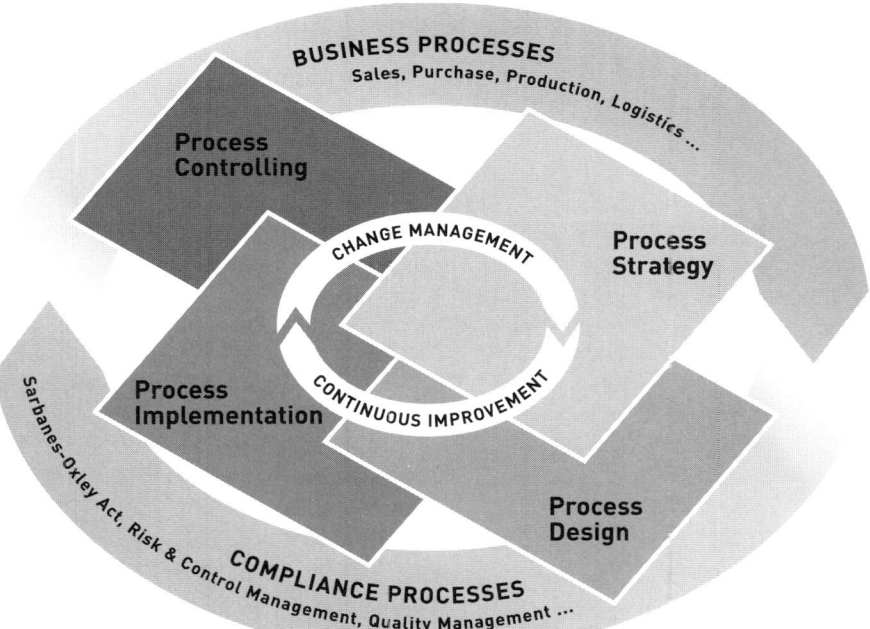

Der Lebenszyklus im HR-Geschäftsprozessmanagement: Strategie, Design, Implementierung und Controlling

Maximilian Gontard
IDS Scheer AG
Maximilian.Gontard@ids-scheer.com

1 Einleitung

Lange Zeit waren die personalwirtschaftlichen Strukturen von einer starken Kontinuität geprägt, in der den Prozessabläufen kaum Beachtung geschenkt wurde. Geringe organisatorische und technische Vernetzung, die Konzentration auf meist nur einen Firmenstandort und die vergleichsweise bescheidenen Erwartungen der internen Kunden an die „Personalverwaltung" führten dazu, dass einmal etablierte Abläufe über Jahrzehnte unverändert blieben. Seit über 10 Jahren ist die Kontinuität der Arbeitsabläufe jedoch Geschichte: Unterschiedliche und zum Teil auch rasch wechselnde organisatorische sowie technische Anforderungen machen ein systematisches und flexibles Management der zugrunde liegenden Prozesse erforderlich. So reichen die Herausforderungen der vergangenen Jahre von der Implementierung integrativer Personalverwaltungssysteme wie SAP R/3 Human Resources über den sog. „War for Talents", der dann kurzfristig von einer Welle an Personalfreistellungen abgelöst wurde, bis hin zum Aufweichen des „One Face to the Customer"-Konzeptes der Personalreferenten durch den 1st-Level-Support der HR Shared Service Center. Permanenter Kostendruck auf die Personalabteilung und steigende Qualitäts- und Serviceansprüche der internen Kunden komplettieren den Anforderungskatalog.

Um diesen Herausforderungen zu begegnen wurden in den Personalbereichen zahlreiche Projekte initialisiert und durchgeführt – oftmals mit nur mäßigem Erfolg (vgl. BPM Report 2004 IDS Scheer AG). Greift man beispielsweise das Thema „IT-Projekte" im HR-Bereich heraus, zeigt sich, dass zumeist weder die zuvor errechneten Einsparungen realisiert noch die Qualitäts- und Serviceerwartungen erfüllt wurden. Der Grund ist darin zu suchen, dass im Rahmen dieser IT-Projekte der Schwerpunkt meist einseitig auf der Produktivsetzung des HR-Systems lag, nicht jedoch auf der Analyse und Optimierung der zugrunde liegen-

den Prozesse (vgl. Computerwoche, 49/1998). Diese singuläre Ausrichtung ist er-
staunlich, da eine Wertschöpfung der eingesetzten Personalverwaltungssysteme
nur mittelbar über die Unterstützung der Prozesse stattfinden kann.

Eine prozessorientierte Herangehensweise führt weg von dieser isolierten Betrachtungsweise, indem sie einzelne Lösungskomponenten integriert, aber auch organisatorische Aspekte sowohl in der Aufbau- als auch in der Ablauforganisation berücksichtigt. Dieser Ansatz ist unter dem Schlagwort „Business Process
Management" (BPM) bekannt geworden. Von einem ganzheitlichen und kontinuierlichen BPM-Ansatz kann jedoch nur dann gesprochen werden, wenn BPM
selbst als Prozess mit unterschiedlichen Phasen verstanden wird. Diese Phasen mit
den o. g. „integrierten Lösungskomponenten" und „organisatorischen Aspekten"
geben einen roten Faden vor, der von der HR-Strategiebestimmung über die Konzeption (Design) und Implementierung bis zum operativen Prozesscontrolling
reicht. Bevor diese Phasen im Folgenden überblicksartig dargestellt und in weiteren Teilen des Buches anhand von Praxis- und Projektbeispielen veranschaulicht
werden, soll zuvor noch eine knappe Begriffsbestimmung von BPM vorgenommen werden, um auf diese Weise ein gemeinsames Verständnis für die weiteren
Ausführungen zu erzielen.

2   Zum Begriff „Business Process Management"

Wie die meisten Managementansätze besitzt auch „Business Process Management"
(BPM) keine allgemein gültige und verbindliche Definition. Selbst renommierte Organisationen wie die BPMI.ORG (Business-Process-Management-Initiative) oder
die Gartner Group, die sich intensiv mit diesem Ansatz auseinandersetzen, bleiben
eine einheitliche Definition schuldig oder formulieren diese so unscharf, dass sich
sowohl verschiedenste organisatorische Maßnahmen als auch unterschiedliche Sys-
temtechnologien darin wiederfinden können. Vor diesem Hintergrund erscheint es
sinnvoll, zunächst den Begriff „Business Process" – also „Geschäftsprozess" – he-
rauszugreifen, um daraus evtl. Implikationen für dessen Gestaltungsmöglichkeiten –
also das „Management" der Geschäftsprozesse – ableiten zu können.

Michael Hammer, der zusammen mit James Champy 1993 den Management-
Ansatz „Business Process Reengineering" maßgeblich prägte, versteht unter dem
Begriff „Geschäftsprozess" eine Folge zusammengehöriger Aktivitäten, die gemeinsam einen Wert (Leistung / Produkt) für Kunden erzeugen. Eine Aktivität ist in
diesem Kontext eine Arbeitseinheit, die von einer Person durchgeführt wird, jedoch als Einzelleistung keinen Wert für den Kunden erstellt (1995, S. 5). Ganz
ähnlich bezeichnet auch Tom Davenport einen Geschäftsprozess als spezielle Reihenfolge von Aktivitäten, an deren Ende eine Leistung / Produkt für bestimmte
Kunden oder Märkte entstanden ist. Der Geschäftsprozess hat einen Beginn und
ein Ende, klar definierte In- und Outputwerte und läuft – je nach betrieblicher Arbeitsteilung – durch mehrere Bereiche (1993, S. 5). Bildlich kann der (optimierte)

Geschäftsprozess auch als Staffellauf beschrieben werden: Jeder Bearbeiter ist darauf fixiert, den Stab dem nächsten Kollegen optimal in die Hand zu übergeben. Der Folgeläufer wiederum ist darauf ausgerichtet, sich optimal auf das Tempo des Vorläufers einzustellen und den Stab möglichst schnell zu übernehmen.

Die Begriffbestimmungen verdeutlichen, dass nicht nur die einzelnen vertikalen Funktionen, sondern vielmehr der gesamte horizontale und vertikale Ablauf einen Geschäftsprozess charakterisieren. Zudem wird in beiden Definitionen die zentrale Rolle des Kunden betont: Das Resultat eines Geschäftsprozesses liegt in der Übernahme einer Leistung durch den Kunden.

Veranschaulicht man den eben beschriebenen Prozessgedanken am Beispiel eines Personalbeschaffungsprozesses, entspricht die Fachabteilung dem internen Kunden des Personalbereichs. Die zu erbringenden Leistungen durch die verschiedenen Abteilungen des Personalbereichs bestehen in der Auswahl, Betreuung, Verwaltung und Integration der Bewerber bzw. ausgewählter Kandidaten. Um zwischen dem Fach- und Personalbereich eine professionelle Kunden-Lieferanten-Beziehung zu etablieren, können die damit einhergehenden Kosten- und Leistungsmerkmale der Prozesse in sog. HR Service Level Agreements (SLAs) festlegt werden. Diese vertragliche Vereinbarung von Kosten- und Leistungsmerkmalen sowie vorgegebene Qualitäts-, Zeit- und Kostenziele der am Prozess Beteiligten sind jedoch nur dann mess- und steuerbar, wenn hierbei auf abgestimmte und klar definierte Abläufe und Verfahren, also auf ein Management der HR Geschäftsprozesse, zurückgegriffen werden kann.

3 Der HR Business Process Management Lifecycle

Versteht man das Thema „Geschäftsprozessmanagement" als einen ganzheitlichen und kontinuierlichen Ansatz, bietet es sich an, die inhaltlich verschiedenen Phasen einem kybernetischen Modell zuzuordnen, das die strategische Sichtweise – also „die richtigen Dinge tun" (Effektivität) – mit der dahinter liegenden, operativen Organisation – also „die Dinge richtig tun" (Effizienz) – verknüpft. Damit ist auch der Startpunkt eines Geschäftsprozessmanagements definiert – als Bestimmung konkreter Zielvorgaben im Rahmen einer Strategiephase (vgl. Jost / Kruppke, 2004, S. 20 ff.; Abb.1). Daran schließt sich eine zweite Phase („Design") an, die eine zielgerichtete Analyse und Optimierung von Geschäftsprozessen beinhaltet. Anschließend erfolgt in Phase Drei die Implementierung in Organisation und IT. Die vierte und letzte Phase bildet das Controlling der Geschäftsprozesse und ihrer Leistungskennzahlen. Diese Kontroll- und Messphase liefert dabei Anstöße für eine erneute Anpassung an die Erfordernisse des Unternehmens sowie der internen Kunden des HR-Bereichs. Damit wird Business Process Management zu einem geschlossenen Kreislauf, der über alle Phasen hinweg von Change-Management-Aktivitäten flankiert wird (vgl. Gontard, 2004, S. 42 ff.).

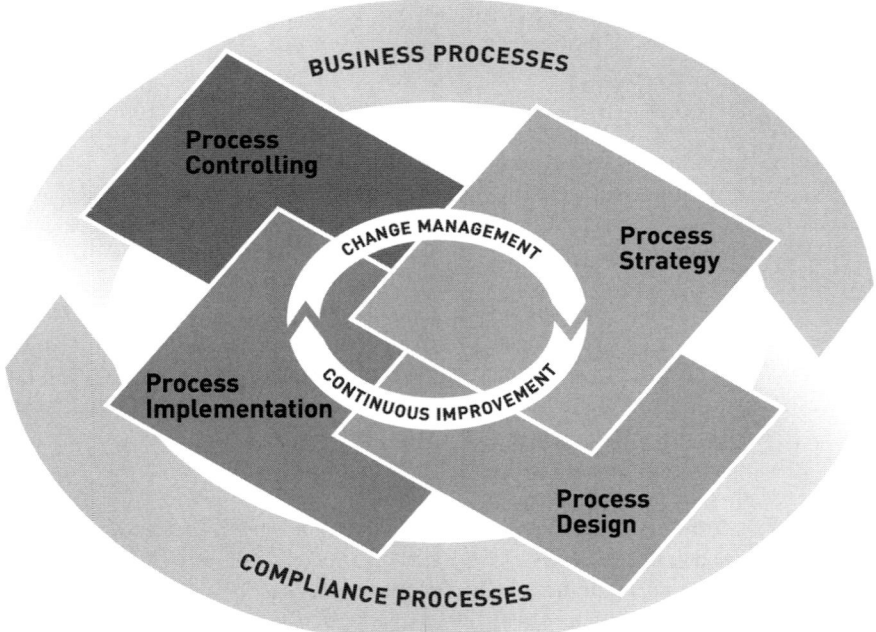

Abb. 1. HR Business Process Lifecycle

Im Folgenden werden die verschiedenen Phasen des Lifecycles mit ihrer Zielsetzung und ersten Lösungsansätzen aufgezeigt. Dieser Ausblick bleibt bewusst auf einer groben und z. T. auch abstrakten Ebene stehen. Die Veranschaulichung der verschiedenen Phasen anhand von Projekt- und Praxisbeispielen ist dann Gegenstand der folgenden Teile des Buches.

3.1   HR Business Process Strategy

Nur wer Ziele definiert, diese operationalisiert und damit auch einer Kontrolle und Anpassung unterzieht, ist in der Lage, seine Aktivitäten erfolgreich daran auszurichten – unabhängig davon, ob es sich um Tages- oder Projektgeschäft handelt. So gilt es auch zu Beginn eines BPM-Projektes, zunächst die angestrebten Ziele sowie den Untersuchungsbereich zu konkretisieren, um eine zielorientierte Vorgehensweise sowie ein stringentes Projektcontrolling zu ermöglichen. Genau dies ist Gegenstand der HR-Business-Process-Strategy-Phase.

Entsprechend der jeweiligen Aufgabenstellung eines Projektes geht diese Phase mit einem unterschiedlich großen Aufwand einher. Die im folgenden Abschnitt aufgezeigten Schritte sollten daher dahingehend hinterfragt werden, welche Lösungsansätze im Rahmen der konkreten Aufgabenstellung zielführend erscheinen.

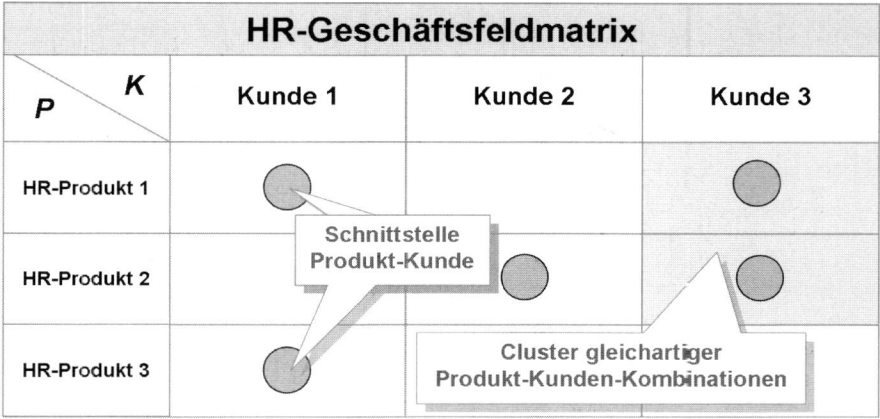

Abb. 2. HR-Geschäftsfeldmatrix

Um zunächst einen Überblick darüber zu gewinnen, welche HR-Produkte für welchen internen Kunden erstellt bzw. angeboten werden, bietet es sich an, dies in einer sog. Geschäftsfeldmatrix zu dokumentieren (vgl. Abb. 2).

Basierend auf dieser Matrix kann das Management zusammen mit dem Fachbereich anschließend eine sog. Haupterfolgsfaktoren (HEF)-Analyse pro HR-Produkt durchführen, also z.B. bei den Bearbeitungszeiten, den Prozesskosten oder der Qualität der Personaldienstleistung, und die Ergebnisse mit der Positionierung von Benchmark-Partnern vergleichen. In einem nächsten Schritt lassen sich dann Soll-Werte für die zukünftige Positionierung definieren, die im Einklang mit der übergeordneten HR-Strategie stehen (vgl. Blume / Gontard, 2004, S. 61 f.).

Um neben den eigentlichen HR-Produkten zumindest einen Einblick in die dahinter liegenden Prozessabläufe zu erhalten, sollte im folgenden Schritt das HR-Prozessmodell abgeleitet werden. Bewährt hat sich dabei die grafische Darstellung in einer sog. HR-Prozesslandkarte, von der alle späteren, detaillierteren Geschäftsprozessmodellierungen und -optimierungen ausgehen. So bildet die HR-Prozesslandkarte die zentralen Personalprozesse eines Unternehmens auf oberster Prozessebene ab und gliedert diese in Management-, Kern- und Supportprozesse. Auf diese Weise erlangt der HR-Bereich bereits zu Projektbeginn eine bereichsübergreifende Transparenz in den zentralen Personalabläufen. Im weiteren Projektverlauf kann diese Ebene dann mit detaillierten Prozessmodellen hinterlegt werden, die die relevanten Arbeitsabläufe beschreiben (vgl. dazu die Phase „Design").

Die relevanten Abläufe der obersten Ebene gilt es in einem nächsten Schritt anhand ihrer Prozessperformance und HEF-Relevanz zu priorisieren. Als Basis für die Ermittlung der Prozessperformance gelten dabei beispielsweise:

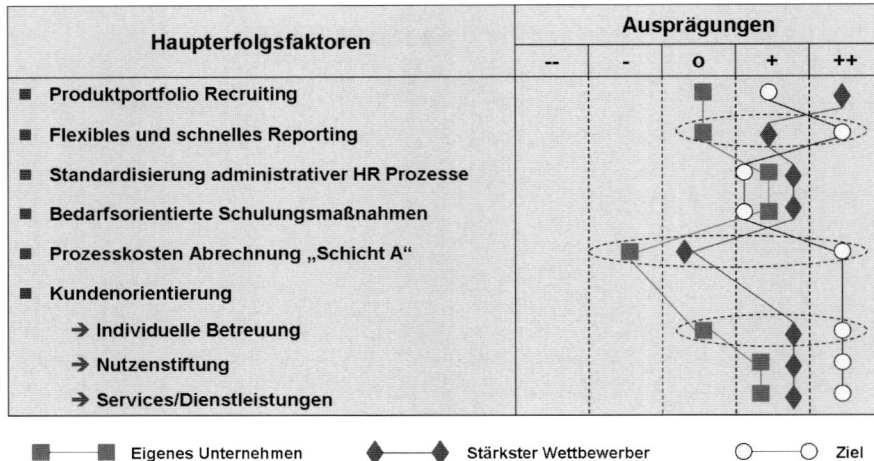

Abb. 3. Analyse Haupterfolgsfaktoren

- Zufriedenheit interner Kunden, ggf. differenziert nach Mitarbeitern, Führungskräften, Bewerbern und Pensionären

- Benchmark-Werte vergleichbarer Personalbereiche anderer Unternehmen

- Einschätzung durch das Management / die Personalfachbereiche

Aufgetragen in einem Portfolio sind dann unmittelbar die HR-Prozesse erkennbar, die sich durch eine schlechte Prozessperformance sowie eine hohe Relevanz zur Erfüllung der HEF auszeichnen (vgl. Abb. 3). Diese gilt es im Rahmen der späteren Optimierungsphase vorrangig zu berücksichtigen.

Basierend auf der Portfolio-Analyse können nun die für das BPM-Projekt relevanten HR-Prozesse mit klaren Prozesszielen versehen werden. Dabei lassen sich die Zielparameter in die bekannten Dimensionen Zeit, Qualität und Kosten einteilen und konkretisieren. Diese Vorgehensweise beantwortet am Ende der Projektlaufzeit auch die Frage, ob hier ein richtiger und wirksamer Weg eingeschlagen wurde.

Neben der detaillierten Zieldefinition gilt die Beteiligung der betroffenen Mitarbeiter als zweiter zentraler Erfolgsfaktor: In der Strategiephase betrifft dies insbesondere die Verantwortlichen des HR-Bereiches sowie die Projektsponsoren als Machtpromotoren des Projektes. In den weiteren Projektphasen (Design, Implementierung und Controlling) stehen dann insbesondere die Mitarbeiter des HR-Bereichs im Vordergrund (vgl. hierzu Artikel „Change Management in komplexen Organisationen" in diesem Buch).

3.2 HR Business Process Design

Die Phase „HR Business Process Design" schließt sich der Strategiephase an und baut mit ihren beiden Teilphasen „Prozessanalyse" und „Prozessoptimierung" auf die zuvor definierte HR-Prozesslandkarte und ihre Prozessziele auf.

Wesentliche Zielsetzung der Designphase ist die Analyse der bestehenden Personalprozesse mit dem Ziel, Ansatzpunkte für deren anschließende Optimierung zu finden. Diese Ansatzpunkte können zum einen in den Prozessstrukturen liegen – z. B. in Organisationsbrüchen in der Personalabteilung, Systembrüchen zwischen dem Verwaltungssystem der Personalstammdaten und dem Abrechnungssystem sowie in redundanten bzw. nicht wertschöpfenden Tätigkeiten. Zum anderen können sie auch aus Prozesskennzahlen abgeleitet werden, also der Bearbeitungszeit pro Bewerber, den Prozesskosten für die Erstellung einer Elternzeit-Bescheinigung, den Fehlerraten in der Abrechnung. Anschließend lassen sich konkrete Handlungsalternativen erarbeiten und deren Umsetzung planen. Wesentliche Richtschnur ist dabei die Orientierung an den in der HR-Strategie-Phase definierten Zielgrößen.

Das Business Process Design startet zunächst mit der Teilphase „Analyse". Im Sinne einer ganzheitlichen kundenorientierten Betrachtung erscheint es dabei sinnvoll, die Prozessdokumentation bei der Auftragserteilung durch den internen Kunden zu beginnen und bis einschließlich zur Lieferung an den internen Kunden (sog. End-to-End-Betrachtung) weiterzuführen.

Eine wesentliche Aktivität ist dabei die Abgrenzung des Dokumentationsaufwands. Je nach Zielsetzung kann hier sowohl eine detaillierte Aufnahme der HR-Prozesse als auch eine grobe Darstellung der Prozesse mit entsprechend geringerem Zeitaufwand ihre Berechtigung haben.

Werden umfangreiche und detaillierte Analysen bzgl. der Verantwortungsverteilung, der Systemunterstützung oder der tätigkeitsspezifischen Verbesserungspotenziale angestrebt, empfiehlt sich eine werkzeuggestützte Erhebung der HR-Prozesse, wie beispielsweise auf Ebene der „Ereignisgesteuerten Prozessketten" (EPK; vgl. Scheer, 1998, S. 19f.). Damit einhergehende Auswertungen der Prozessdatenbanken und daraus resultierende Informationen über Tätigkeiten, beteiligte Rollen, Input und Output sowie genutzte Systeme können dann als Grundlage für qualitative / strukturelle Analysen herangezogen werden. Darüber hinaus führt die Weiterverwendung dieser Datenbasis in der Regel zu einem deutlich geringeren Aufwand in der folgenden Teilphase „Optimierung".

Beispiele für qualitative / strukturelle Prozessanalysen sind:

- Nicht-wertschöpfende Tätigkeiten (z. B. redundante Prüf- und Kontrollschritte)
- Organisationsbrüche (z. B. mehrere Verantwortliche für dieselbe Aufgabe)

- Medienbrüche (z. B. Wechsel Papier – Personalverwaltungssystem)

- Systembrüche (z. B. verschiedene IT-Systeme und aufwendige Schnittstellen innerhalb eines Personalprozesses)

- Logische Schwachstellen im Prozessablauf

Als quantitative Prozessanalysen gelten dagegen:

- Zeitauswertungen (z. B. Durchlaufzeit, Bearbeitungszeit pro Bescheinigung)

- Kostenauswertungen (z. B. Prozesskosten je Gehaltsabrechnung)

- Qualitätskennzahlen (z. B. Termintreue oder Fehlerquote in der Abrechnung, Reklamationsrate im HR First Level Support)

- Zufriedenheit interner Kunden (z. B. erhoben mittels Kundenbefragungen)

Unabhängig davon, wie detailliert die Analyse vorgenommen wird, sollte überprüft werden, inwiefern die gesteckten Ziele erreicht wurden, da nur so ein nachweisbarer Erfolg der Optimierung ersichtlich wird und eine zielorientierte Vorgehensweise für die folgenden Phasen gewährleistet ist. Auf diese Weise können beispielsweise die ermittelten Störfaktoren nach ihrem Anteil am Gesamtoptimierungspotenzial bewertet werden, um anschließend gezielt die Behebung der größten Störfaktoren vornehmen zu können. Im Ergebnis lassen sich dann Maßnahmenpakete schnüren, die bei möglichst geringen Umsetzungskosten das höchste Optimierungspotenzial erwarten lassen.

Die wesentlichen Schritte im Rahmen der Teilphase „Analyse" können wie folgt zusammengefasst werden:

- Definition des Detaillierungs- und Dokumentationsgrads auf Grundlage der festgelegten Ziele

- Diskussion und Modellierung der HR-Prozesse

- Erheben der Zielerreichung (über Systemanalysen, Befragungen etc.)

- Suchen der Störfaktoren

- Ableiten der Verbesserungspotenziale sowie konkreter Handlungsalternativen

- Festlegen definierter Maßnahmen und Definition von Maßnahmenpaketen sowie eines Projektplans für die Teilphase „Optimierung"

Basis für die nun folgende „Optimierung" ist nun der bewertete Maßnahmenkatalog der vorangegangenen Teilphase „Analyse". Eine Priorisierung der identifizierten Maßnahmen erfolgt durch geeignete Portfoliodarstellungen und bietet sich als Grundlage für die Identifizierung von schnell umsetzbaren Maßnahmen an.

Im Rahmen der Teilphase „Optimierung" hat sich bei der Konzeption der Soll-Prozesse eine saubere und auch detaillierte Visualisierung bewährt, da diese mehrfach wieder- bzw. weiterverwendet werden kann. Um die „neuen" Prozesse allen Betroffenen des Personalbereichs zugänglich und transparent zu machen, kann eine Publikation über ein Firmen-Intranet, bspw. mittels ARIS Web Publisher, erfolgen.

Das frühzeitige Einbeziehen sowohl der Fachbereiche (interne Kunden) als auch der Interessenvertreter trägt maßgeblich zum Projekterfolg der Optimierung bei. Dabei fördert eine breite Beteiligung aller betroffenen Personalbereiche sowie der internen Kunden die spätere Akzeptanz und Implementierung der veränderten HR-Prozesse. Wirklich messbar wird der Erfolg jedoch erst durch die Erhebung der zielrelevanten Kennzahlen. Diese können die prognostizierten Effekte belegen bzw. mögliche Abweichungen verdeutlichen (vgl. dazu auch die letzte Phase des Lifecycles „Prozesscontrolling").

3.3   HR Business Process Implementation

Die Implementierungsphase baut unmittelbar auf die konzeptionellen Ergebnisse der Designphase auf und hat die Aufgabe, die definierten Soll-Prozesse im Personalbereich zu etablieren. Dabei ist darauf zu achten, dass die Aufbauorganisation des Personalbereichs den neuen Prozessabläufen und der notwendigen Prozessverantwortung entsprechend angepasst werden [bekannt unter dem Schlagwort „Process-to-Organisation" (P2O)]. Um die Prozesskompetenz im Unternehmen nachhaltig auf-

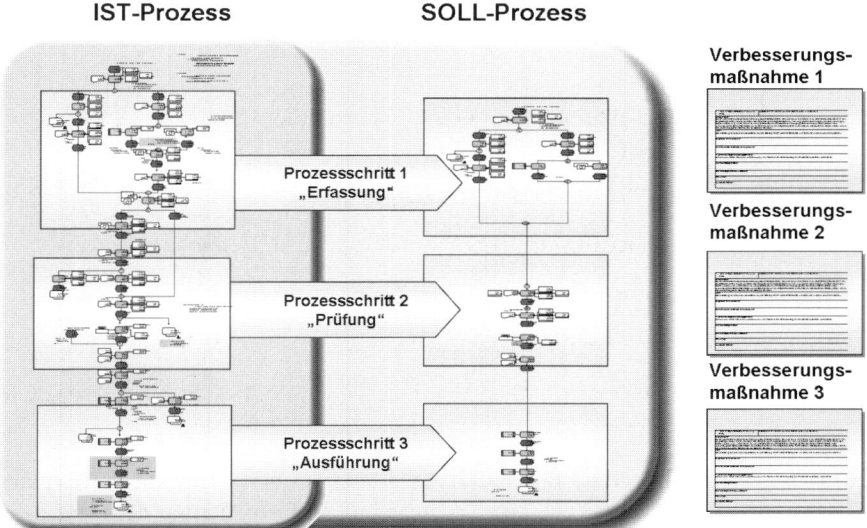

Abb. 4. Vom Ist- zum Soll-Prozess über Verbesserungsmaßnahmen

zubauen, kann in einem ersten Schritt pro Geschäftsprozess ein Geschäftsprozess-verantwortlicher ernannt werden. Dieser ist idealerweise sowohl für die Effektivität (Zielsetzung) als auch die Effizienz (Zielerreichung) des Geschäftsprozesses sowie für dessen Implementierung verantwortlich (vgl. Hammer / Stanton, S. 18ff.).

Neben einer prozessorientierten Aufbauorganisation kommt der Informationstechnologie als Instrument zur Umsetzung von Prozessoptimierungen eine immer größere Bedeutung zu, wie am zunehmenden Einsatz von E-Recruiting-Plattformen, Mitarbeiterportalen oder Employee- bzw. Manager-Self-Service-Szenarien deutlich wird. So gilt es, für die neuen Geschäftsprozesse auch eine optimale IT-Unterstützung sicherzustellen [bekannt unter dem Schlagwort „Process-to-Application" (P2A)]. Die einzelnen Schritte richten sich dabei optimalerweise nach dem in der Designphase verabschiedeten Umsetzungsplan und können anhand von Meilensteinen gezielt kontrolliert werden (vgl. Abb. 4).

3.4 HR Business Process Controlling

Sowohl der Erfolg als auch mögliche Zielabweichungen eines Personalbereichs spiegeln sich in qualitativen und auch quantitativen Werten. Auf Basis dieser Werte gilt es, die Effizienz der Prozesse kontinuierlich und zeitnah zu kontrollieren, da sich nur so interne Abweichungen und externe Veränderungen frühzeitig erkennen lassen und flexibel darauf reagiert werden kann. Idealerweise lässt das HR-Kennzahlen-

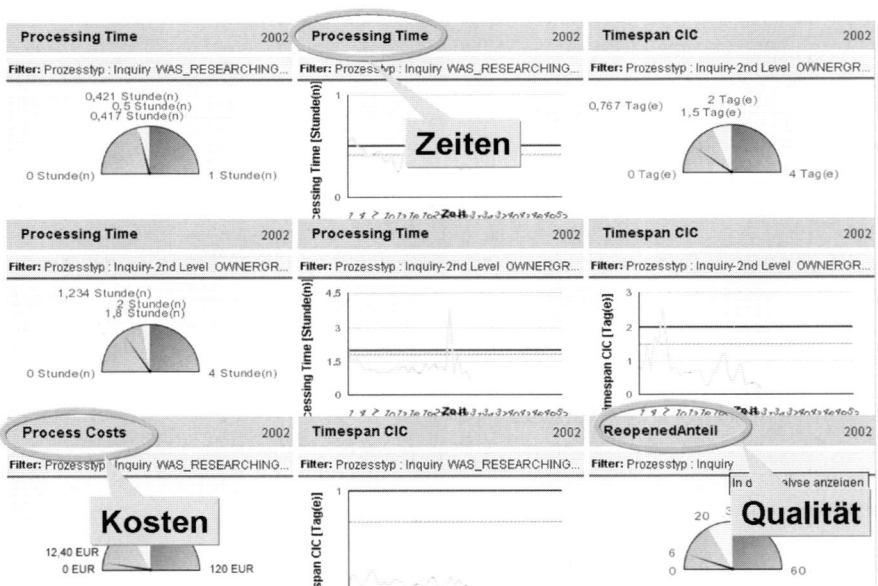

Abb. 5. HR Process Controlling Platform

system dabei sowohl Rückschlüsse auf die Prozesseffektivität (z. B. interne Kundenzufriedenheit) als auch auf die Prozesseffizienz (z. B. Bearbeitungszeit, Termintreue, Prozessqualität und -kosten) zu (vgl. Abb. 5). Bei der Prozesseffektivität bietet es sich an, diese alternativ oder zusätzlich zu Kundenbefragungen indirekt aus den Prozessen abzuleiten, wie beispielsweise durch die Erhebung von Reklamationsraten.

Um eine ganzheitliche Sicht zu gewährleisten, sollten neben einer prozessorientierten Analyse auch strategische Aspekte eines Unternehmens (beispielsweise repräsentiert in einer HR Balanced Scorecard) sowie IT-nahe Analysen (IT-Service-Management) miteinander kombiniert werden. So kann durch die Verbindung von der Führungsebene mit der Leistungsebene die Lücke zwischen Unternehmensstrategie und operativer Umsetzung der Ziele geschlossen werden.

3.5 Change Management

Zweifelsohne ist „Change Management" ein in Theorie und Praxis höchst strapazierter Begriff: Das Verständnis reicht hier von vereinzelten Projektmarketingaktivitäten bis hin zur Durchführung von komplexen Reorganisationen (vgl. Scheer et al., 2003, S. 24).

Grundsätzlich hängen Art, Umfang und Ausgestaltung des notwendigen Change Managements stark vom jeweils geplanten Veränderungsprojekt, vom Unternehmensumfeld und von den betroffenen Mitarbeitern ab. Ein Spektrum möglicher Change-Management-Aktivitäten wird in den beiden Artikeln des Kapitels „Change Management" ausführlich dargestellt. Die folgenden Ausführungen greifen daher lediglich einzelne Aspekte des weiten Feldes „Change Management" exemplarisch heraus.

Um die Beteiligten mit ihren Erwartungen und Befürchtungen zu erfassen, kann zu Beginn der Change-Management-Aktivitäten eine Stakeholder-Analyse durchgeführt werden. Dabei lässt sich zudem ermitteln, welches Verhalten von den beteiligten oder betroffenen Mitarbeitern erwartet wird, welche Personen wie in das Projekt eingebunden werden sollten und mit welchen individuellen Maßnahmen die Grundhaltung zugunsten des Projekterfolgs beeinflusst werden kann.

Um die tatsächliche Durchführung von Change-Management-Aktivitäten sicherzustellen, bietet es sich insbesondere in größeren Projekten an, ein sog. „Change-Team" zu definieren, das die Integration von Projekt und Organisation institutionalisiert (vgl. Gontard / Neufang, S. 282ff.).

Idealerweise arbeitet das Change-Team dabei gemeinsam an der Auswahl und Ausgestaltung geeigneter Werkzeuge für die folgenden Punkte:

- Positionierung als Schnittstelle zwischen Mitarbeitern und Projektteam sowie als Katalysator im Veränderungsprozess,

- Ansprechpartner der Betroffenen für den Veränderungsprozess, der als Anlaufstelle für Beschwerden der Mitarbeiter dient und Transferarbeit leistet,

- Erhebung und Analyse der vorherrschenden Kultur sowie Rolle als Stimmungsbarometer des Unternehmens,

- Analyse der Chancen und Probleme

- Laufender Kontakt zum Betriebsrat und zur Arbeitnehmer (AN)-Vertretung.

Im Übergang von der Planung zur Realisierung der Veränderung ist die Qualifikation der betroffenen Mitarbeiter mittels Schulungsmaßnahmen und der Bereitstellung eines geeigneten User Supports das zentrale Element des Change Managements (vgl. Witt, 2002, S. 91 ff.).

Dabei bietet sich für die Anwenderschulungen ein prozessorientierter und rollenspezifischer Ansatz an, indem beispielsweise die Transaktionscodes eines IT-Systems wie SAP HR mit den modellierten ARIS-Soll-Prozessmodellen zu einem „lernenden" System integriert wird. Der Zugang zu diesem verknüpften Prozessablauf und IT-System kann dabei über das Intranet durch den sog. ARIS Web Publisher erfolgen (vgl. Beham, Broinger et al. S. 207 ff.). Ein ausführliches Projektbeispiel hierzu wird in dem Artikel dieses Buches „Mitarbeiterbeteiligung in IT-Projekten durch gemeinsame Prozessgestaltung" erörtert.

Literatur

Beham, M.; Broinger, K. et al.: Steigerung der Prozessleistung bei Siemens Österreich. S. 207 – 225. In: Change Management im Unternehmen. Springer-Verlag, Heidelberg 2003

Blume, P.; Gontard, M.: Einführung eines Shared Service Centers für standardisierte HR-Produkte. S. 57 – 75. In: Scheer, A.-W.; Abolhassan, F. et. al.: Innovation durch Geschäftsprozessmanagement. Springer, Heidelberg 2004

Chandler, A.: Strategy and Structure: Chapters in the History of the American Industrial Enterprise, The MIT Press 1996

Computerwoche, 4. Dezember 1998, Nr. 49

Davenport, T.H.: Process Innovation: Reengineer Work through Information Technology. Harvard Business School Press 1993

Doppler, K.; Lauterburg Ch.: Change Management – Den Unternehmenswandel gestalten. 10. Auflage, Frankfurt / Main 2002

Gontard, M.: Personalprozesse optimieren – aber richtig! S. 42 – 43. In: Zeitschrift „Computer und Personal", 8/2004, Datakontext Verlag 2004

Gontard, M.; Neufang, B.: ARIS – Das Change Management Instrument in Großprojekten. S. 280 – 297. In: Change Management im Unternehmen. Springer-Verlag, Heidelberg 2003

Hammer, M.: Vorwort II. In: Scheer, A.-W. et al. (Hg.): Business Process Change Management. Berlin 2003

Hammer, M.; Champy, J.: Business Reengineering. Die Radikalkur für das Unternehmen. 5. Aufl., Campus-Verlag; Frankfurt, New York 1995

Hammer, M.; Stanton, S.: Prozessunternehmen – wie sie wirklich funktionieren. S. 15 – 24. In: Harvard Business Manager, Sonderheft „Effizienz", Hamburg 2002

IDS Scheer, Business Process Report 2004, Saarbrücken 2004

Jost, W.; Kruppke, H.: Business Process Management: Der ARIS Value Engineering Ansatz. S. 15 – 23. In: Scheer, A.-W.; Abolhassan, F. et. al.: Innovation durch Geschäftsprozessmanagement. Heidelberg, 2004

Scheer, A.-W.: 20 Jahre Gestaltung industrieller Geschäftsprozesse. In: Zeitschrift für industrielle Geschäftsprozesse, 1/2004

Scheer, A.-W.: ARIS – Vom Geschäftsprozess zum Anwendungssystem. 3. Auflage, Springer Verlag, Berlin 1998

Scheer, A.-W.; Jost, W. (Hg.): ARIS in der Praxis – Gestaltung, Implementierung und Optimierung von Geschäftsprozessen. Berlin 2002

Scheer, A.-W. et al.: Business Process Change Management. Springer Verlag, Berlin 2003

Schmelzer, H.-J.; Sesselmann, W.: Geschäftsprozessmanagement in der Praxis. 4. Auflage, Hanser Verlag, München Wien 2004

Witt, C.: Die ARIS Methodik zur Unterstützung des Change Management. S. 79 – 95. In: Scheer, A.-W.; Jost, W. (Hg.): ARIS in der Praxis. Springer Verlag, Heidelberg 2002

Human Capital Management

Peter Friederichs
Celidon Consulting GmbH
info@celidon.de

Monika Labes
Lehrstuhl für Psychologie, TU München
Labes@wi.tum.de

Zusammenfassung

Dieses einführende Kapitel geht zunächst auf den Begriff Human Capital und dessen unterschiedliche Begriffsschattierungen ein. In einem kurzen Problemaufriss wird die Bedeutung eines Human Capital Managements für die Wettbewerbsfähigkeit und die Wertschöpfung von Unternehmen hervorgehoben. Neben verschiedenen Ansätzen des Human Capital Managements wird im letzten Teil ausführlicher das vom Human Capital Club e. V. entwickelte Modell vorgestellt, das die Bedeutung einer in die Unternehmensstrategie integrierten und nachhaltigen Personalpolitik in den Vordergrund stellt. Das Modell sieht die Mitarbeiter des Unternehmens als eine wichtige Säule des Human Capitals. Ebenso werden die Prozesse und Strukturen, mit Hilfe derer Human Capital gefördert und gesteigert werden kann, direkt in die Betrachtung und die Operationalisierung des Human Capital Managements einbezogen.

Schlüsselwörter

Mitarbeiter, Prozesse, Systeme, Wertsteigerung, Bewertung, Operationalisierung, Nachhaltigkeit

Human Capital Management (HCM) ist ein in der letzten Dekade viel verwendeter Begriff. Er erfährt gerade im Zuge von Börsencrash und Bilanzskandalen einerseits und der Wiederbelebung des Bewusstseins einer sozialen Verantwortung von Unternehmen andererseits eine Renaissance. Renaissance deshalb, da HCM keine Erfindung moderner Unternehmensführung ist. Den eigentlichen Anfang nahm die Humankapitalbewegung schon in den 60er Jahren in den USA mit dem Nobelpreisträger Gary Becker (vgl. Becker 1993), dessen Theorie u. a. niedergelegt ist in der Schrift „Human Capital" von 1993. Human Capital eindeutig zu definieren fällt angesichts der Verwendung des Wortes in unterschiedlichen Disziplinen wie der Betriebswirtschaft, der Volkswirtschaft oder der Arbeits- bzw. Sozialpsychologie nicht leicht, denn die inhaltlichen Verknüpfungen mit dem Begriff sind vielfältig. Zudem werden die Begriffe Human Capital, Human Resource, Human Assets, intellektuelles Kapital oder auch Humanvermögen oftmals synonym verwendet.

Wir wollen in diesem einleitenden Kapitel keine umfassende Analyse und Klärung der Begrifflichkeiten liefern. Unser Ziel es ist vielmehr, Human Capital Management im Sinne eines nachhaltigen Unternehmenserfolgs und einer messbaren Wertsteigerung des Human Capitals eines Unternehmens zu begreifen und auf dieser Basis von anderen Begriffen und Definitionen abzugrenzen.

1   Human Capital – einige Definitionen

Aus aktueller betriebswirtschaftlicher Sicht versteht sich Human Capital zusammen mit dem organisationalen und dem Sozial- oder Beziehungskapital als ein essentieller Bestandteil der immateriellen Werte eines Unternehmens. Human Capital ist danach das auf Ausbildung und Erziehung beruhende Leistungspotenzial der Arbeitskräfte. Der Begriffsanteil Kapital erklärt sich hierbei aus den hohen finanziellen Aufwendungen, die zur Ausbildung dieser Fähigkeiten entstehen, und der damit erschaffenen Ertragskraft. Im eigentlichen Sinn geht diese Definition schon auf die Arbeiten von Theodore Schultz zurück (vgl. Schultz 1961). Auch nach Psacharopolous (vgl. Psacharopolous 1987) bzw. Bontis (vgl. Bontis 1996) definiert sich Human Capital als die Investitionen von Individuen bzw. Regierungen in Aus- und Weiterbildung. Eine wichtige inhaltliche Erweiterung des Begriffs, aber gleichzeitig eine Einschränkung in Bezug auf die Verfügbarkeit von Human Capital macht Fitz-enz (vgl. Fitz-enz 2000). Der Autor definiert Human Capital als das Wissen und die Eigenschaften, die Menschen in ihre Arbeit einbringen, wie Intelligenz, Energie, Arbeitsfreude, Lernfähigkeit, Kreativität, Motivation und Kollaborationsfähigkeit. Einbezogen in das Human Capital werden hier nicht nur abrufbares und erweiterbares Wissen, sondern auch andere, weiche Faktoren. Die Einschränkung besteht darin, dass an sich vorhandene Fähigkeiten durch das Individuum zur Verfügung gestellt werden können oder nicht – in Abhängigkeit z. B. von extrinsischen Motivatoren, die beeinflusst werden können durch Strukturen und Prozesse im Unternehmen. Mit dieser Definition ergibt sich also ein wichtiger

Stellhebel, denn ein Unternehmen kann z. B. durch mitarbeiterorientierte Systeme und Prozesse maßgeblich dazu beitragen, vorhandene Human- Capital-Potenziale auszuschöpfen, und diese zur Wertsteigerung im Unternehmen einsetzen.

2   Ansätze des Human Capital Managements

Das Humanvermögen – oder Human Resources – stellt die Gesamtheit der Leistungspotenziale aller Mitglieder der Organisation dar – wiederum beschrieben aus betriebswirtschaftlicher Sicht. In Abgrenzung zur reinen Personalverwaltungsfunktion und Betrachtung der humanen Ressourcen als Kostenfaktor zeichnet sich der HRM-Ansatz durch den Bezug zur Humankapitaltheorie aus. In dieser Theorie, mit Beiträgen u. a. von Gary Becker (vgl. Becker 1964) und Theodore Schultz (vgl. Schultz 1961), ist menschliche Arbeit nicht nur als Kostenfaktor zu sehen und zu bilanzieren, sondern wie Sachkapital als Aktivposten, als Human Capital in der Bilanz auszuweisen. Gegründet auf diesen Erkenntnissen etablierte, um ein Beispiel zu nennen, die Barry Corporation schon 1972 das Human Ressource Accounting (HRA). Flamholtz (vgl. Flamholtz 1974) definiert Human Resource Accounting als den Prozess der Identifizierung und der Messung der Humanressourcen und die Kommunikation dieser Informationen an die Entscheidungsträger. Auch in Deutschland wurde die Methode der Humanvermögensrechnung, das Analogon zum US-amerikanischen HRA, intensiv diskutiert. Schmidt (vgl. Schmidt 1982) hat in seinem 1982 herausgegebenen Sammelband „Humanvermögensrechnung" eine umfassende Bestandsaufnahme veröffentlichter Beiträge zu diesem Thema zusammengestellt, ergänzt um zahlreiche Anregungen zur Weiterentwicklung des betriebswirtschaftlichen Rechnungswesens. Insgesamt handelt es sich bei den erwähnten Modellen um Personalcontrolling-Ansätze, die zukunftsweisend waren und die weitere Entwicklung von HR-Managementansätzen maßgeblich beeinflusst haben.

Ein wichtiger Schritt hin zu einer stärkeren Fokussierung auf das Human Capital als Unternehmenswert, der messbar, steigerbar und somit managebar ist, war die Entwicklung der Balanced Score Card (BSC) durch Norton und Kaplan (vgl. Kaplan, Norton 1992). Neben der reinen Finanzperspektive – Finanzkennzahlen werden als kritische Zusammenfassung von Management- und Geschäftsleistungen betrachtet – integriert dieses Instrument des strategischen Managements auch die Perspektiven der Mitarbeiterzufriedenheit sowie der Markt- und Kundenorientierung der Organisation und untermauert somit eine eher auf Nachhaltigkeit und integrierte Wertsteigerung angelegte Unternehmensstrategie. Der Ansatz der Bewertbarkeit des Human Capitals implizierte die Entwicklung von Bewertungsmethoden. Es entstanden Input-orientierte Verfahren, die z. B. die Bewertung über Anschaffungskosten, Wiederbeschaffungskosten, Opportunitätskosten, zukünftige Einkünfte, effizienzgewichtete Personalkosten erfolgen lassen, sowie Output-orientierte oder wertebasierte Verfahren, wie die Firmenwertmethode, die Bewertung mit zukünftigen Leistungsbeiträgen oder die Bewertung über Verhaltens-Variablen, wie z. B. durch eine Sozialbilanz.

Die Entwicklung hin zur Hochtechnisierung, der immer wichtiger und umfangreicher werdende Sektor der Dienstleistung und der sich verstärkende Trend der Unternehmensbewertung über den Kapitalmarkt bringt es mit sich, dass der Buchwert immer weniger aussagefähig für den eigentlichen Wert eines Unternehmens ist. Zunehmend werden Methoden entwickelt, die das intellektuelle Kapital – die immateriellen Unternehmenswerte oder Intangible Assets – mit in die Bewertung aufnehmen. Dazu zählen der Intangible Assets Monitor von Sveiby (vgl. Sveiby 1998) , der Intellectual Capital Navigator, entwickelt von Stewart (vgl. Stewart 1997) und der Scandia Navigator, der von Edvinsson (vgl. Edvinsson 2001) bei der schwedischen Versicherungsgruppe Scandia entwickelt wurde. Einer Vielzahl der Verfahren, die Intellectual Capital / Wissen / Human Capital messen, ist gemeinsam, dass sie indikatorbasiert sind, d. h. mit nicht-monetären Werten operieren. Generell gehen diese Ansätze aber nicht von einer einheitlichen Definition des zu bewertenden Guts aus. Wenn auch in eine sinnvolle Richtung weisend, besitzen diese Verfahren meist nicht das Rüstzeug, das nötig wäre, das Human Capital einer Unternehmung so zu bewerten, dass einem potenziellen Käufer sämtliche relevanten Informationen zur Verfügung stünden, um Potenzial und Risiko hinsichtlich des Human Capitals mit nennenswerter Sicherheit einzuschätzen. Zum anderen sind die existierenden Methoden vielfältig und kaum untereinander vergleichbar, und somit ist man von einem Schritt zur Standardisierung weit entfernt. Diese wenigen Beispiele deuten an, dass viele und auch vielfältige Methoden der Humankapitalbewertung existieren, und Scholz, Stein und Bechtel (vgl. Scholz et al. 2004) haben mit der Monographie „Human Capital Management" im Jahr 2004 eine umfassende Zusammenfassung dazu veröffentlicht.

Mess- und Bewertungsverfahren sind ein für das Management des Human Capitals essentielles Instrument. Human Capital Management wird verstanden als Prozess, bestehend aus strategischer und operativer Planung und der Umsetzung. Umsetzung wiederum bedeutet Ermittlung / Messung des Status quo, Stärken-/ Schwächenanalysen, Erarbeitung von Maßnahmen und Controlling. Der gesamte Prozess ist als Kreislauf zu sehen. Ansätze eines umfassenden HCM sind mittlerweile in vielen Unternehmen implementiert und werden von unterschiedlichen Beratungsgesellschaften in verschiedenster Weise angegangen.

3   Theorie und Praxis des Human Capital Managements

Betrachtet man die aktuellen Organisationsstrukturen und die eigentlich vorherrschende Praxis, dann wird offensichtlich, dass HCM in der Praxis längst nicht den Stellenwert hat, der ihm aufgrund seiner Bedeutung für den Geschäftserfolg gebührt. Erst recht fehlt es oft an Bemühungen durch externe Unternehmensbewerter, Human Capital de facto in die Unternehmensbewertung zu integrieren. Woher kommt die Kluft zwischen den Lippenbekenntnissen, die vielerorts zu hören sind, und dem tatsächlichen Manko an aktiver Umsetzung und Konsequenz?

Hier spielt sicherlich eine Anzahl von Gründen eine Rolle. Die derzeitige wirtschaftliche Lage in Deutschland und der nach wie vor zunehmende globale Wettbewerb steigern für viele Unternehmen den Kostendruck – und Personalabbau sowie auch Reduktion der Ressourcen für Personalarbeit auf ein Minimum sind in der Regel die ersten Maßnahmen. Der Shareholder Value als Leitprinzip ist ein weiterer entscheidender Faktor, der dazu verführt, andere für das Unternehmen und sein langfristiges Überleben wichtige Prinzipien zu vernachlässigen, wie z. B. nachhaltige Unternehmensführung und soziale Verantwortung. Im Zuge der immer stärkeren Betonung des Kapitalmarktes besteht vielerorts eine fehlende Wahrnehmung und damit Unterbewertung des Human Capitals. Oft als Argument vorgeschoben – aber teilweise auch berechtigt – ist die Aussage, dass es wegen fehlender Standards und kontroverser Definitionen keine eindeutigen und allgemein anerkannten Mess- und Bewertungskriterien gibt. Human Capital messbar und bewertbar zu machen bedeutet zudem für viele Unternehmen, starre Strukturen aufzubrechen und eingefahrene Prozesse zu „revolutionieren‘, und nicht selten findet sich hier eine mangelnde Bereitschaft zum Change Management.

In einer Studie des Ifo Institutes (vgl. Knoche 2004) von 2004 deutet sich die Aussicht auf einen Wandel an. Viele Firmen haben die Notwendigkeit erkannt, die Unternehmensstrategie auf Nachhaltigkeit auszurichten und damit auch das Human Capital und die damit verbundenen Innovationspotenziale besser auszuschöpfen. Diese Tendenz wird auch dadurch bestätigt, dass immer mehr große Unternehmen über ihr Human Capital extern berichten. Gesetzliche Vorgaben und Richtlinien seitens der EU – und in Folge auch auf nationaler Ebene – unterstützen diese Entwicklung. Interessanterweise hat auch die Wahl des Begriffs Human Capital zum Unwort des Jahres 2004 zu einer verstärkten Diskussion und größeren Publizität des Begriffs im positiven Sinne beigetragen.

4   Das Human-Capital-Management-Modell des Human-Capital-Clubs e. V.

Mit Vorträgen, Veröffentlichungen (vgl. Dürndorfer und Friederichs 2004) und der Entwicklung eigener Modelle und konkreter Instrumente zur Operationalisierung hat auch der im Jahr 2002 gegründete Human-Capital-Club e. V. (HCC), der mit seinen explizit auf Human Capital ausgerichteten Zielsetzungen in Deutschland einzigartig ist, seinen Beitrag zu einer verstärkten Wahrnehmung des Human Capitals geliefert und deutlich gemacht, wie wichtig ein gezieltes Human Capital Management für die Wertschöpfung im Unternehmen ist.

Der HCC gründet seine Vision und seine Ansätze auf das Wissen und die vielfältigen Erfahrungen seiner Mitglieder aus Wissenschaft und Praxis. Die gemeinsame Erkenntnis – mit welcher der HCC nicht allein steht – ‚dass Personalarbeit als „isolierte" Funktion, d. h. ohne in die Unternehmensstrategie eingebettet zu sein, längst nicht seine eigentliche Wirksamkeit für die Wertschöpfungsprozesse im Unternehmen entfalten kann, hat zur Entwicklung des Human-Capital-Management-Modells geführt.

Zugrunde liegt diesem HCM-Modell eine detaillierte Definition bzw. Beschreibung des Begriffs Human Capital. Dabei werden nicht nur die Mitarbeiter betrachtet – als wichtigste Träger verschiedener, für die Wertschöpfung wichtiger Eigenschaften –, sondern auch die Prozesse im Unternehmen, die Human Capital unterstützen und fördern, sowie auch die umgebenden Strukturen und Systeme. Der Hintergrund für diese ausgeweitete Betrachtungsweise liegt nahe. Arbeitet ein hoch qualifizierter Mitarbeiter zwar effizient und gewinnbringend in seinem Fachbereich, ist aber beispielsweise abgekoppelt von Innovationsprozessen, die das Unternehmen wettbewerbsfähig halten, so wird von der Firma ein bedeutender Wissenspool nicht genutzt. Ein weiterer wichtiger Faktor, der unter diesen Umständen nicht zum Tragen kommt, ist die Freisetzung von motivationalem Potenzial durch stärkere Partizipation. Die Human Capital fördernden Prozesse wiederum laufen ins Leere, wenn sie nicht in effiziente Systeme eingebunden sind. Um beim Beispiel der Innovation zu bleiben: sind Prozesse installiert, die Mitarbeiter einbinden und ihnen die Möglichkeit geben, Ideen einzubringen und umzusetzen, so erfolgt das am sinnvollsten in einer Kultur der Veränderung, der lernenden Unternehmung mit entsprechenden Leitsätzen und Personalmanagementsystemen. Die drei Dimensionen, die Human Capital ausmachen und zu steigern vermögen, müssen im Managementprozess erfasst, bewertet und gesteuert werden. Daher ist es hilfreich, jede der drei Dimensionen genauer zu charakterisieren und auf einzelne Merkmale herunterzubrechen, denn nur so ist letztlich eine Erfassbarkeit und Messung, d. h. eine Operationalisierung des eher abstrakten Begriffs Human Capital Management, möglich.

5   Mitarbeiterbezogene Human-Capital-Faktoren

Die Mitarbeiter auf allen Ebenen des Unternehmens sind der primäre Faktor des Human Capitals. Sie sorgen dafür, dass durch Nutzung ihres Potenzials und Bereitstellung der Ressourcen des Unternehmens Mehrwert geschaffen wird. Der HCC betrachtet hier zum einen das *intellektuelle Potenzial*. Es besteht aus dem Wissen, den Fähigkeiten, der Erfahrung des einzelnen Mitarbeiters, genauso wie aus seiner Kreativität und seinem Einfallsreichtum. Ein weiterer Faktor ist das *motivationale Potenzial*. Das sind beispielsweise die Identifikation der Mitarbeiter mit dem Unternehmen und dessen Strategie, Zielen und Werten sowie der Unternehmensführung. Dazu zählt auch die Zufriedenheit mit der eigenen Arbeit sowie der Zusammenarbeit im und die innere Bindung zum Unternehmen. Insgesamt bestimmen die aufgeführten Faktoren die Motivation der Mitarbeiter, sich für die eigene Arbeit und das Unternehmen einzusetzen. Um das *integrative Potenzial* zu mobilisieren, spielt die Führungskompetenz der Führungskräfte auf allen Ebenen des Unternehmens eine zentrale Rolle. Konkret gesagt ist das die Fähigkeit, die Potenziale der einzelnen Mitarbeiter zur vollen Entfaltung zu bringen und auf das gemeinsame Ziel, die Schaffung von Werten im und für das Unternehmen, auszurichten. Dazu gehören Eigenschaften und Fähigkeiten wie Kooperationsbereitschaft und Teamfähigkeit, Loyalität den Kollegen, Kunden, der Führung und dem Unternehmen gegenüber. Andere wichtige Merkmale, die das integrative Potenzial entscheidend beeinflussen, sind Kommunikationsfähigkeit, persönliche Integrität und Werteorientierung bei den Mitarbeitern. Das Potenzial des einzelnen Mitarbeiters ist natürlich auch maßgeblich definiert durch seine *Gesundheit*, d. h. seine physische und psychische Leistungsfähigkeit. Dafür ist entscheidend, wie z. B. Stress und Belastungen im Unternehmen und auf individueller Basis gehandhabt und reduziert werden.

6   Prozessbezogene Human-Capital-Faktoren

Die im Unternehmen vorhandenen Potenziale können mithilfe geeigneter Prozesse erkannt und gefördert werden. Hier zeigt sich, wie ein Unternehmen lebt, wie seine Leitsätze gelebt werden und wie Unternehmenskultur Form annimmt. Das HCC-Modell betrachtet hierbei fünf Faktoren: Die *Führungsprozesse* werden bestimmt durch den praktizierten Führungsstil. Fragen wie „Auf welche Weise werden Entscheidungen getroffen und wie werden diese kommuniziert?", „Wie wird mit Konflikten umgegangen?", „Gibt es ein 'management by objectives'?" und „Wie gestalten sich die Zielvereinbarungsprozesse?" spielen dabei eine entscheidende Rolle. Alle diese Faktoren ermöglichen oder hemmen die Entfaltung und Wirksamkeit von Human Capital. Die *Kooperationsprozesse* bilden einen weiteren wichtigen Faktor, der z. B. auch Einfluss nimmt auf das Betriebsklima und die interne Zusammenarbeit. Die Wertschätzung der Mitarbeiter und der unterschiedlichen betrieblichen Gruppen durch die Leitung, die Führungskräfte und auch untereinander ist einer der wichtigsten Stellhebel zur Erhöhung des Human Capitals. Die *Kommunikationsprozesse* sind charakterisiert durch den Kommunikationsstil und die Kommunikationswege. Auch im Kommunikationsstil kommt die gegenseitige Wertschätzung zum Ausdruck und kann mitentscheidend sein für das Commitment der Mitarbeiter im Unternehmen. Oft erscheint es praktisch und unkompliziert, auch oder gerade unangenehme Mitteilungen elektronisch zu kommunizieren. Dass dadurch Human Capital im Bezugsrahmen des Unternehmens quasi „vernichtet" werden kann, bleibt oft unbeachtet. Einen der bedeutendsten Faktoren in Zeiten der Globalisierung und der damit einhergehenden Notwendigkeit zur Flexibilität stellt das *Change Management* dar. Konkret bedeutet das, die Unternehmensstrategie langfristig auf eine Lernkultur, auf Flexibilität und eben Veränderung und Dynamik auszurichten. Die Menschen müssen in eine neue Unternehmenswelt mitgenommen und professionell darauf vorbereitet werden. Das beinhaltet Organisationsentwicklungsprozesse, Innovationsmanagement, Implementierung und Steuerung von Veränderungsprozessen und Qualitätsmanagement. Den letzten wichtigen Punkt in der Dimension der Prozesse bildet die *Unternehmenskultur*. Auch hierbei handelt es sich um einen Prozess und keinesfalls um ein statisches Merkmal. So zeigt sich die Unternehmenskultur darin, wie Werte gelebt und reflektiert werden, aber auch in dem Engagement der Topmanager und der Nachhaltigkeit in der Umsetzung der Werte sowie in Sanktionsprozessen bei Nichtbeachtung.

7   Systembezogene Human-Capital-Faktoren

Nachhaltigkeit wird nicht im möglichen Rahmen erzielt werden können – selbst wenn ein Unternehmen ein hohes Maß an individuellem Human Capital und auch stark entwickelte HCM Prozesse nachweist – wenn die systembezogenen Human-Capital-Faktoren unzureichend ausgeprägt sind. Es ist vielmehr notwendig, das Human Capital in funktionierende, stabilisierende Organisationsstrukturen und Systeme einzubetten, dann kann seine langfristige Wirksamkeit und Verfügbarkeit am ehesten gewährleistet werden. Als ein systemischer Faktor seien die *Unternehmensgrundsätze* genannt. Welches Menschenbild und welche Werte haben vorrangige Bedeutung, gibt es eine „Corporate Governance" und durch welche Regeln ist diese getragen? Ein von allen Mitgliedern des Unternehmens getragenes Human-Capital-Konzept kann sich nur dann langfristig etablieren, wenn es verabschiedete und mit Sanktionen bewehrte „Rules and Regulations" gibt.

Ein weiterer wichtiger Faktor sind die *Personalsysteme.* Diese beinhalten Auswahl-, Betreuungs-, Entwicklungs- und Vergütungssysteme, Personalcontrolling, Personalmarketing sowie die Personal- und Sozialpolitik insgesamt. Die *Human-Resources-Funktion* ist als nächstes Merkmal zu betrachten. Sie beinhaltet politische und systemische Dimensionen und sollte personell quantitativ und qualitativ so ausgestattet sein, dass sie ihre wichtigen Gestaltungs- und Beratungsaufgaben für Human Capital im Sinne der stetigen Herausforderungen und des Wandels wahrnehmen kann. Last not least soll das *Unternehmenssystem* als Gesamtheit Erwähnung finden. Auch die Organisationsstruktur des Unternehmens, unter Berücksichtigung von branchenspezifischen Gegebenheiten, die Unternehmensgröße und der wirtschaftliche und rechtliche Rahmen spielen bei der Nutzung der Potenziale und der Förderung und Steigerung des Human Capitals eine entscheidende Rolle.

Abb. 1. HCC-Modell: Definition von „Human Capital" des Human-Capital-Clubs e. V.

8   Human Resource Management versus Human Capital Management

Drei wesentliche Merkmale unterscheiden das HCC-Modell von der Herangehensweise der Human-Resource-Management (HRM)-Modelle im traditionellen Sinn. Erstens kann die HR-Funktion nach den Prämissen des HCC ihren Aufgaben nur vollständig gerecht werden, wenn sie mit in der obersten Hierarchieebene im Unternehmen, d. h. an strategischer Position, angesiedelt ist. Nur wenn die Personalverantwortlichen in die strategische Planung und Zielsetzung eingebunden sind, können strategische Entscheidungen in Bezug auf Human Capital durch die HR-Funktion mit gesteuert werden.

Zum Zweiten hat das Modell einen instrumentellen Charakter, d. h. für jedes Merkmal der oben aufgeführten Dimensionen existieren etablierte Messmethoden, die zu einem integrierten Steuerungsinstrument weiterentwickelt worden sind (vgl. Friederichs 2004). Konkret bedeutet das, dass gezielt und unternehmensspezifisch Messdaten ermittelt werden können, Vergleiche über Unternehmensbereiche und Zeiträume hinweg erfolgen können und damit Maßnahmen zur Steigerung des Human Capitals und des Unternehmenserfolgs abgeleitet werden können.

Der dritte Punkt leitet sich direkt vom zweiten ab. Den Führungskräften in den Top-Positionen werden nicht nur Controlling-Instrumente an die Hand gegeben, sondern sie werden als die Hauptverantwortlichen für eine nachhaltige Wertsteigerung des Human Capitals im Unternehmen mit in die Messung und das Rating einbezogen.

Der Stellenwert des Human Capital Managements im Unternehmen ist, wie die vielseitige aktuelle Auseinandersetzung mit der Thematik eindrücklich zeigt, im Aufwärtstrend. Trotz fortschrittlicher Technologien wird der Mensch Träger dieses wichtigen Vermögenswertes, des Human Capitals, bleiben. Die Standardisierung von Mess- und Steuerungsinstrumenten, die Grundlage eines guten Managements sowie eine wachsende Anzahl wissenschaftlicher Studien, die Beziehungen zwischen Förderung von Human Capital und Unternehmenserfolg darstellen, sind wichtige Schritte hin zur Etablierung eines umfassenden Human Capital Managements in Unternehmen.

Literatur

Becker, Gary S. (1964): Human capital: a theoretical and empirical analysis with special reference to education. New York.

Becker, Gary S. (1993): Nobel lecture: the economic way of looking at behaviour. In: Journal of Political Economy, 101.

Bontis, Nick (1996): There's a price on your head: managing intellectual capital strategically. In: Business Quarterly, Summer.

Dürndorfer, Martina, und Friederichs, Peter (Hg), (2004): Human Capital Leadership, Hamburg.

Edvinsson, Leif (2000): Aktivposten Wissenskapital: Unsichtbare Werte bilanzierbar machen. Wiesbaden.

Fitz-enz, Jac (2000): The ROI of human capital – measuring the economic value of employee performance. New York.

Flamholtz, Eric (1974): Human Resource Accounting. A review of Theory and Research. In: The Journal of Management Studies Nr.11.

Kaplan, Robert und Norton, David (1996): The Balanced Scorecard.

Knoche, Meinhard (2004): Kapital oder Ballast? Personalpolitik in wirtschaftlichen Schwächephasen. Ifo Schnelldienst 16/2004.

Psacharopolous, George (1987): Earnings functions. In: George Psacharopolous (Hg.): Economics of education: research and studies. Oxford.

Schmidt, Herbert (1982): Humanvermögensrechnung. Berlin.

Scholz, Christian et al. (Hg) (2004): Human Capital Management. Wege aus der Unverbindlichkeit. München.

Schultz, Theodore W. (1961): Investment in human capital. In: American Economic Review, 51(1).

Stewart, Thomas A. (1997): Intellectual Capital. New York.

TEIL II:

HR Business Process Strategy

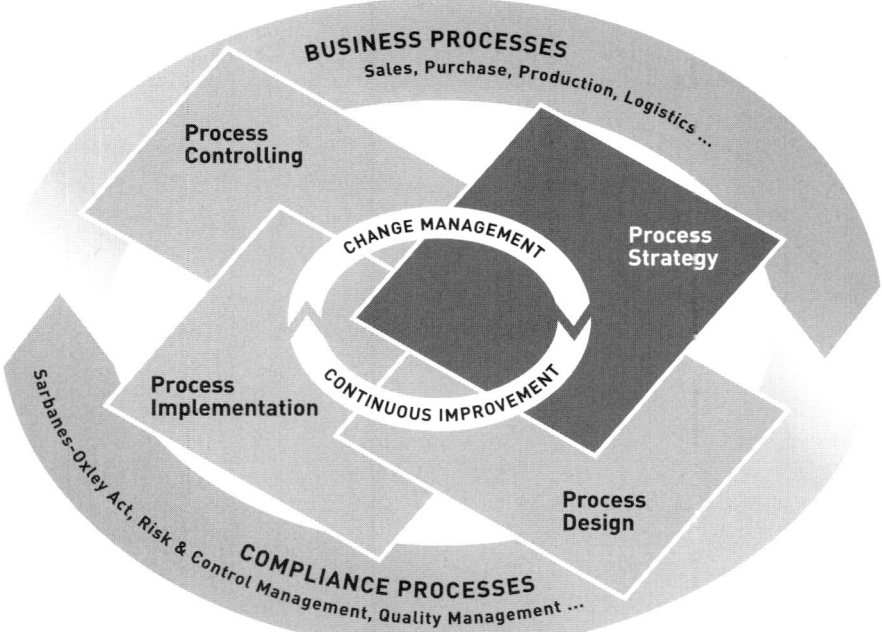

HR Business Process Strategy – Personalmanagement neu ausrichten

Rolf Irion
IDS Scheer AG
Rolf.Irion@ids-scheer.com

Fabian Schmidt-Schröder
IDS Scheer AG
Fabian.Schmidt-Schroeder@ids-scheer.com

Zusammenfassung

„Human Capital Management" ist mehr als ein Synonym für modernes Personalmanagement: Der Begriff „Humankapital" macht deutlich, welchen Wert das Personal eigentlich für ein Unternehmen hat und unterstreicht die Aufgabe des Personalmanagements, diesen Wert mess- und steuerbar zu machen. Gleichzeitig resultiert aus dem Trend zum Aufbau realer Kunden-Lieferantenbeziehungen über „HR Shared Services" die Notwendigkeit, Produkte, Prozesse und Preise im Personalmanagement zu definieren.

Die Positionierung des Personalmanagements zwischen System- und Personenorientierung sowie die Ausrichtung zwischen Support- und Steuerungsorientierung sind die Stellschrauben in der HR-Strategie. Hieraus lassen sich eine Rollendefinition sowie die Ziele des Personalmanagements ableiten. Eine Optimierung des Personalmanagements kann systematisch erarbeitet werden, indem Daten zu HR-Produkten, -Auftraggebern und -Kunden erhoben und eine Prozesslandkarte aufgebaut werden. Über die Analyse von Haupterfolgsfaktoren und die Spiegelung gegen Benchmarks lässt sich die Performance der HR-Prozesse einfach bestimmen.

Schlüsselwörter

Benchmark, Budgetverfügbarkeit, Cost Center, Geschäftsfeldmatrix, Handlungsfelder, Haupterfolgsfaktoren, HR-Serviceorientierung, HR-Strategie, HR-Produkte, HR Shared Service, Human Capital Management, Humankapital, Kostensensibilität, Marktanalyse, Mitarbeiterlebenszyklus, Personalmanagement, Personalprozesse, Preisdefinition, Prozesse, Prozessbewertung, Prozesslandkarte, Prozessperformance, Prozessportfolio, Prozessziele, Revenue Center, Top-Down-Ansatz

1   Einleitung

Das Management von Humankapital hat sich zur strategischen Stellgröße erfolgreicher Unternehmen entwickelt. Denn die zunehmende Dynamisierung und Globalisierung der Märkte, die mit der Transformation von der Industrie- zur Dienstleistungsgesellschaft und weiter zur Informationsgesellschaft einhergeht, fordert von Organisationen und ihren Mitarbeitern die Bereitschaft zur Veränderung. Der Mensch mit seinem Wissen und seinen Fähig- und Fertigkeiten ist deshalb entscheidend für die Sicherung der Wettbewerbsfähigkeit und somit kritischer Erfolgsfaktor für das Erreichen der Unternehmensziele.

Der Begriff „Human Capital Management" ist dabei nicht nur als Synonym für Personalmanagement zu verstehen; er betont insbesondere den eigentlichen Wert des Personals für das Unternehmen und unterstreicht die Aufgabe des Personalmanagements, diesen Wert mess- und steuerbar zu machen und sich im Unternehmen so auszurichten, dass der Wert des Humankapitals erhöht wird (vgl. Scholz 2003).

In der Praxis sind Aufgaben, Bedeutung und Wahrnehmung von „Human Capital Management" in Unternehmen sehr unterschiedlich. Das Personalmanagement wird nicht selbstverständlich als interner Dienstleistungspartner wahrgenommen, weder von den Erbringern noch von den Empfängern der HR-Dienstleistungen. Im Gegenteil: Häufig kämpft das Personalmanagement noch mit dem Image, primär Kostentreiber und schlecht erreichbare Stabstelle mit wenig Bezug zu den Marktbereichen zu sein.

Zwischen HR-Serviceorientierung, Kostensensibilität des Unternehmens und begrenzter Budgetverfügbarkeit in den Marktbereichen entsteht ein Spannungsfeld, das das Personalmanagement zu einer Neuausrichtung im Sinnes eines „Human Capital Management" zwingt. Dieses Personalmanagement versteht sich als Unternehmensprozess, dessen Zielsetzung aus der Unternehmensstrategie und der Ausrichtung der Marktbereiche ableitbar ist. Es stellt dabei den Wert des Humankapitals und die damit verbundenen Dienstleistungen in den Mittelpunkt.

Der Trend zum Aufbau von „HR Shared Services" und die daraus resultierende Notwendigkeit der Produkt-, Prozess- und Preisdefinition sowie der Aufbau realer Kunden-Lieferantenbeziehungen zwischen Marktbereichen und Personalmanagement macht dies deutlich. Folgende Fragen sind zu beantworten:

- Welche strategische Ausrichtung wird im Personalmanagement verfolgt?

- Welche operativen Prozessziele müssen verfolgt werden?

- Welche Maßnahmen der Veränderung sind zu ergreifen?

2   HR-Strategie – Ausgangspunkt für Performance-Messung

Mitte der 90er Jahre wurde von Ulrich die Rolle des Personalmanagements umgeschrieben: Unterschieden wurde zwischen strategischem und operativem Fokus des Personalmanagements einerseits sowie System- und Personenorientierung andererseits. Hieraus lassen sich vier allgemeine Rollen des Personalmanagements ableiten: Strategic Partner, Change Agent, Administrative Expert und Employee Champion.(vgl. Ulrich 1997). Wenn in der Vergangenheit das Personalmanagement häufig negativ betrachtet wurde, so liegt das daran, dass es seine Rolle oft auf eine Systemorientierung mit operativem Fokus beschränkt hat. Während das oben genannte Modell langsam in die Unternehmenspraxis Einzug findet, beschreibt eine aktuelle Weiterentwicklung des Ansatzes bereits fünf generelle Rollen für das Personalmanagement jenseits der Jahrtausendwende (vgl. Ulrich u. Brockbank 2005):

1. Employee Advocate

2. Functional Expert

3. Human Capital Developer

4. Strategic Partner

5. HR Leader

In beiden Modellen wird deutlich, dass die Rolle des Personalmanagements sowohl Steuerungs- als auch Supportcharakter (strategische vs. operative Ausrichtung) hat. Je nach Unternehmenssituation und -strategie müssen die Rollen unterschiedlich gewichtet und ausgeprägt werden. Die so definierte Strategie für das Personalmanagement richtet sich an der Unternehmensstrategie, den kritischen Erfolgsfaktoren und den daraus abgeleiteten Unternehmens- und Bereichszielen aus und soll diese personalseitig optimal unterstützen.

Die Veränderungen der Rahmenbedingungen des Unternehmens betreffen in immer stärkerem Maße gerade Steuerungs- und Supporteinheiten wie das Personalmanagement. Im Zuge des zunehmenden Kostendrucks auf das Personalmanagement wird beispielsweise die Positionierung als „Cost Center" besonders wichtig. Eine solche ist dann geglückt, wenn von Mitarbeitern und Führungskräften eine Wertschätzung der gelebten Professionalität und der erbrachten Leistungen besteht und die entstanden Kosten als angemessen betrachtet werden. Auf dieser Basis ist dann eine Weiterentwicklung als „HR Shared Service" und „Revenue Center" gangbar.

Der Anspruch moderner Personaler an das eigene Tun geht in der Regel über die Personaladministration weit hinaus. Gestaltung der Unternehmenskultur, Mitarbeiterentwicklung und Sicherung der Zukunftsfähigkeit, aber auch die strategische Ausrichtung des Unternehmens sind Themen, die stärker in den Vordergrund rücken und durch Coaching- und Change-Management-Maßnahmen begleitet werden

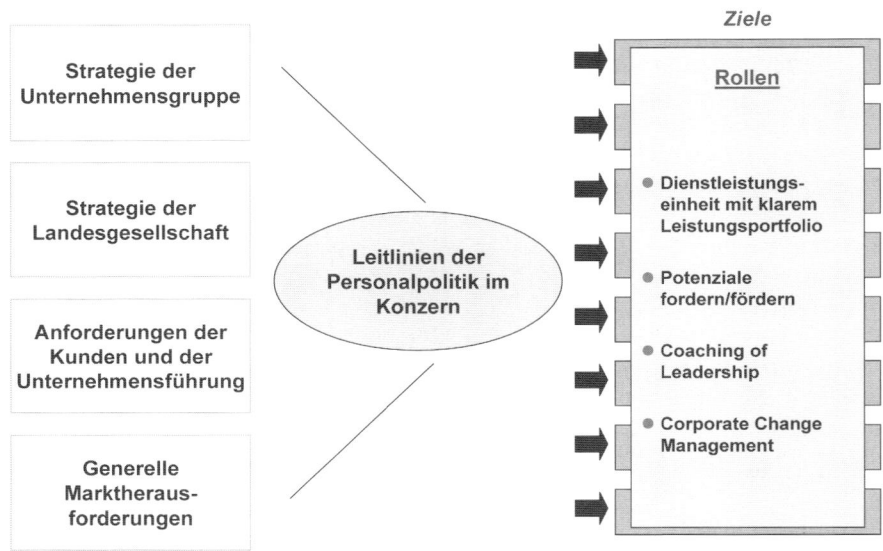

Abb. 1. Beispiel für die strategische Positionierung des Personalmanagements

müssen. Unabhängig von den jeweiligen Schwerpunkten stellt die begleitende Kommunikation eine besondere Herausforderung für das Personalmanagement dar. Die Formulierung solcher Schwerpunkte in Form von HR-Prozesszielen bietet sich an, da diese dann mit Geschäftsprozessbezug darstellbar sind und der Erfolg der Umsetzung über den optimierten Prozess messbar wird. Sowohl die konkrete Zielnennung als auch die Möglichkeit, Abweichungen und Zielerreichungsgrad konkret zu beschreiben, erleichtern die Kommunikation über Rolle, Positionierung sowie Ziele und Maßnahmen erheblich.

Abb. 1 zeigt beispielhaft eine HR-Strategie mit Rollenschwerpunkten, deren Ziele aufgrund ihres Aggregationsniveaus nicht unmittelbar messbar sind. HR-Prozessziele sind im Gegensatz dazu konkret messbare Ziele, die sich an den beispielhaft dargestellten strategischen Rollen orientieren und durch Prozessmanagement-Methoden konkret abgeleitet und ausformuliert werden.

3   Die HR-Performance im Spannungsfeld von Produkt, Prozess und Preis

3.1   HR-Produkte, -Prozesse und -Preise

Die strategische Ausrichtung des Personalmanagements mit dem Ziel der Performance-Messung und -Optimierung erfolgt mit Blick auf die operative Leistungsfähigkeit, in deren Zentrum die HR-Prozesse und -Produkte stehen. Die HR-

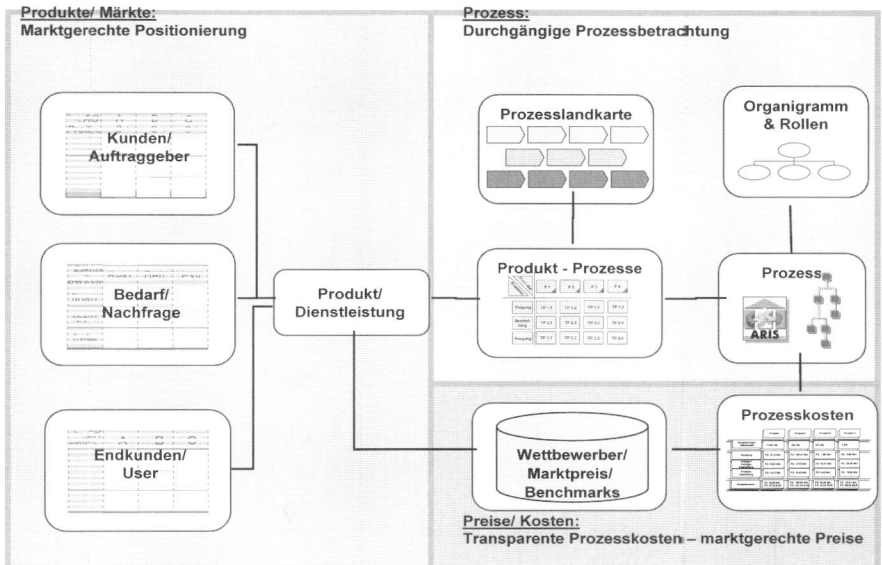

Abb. 2. HR-Produkte, -Prozesse und Preise

Prozessziele werden unter Berücksichtigung der Unternehmensstrategie, der Ziele der Marktbereiche sowie der externen Rahmenbedingungen erarbeitet. Dabei werden folgende Aspekte berücksichtigt:

- Haupterfolgsfaktoren
- Ist-Prozesse (evtl. Soll-Prozesse)
- Ist-Produkte (ev. Soll-Produkte)
- Endkunden
- Auftraggeber
- Produktabdeckung im Mitarbeiterlebenszyklus
- Produktkosten/-preise

Im Zentrum der Ableitung von HR-Prozesszielen stehen die drei Bereiche HR-Produkte, -Prozesse und -Preise.

HR-Produkte

Die operative Zieldefinition beginnt betriebswirtschaftlich mit der Definition der „Märkte". Bei Steuerungs- und Supporteinheiten wie dem Personalmanagement sind typischerweise zwei „Kundengruppen" vorhanden: Auftraggeber (Konzerngesellschaften / externe Kunden) und Endkunden (interne Mitarbeiter).

HR-Prozesse

Die Märkte / Kunden werden mit HR-Produkten bedient, die in direkter Abhängigkeit zu den für die Leistungserstellung erforderlichen Geschäftsprozessen stehen und selbst wiederum über entsprechende Steuerungs- oder Supportprozesse erstellt werden.

HR-Preise

Die daraus resultierenden HR-Produktkosten führen zu einer Marktvergleichbarkeit und einer Einschätzung der eigenen Leistungsfähigkeit bzw. Marktreife der jeweiligen Leistungen.

Das Modell in Abbildung 2 zeigt die Abhängigkeiten zwischen Produkten, Prozessen und Preisen. Die Anforderungen der Auftraggeber und Endkunden bestimmen die konkreten Bedarfe entlang des Mitarbeiterlebenszyklus und verschiedener Leistungsbereiche. Diese fließen in eine angemessene Produktdefinition ein. Ausgehend von der allgemeinen Prozesslandkarte können die einzelnen Produktprozesse identifiziert und detailliert in Form von Prozessketten beschrieben werden. Eine Erweiterung dieser Prozessketten erfolgt einerseits durch die Zuordnung der verantwortlichen Rollen und Stellen (sowie ggf. weiterer Referenzdaten wie z. B. IT-Systemen), zum anderen durch die Ermittlung und Zuordnung entsprechender Prozesskosten. Diese wiederum stehen im Spannungsfeld von internen Bedürfnissen hinsichtlich der Produktgestaltung und dementsprechender Marktpreise für eben diese Produkte.

4   HR-Marktanalyse

Die HR-Marktanalyse adaptiert den konzeptionellen Ansatz der Geschäftsfeldmatrix und überträgt diesen auf eine Steuerungs- und Supporteinheit. In den beiden dargestellten „Geschäftsfeldmatrizen" des Personalmanagements wird das aktuelle Auftraggeber- und Endkundenportfolio gegen die HR-Produktgruppen gespiegelt. Während das Endkundenportfolio im Wesentlichen der klassischen Endkundensicht in der Geschäftsfeldmatrix entspricht, fokussiert das Auftraggeberportfolio auf die Anforderungen, die nicht direkt vom Leistungsempfänger kommen; die Bedeutung des Auftraggebers liegt insbesondere darin, dass er für das Erbringen der HR-Leistungen bezahlt. Durch diese Doppelsicht erhöht sich die Komplexität der Geschäftsfeldmatrix, da neben den Kunden weitere „Stakeholder" gleichberechtigt berücksichtigt werden.[1]

---

[1]   Ähnliche Konstellationen können typischerweise auch im öffentlichen Sektor angetroffen werden; auch hier steht der Leistungserbringer (z. B. eine Behörde) zwischen Kundenanforderungen (Bürgern) und eigentlichem Auftraggeber (Staat).

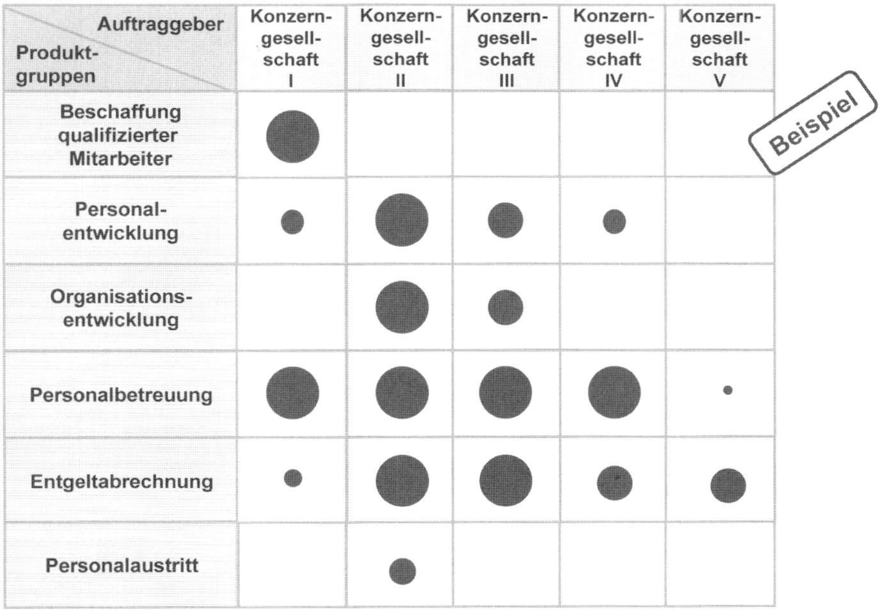

Produkt- gruppen \ Auftraggeber	Konzern- gesell- schaft I	Konzern- gesell- schaft II	Konzern- gesell- schaft III	Konzern- gesell- schaft IV	Konzern- gesell- schaft V
Beschaffung qualifizierter Mitarbeiter	●				
Personal- entwicklung	●	●	●	●	
Organisations- entwicklung		●	●		
Personalbetreuung	●	●	●	●	·
Entgeltabrechnung	·	●	●	●	●
Personalaustritt		●			

Beispiel

Abb. 3. Auftraggebermatrix von HR-Produkten im Konzern

Die erforderlichen Inhalte werden über Interviews und Workshops mit ausge-wählten HR-Mitarbeitern bzw. mit den Auftraggebern erarbeitet. Je nach Infor-mationsverfügbarkeit können neben der Ist-Situation auch die Zielkunden und Zielprodukte sowie deren geplante Gewichtung ergänzend dargestellt werden. Die nicht gefüllten Spalten und Zeilen weisen direkt auf Handlungsbedarf hin-sichtlich einer möglichen Neuausrichtung gegenüber den Mitarbeitern oder Auf-traggebern hin.

Eine Auftraggebermatrix wie in Abbildung 3 bietet sich an, um die Auftragslage und die Zielmärkte des HR-Ressorts darzustellen. Eine Detaillierung der Produkt-gruppen bis hin zu Einzelprodukten ist in Einzelfällen denkbar.

Die Nutzung der Endkundenmatrix dient insbesondere bei komplexen Konzern-strukturen und dezentralen HR-Funktionen dazu, die jeweils betreuten Mitarbei-tergruppen transparent zu machen.

Außerdem können auf dieser Basis Überlegungen hinsichtlich eines Drittmarkt-szenarios angestoßen werden. Drittmarktszenarien beginnen häufig bereits bei Un-ternehmen, die nur „lose" (Minderheitsbeteiligungen oder Partnerschaften) in den Konzernverbund integriert sind, und können sich von dort bis auf den echten Drittmarkt ausdehnen.

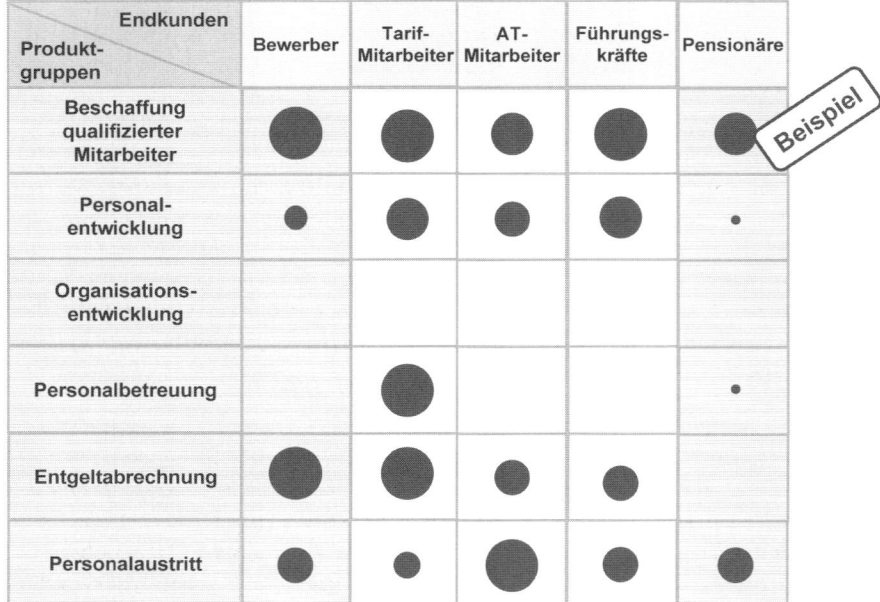

Abb. 4. Endkundenmatrix von HR-Produkten im Konzern

5   HR-Erfolgsfaktoren und -Prozessperformance

Die Bestimmung der HR-Erfolgsfaktoren verbindet die HR-Strategie, die HR-Geschäftsfelder (Auftraggeber-/Endkundenmatrix) und die zu definierenden HR-Prozessziele. Letztere werden somit nicht allein aus dem Wissen über die Leistungsfähigkeit der eigenen HR-Prozesse abgeleitet. Vielmehr wird das Marktumfeld mit seiner Dynamik, seinen wechselnden Anforderungen und deren Auswirkung auf das Personalmanagement bewertet und in die Zielfindung eingearbeitet.

Um dies greifbar zu machen, basiert die Zieldefinition auf spezifischen HR-Haupterfolgsfaktoren, die eine aktive Begegnung mit den Marktbedingungen ermöglichen. Die Haupterfolgsfaktoren (HEF) werden gemeinsam mit Markt- und HR-Prozessspezialisten sowie auf Basis von Einschätzungen des Managements erarbeitet. Anschließend werden sie mit ausgewählten Auftraggebern abgestimmt.

Die Herausforderung in der Praxis besteht in der Versachlichung des Marktumfelds und der Ableitung derjenigen Faktoren, die zur Leistungsfähigkeit des Personalmanagements – und damit auch der Unternehmung – beitragen. Die Projekterfahrung zeigt, dass diese Versachlichung dadurch erreicht werden kann, dass zunächst eine Beurteilung des Marktumfeldes, der eigenen Leistungsfähigkeit der HR-Prozesse sowie der daraus resultierenden HEF über Einzelinterviews erhoben wird. Die Ergebnisse der Interviews werden konsolidiert und neutral aufbereitet. Dann werden sie in Workshops präsentiert und erörtert, schließlich wird ein Konsens herbeigeführt. Rückschlüsse auf die persönliche Einschätzung einzelner Personen sind nur insoweit möglich, als die Betroffenen sich im Workshop „zu erkennen" geben. Zeitraubende Diskussionen darüber, ob persönliche Einschätzungen zutreffen, sowie die Personifizierung der Erörterung werden dadurch vermieden. Jeder Einzelne kann umgehend die Mehrheitsfähigkeit seiner Position erkennen und selbst entscheiden, inwieweit er seine Position verteidigt oder aufgibt. Ein solches Vorgehen bietet sich insbesondere für das Management an, führt aber auch in anderen Bereichen zu guten Ergebnissen. An seine Grenzen stößt das Verfahren erst, wenn die Summe der notwendigen Einzelinterviews in dem vorgegebenen Zeitrahmen nicht zu bewältigen ist. In diesem Fall muss auf andere Erhebungsmethoden ausgewichen werden.

Um sicherzustellen, dass die erarbeiteten Haupterfolgsfaktoren im weiteren Verlauf auch zu handhaben sind, empfiehlt es sich, die HEF auf etwa zehn zu begrenzen, auf diese und deren Formulierung aber besonderes Augenmerk zu richten. Das Ergebnis soll ein Vergleich der eigenen Leistungsfähigkeit mit dem Marktumfeld (leistungsfähigster Wettbewerber) und der eigenen Zielpositionierung sein. Diese qualitativen Einschätzungen zeigen Handlungsfelder auf und fließen direkt in die Zieldefinition der HR-Prozessziele ein.

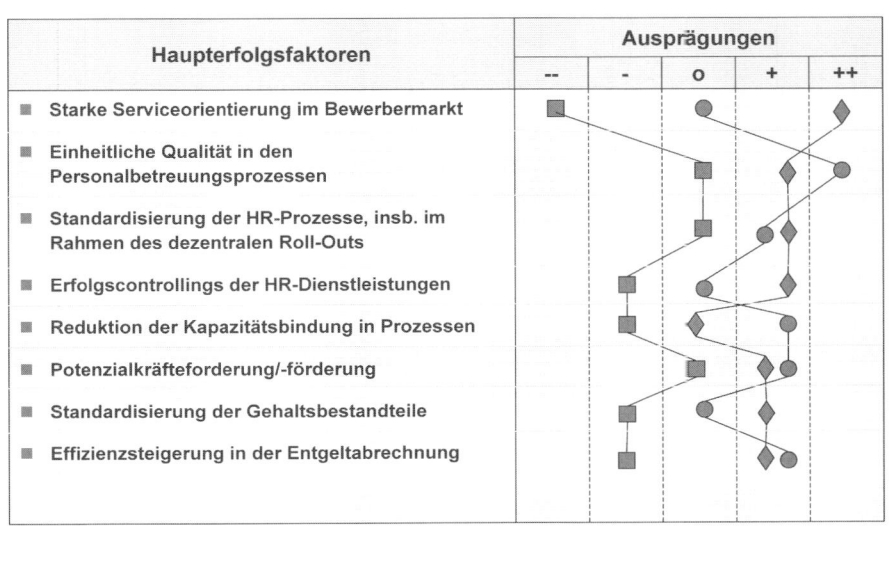

Abb. 5. Haupterfolgsfaktorenanalyse

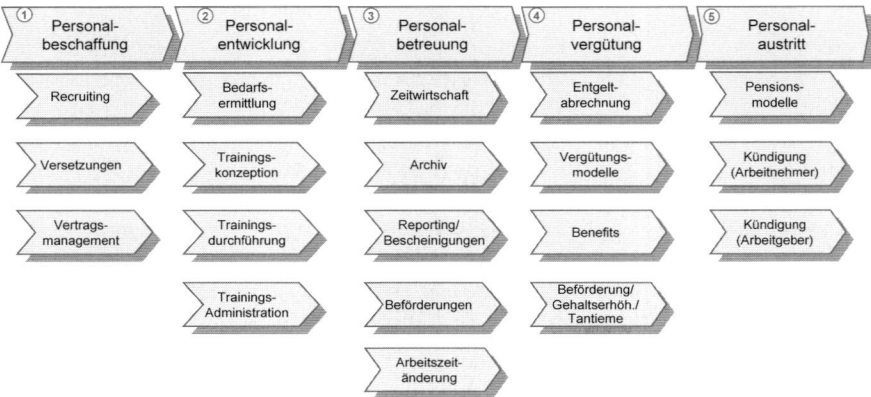

Abb. 6. HR-Leistungsprozesse

Für eine Geschäftsprozessbetrachtung ist es sinnvoll, die HR-Leistungsprozesse anhand des Mitarbeiter-Lebenszyklus zu strukturieren. Ziel ist es, eine Prozesslandkarte des gesamten Prozessportfolios zu erstellen, das für die HR-Produkterstellung erforderlich ist.

Gerade die inhaltliche Ausgestaltung der Prozesse, deren Verzahnung mit den Marktbereichen und anderen Führungs- und Supportprozessen sowie eine darauf abgestimmte Zielfindung und -definition bestimmen letztlich, inwieweit es dem Personalmanagement gelingt, seine Rollen ausgewogen und im Sinne des Unternehmens zu leben und Humankapital bewertbar und steuerbar zu machen.

Im nächsten Schritt findet daher eine Einschätzung der Leistungsfähigkeit der HR-Prozesse statt. In der Phase der strategischen Ausrichtung ist realistischerweise keine Detailprozessanalyse möglich. Daher bietet sich an, die Prozesse hinsichtlich ihrer Prozessperformance und ihrem Beitrag zur Erfüllung der erarbeiteten Haupterfolgsfaktoren qualitativ zu bewerten.

Die rein qualitative Beurteilung der aktuellen Leistungsfähigkeit der HR-Prozesse führt in der Praxis zu weit zuverlässigeren Ergebnissen, als die Methode zunächst vermuten lässt. Eine entsprechende Befragung der Auftraggeber und der HR-Manager sowie eine repräsentative Stichprobe der Mitarbeiter (Kunden) führt i. d. R. zu einer zuverlässigen Einschätzung.

Zur quantitativen Ergänzung dieser qualitativen Portfolioaufteilung bietet sich ein Benchmarkvergleich im Sinne eines Quickchecks für die HR-Leistungsprozesse an. Dabei stehen marktübliche Kennzahlen zur Verfügung, um z. B. die Ist-Kapazitätsbindung in den Kernprozessen gegen den Markt zu spiegeln. Kostenvor- und -nachteile werden auf aggregierter Ebene deutlich. Dadurch lassen sich weitere Handlungsfelder ermitteln, insbesondere wenn in der Unternehmung besonderer Kostendruck herrscht.

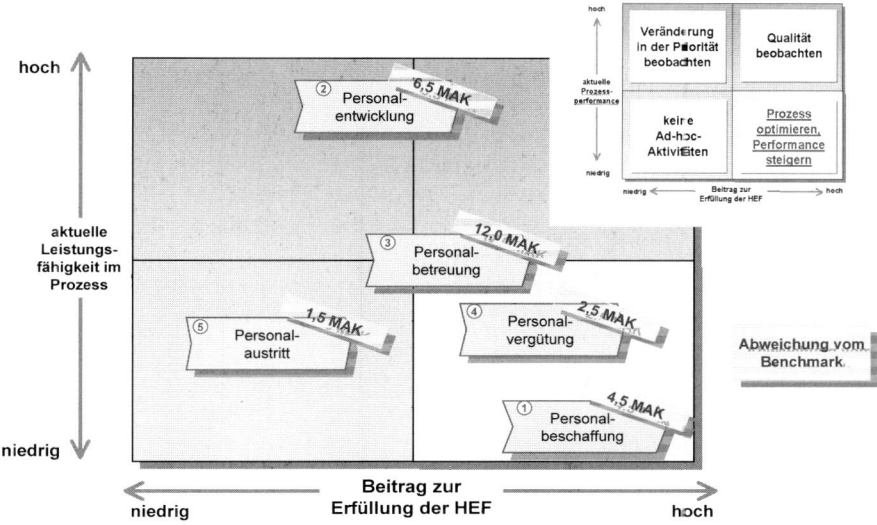

Abb. 7. HR-Prozessbewertung über ein Prozessportfolio

Branche: Versicherung Anzahl MA: 500-1500 Organisation: dezentral	① Personal-beschaffung	② Personal-entwicklung	③ Personal-betreuung	④ Personal-vergütung	⑤ Personal-austritt
Kennzahlen	Anzahl Mitarbeiter in der Personal-beschaffung je Mitarbeiter	Anzahl Mitarbeiter in der Personal-entwicklung je Mitarbeiter	Anzahl Mitarbeiter in der Personal-betreuung je Mitarbeiter	Anzahl Mitarbeiter in der Personal-abrechnung je Mitarbeiter	Anzahl Mitarbeiter beim Personal-austritt je Mitarbeiter
	Kosten für Personal-beschaffung je Mitarbeiter	Kosten für Personal-qualifizier-ung je Mitarbeiter		Anzahl Mitarbeiter in der Personal-abrechnung je Mitarbeiter	
Potenziale auf Basis des Benchmark-Quick Checks	4,5 MAK	6,5 MAK	12 MAK	2,5 MAK	1,5 MAK

Abb. 8. Prozess- und kennzahlenbasierter Quickcheck

Es sei jedoch darauf hingewiesen, dass die Objektivität eines quantitativen Benchmarks häufig überschätzt wird. Sein Charme liegt in seiner vermeintlichen Einfachheit, seine Fallstricke ebenfalls.

Neben der Vergleichbarkeit der Branche, der Größe der Betreuungsbereiche sowie der Organisationsform ist auch die Rollengestaltung und -gewichtung von Bedeutung. Unterschiede zwischen den Benchmark-Unternehmen und dem zu optimierenden Unternehmen sind diesbezüglich kritisch zu hinterfragen. Dabei muss sowohl die Ist-Situation als auch die aus Sicht des Gesamtunternehmens optimal erscheinende Soll-Situation berücksichtigt werden. Ist beispielsweise der Ausbau der Rolle des Change Agents für das Unternehmen ein kritischer Erfolgsfaktor, führt die Spiegelung gegen einen Benchmark, bestehend aus optimierten HR-Bereichen, die als reine HR Shared Services operieren und die Rolle des Change Agents weniger betonen, zu Fehlentscheidungen.

Aus der Positionierung der HR-Prozesse im Prozessportfolio, ggf. angereichert um die Benchmarks, lassen sich die Handlungsfelder eindeutig priorisieren. Durch die Fokussierung auf Prozesse mit relativ schlechter Performance, aber hohem Einfluss auf die derzeit dominierenden HEF, erreicht die dann folgende Prozessoptimierung schnell spürbare Ergebnisse und vorweisbare Erfolge.

6   HR-Prozessziele

Das bisher beschriebene Vorgehen unterstützt eine Definition von HR-Prozesszielen, die mit den strategischen Zielen des HR-Bereichs, der Marktbereiche der Unternehmung sowie des Konzerns übereinstimmen.

Die HR-Prozessziele werden unterschieden in

- Qualitätsziele (Q-Ziele)

- Zeitziele (t-Ziele) und

- Kostenziele (€- Ziele).

Diese Ziele sollten nicht nur einmal projekthaft definiert, sondern danach auch jährlich aktualisiert werden, um eine kontinuierliche und adaptive Zielorientierung sicherzustellen.

Umgesetzte €-Ziele und t-Ziele führen zwangsläufig zu einer Effizienzsteigerung, welche gleichbedeutend mit Kosteneinsparungen ist. Q-Ziele sind häufig durch einmalige Investitionen umsetzbar, beispielsweise durch die Verbesserung der IT-Unterstützung, die Beseitigung manueller oder nicht-integrierter Systemschnittstellen sowie durch Prozess-Standardisierung. Im Gegensatz zu Kosten- und Zeitzielen können Q-Ziele auch dauerhaft zu einer zusätzlichen Kapazitätsbindung führen (z. B. für die erhöhte IT-Unterstützung, ein erweitertes HR-Reporting oder schlichtweg höhere Qualität und Kundenzufriedenheit).

Gerade die durch die Effizienzsteigerung frei werdenden Kapazitäten können dazu genutzt werden, mittel- und langfristige Maßnahmen zur Qualitätssteigerung und -Sicherung umzusetzen. Dadurch werden in allen drei Bereichen – bei den Kosten, der Zeit und der Qualität – Fortschritte erreichbar. Alternativ lässt sich mit den entstehenden Kapazitätsreserven das Leistungsportfolio sinnvoll erweitern, und bisher zu schwach gelebte Rollen können gezielt auf- und ausgebaut werden.[2]

Hierdurch können im Personalmanagement neue Perspektiven neben der traditionellen Führungskarriere entstehen. Dies ist insbesondere für die HR-interne Personalbindung von Bedeutung, da die traditionellen Karrieremodelle innerhalb der tendenziell im Wachstum beschränkten HR-Bereiche immer mehr zu Flaschenhalskarrieren werden oder schlichtweg nicht mehr existieren. Dies kann jedoch zu einem Teufelskreislauf führen, denn wenn sich fähige Mitarbeiter mangels Perspektiven neu orientieren, fehlen dem Unternehmen mittelfristig genau die Kompe-

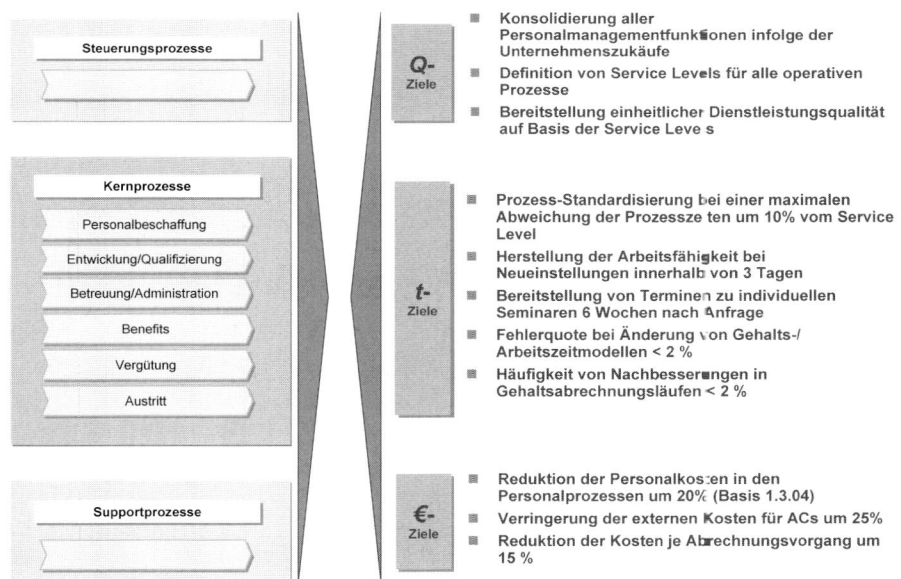

Abb. 9. Beispiel für HR-Prozessziele

---

[2]   Das hierzu notwendige Change Management, die Definition neuer Stellentypen, die Qualifizierungsbedarfe sowie personenbezogene und summarische Wanderungsbilanzen können z. B. mit der ARIS-Methodik und der ARIS-Plattform unterstützt werden (vgl. Witt, S. 79 ff).

tenzen, die für eine strategische, zukunftsgerichtete und personenorientierte Rollenbildung benötigt werden.

Kurzfristig gesehen ist die Definition von quantitativen (messbaren) Prozesszielen arbeitsintensiver als das Festlegen rein qualitativer Ziele. Die positive Wirkung ist allerdings nach Erreichen um ein Vielfaches höher, und vor allem nachhaltiger, als bei rein qualitativen Zielen.

Das Planen, Messen, Kontrollieren und Steuern quantitativer Ziele bedeutet meist ein Umdenken und erfordert eine Veränderung der Managementprozesse im Personalmanagement selbst. Andererseits wird so ein wichtiges Fundament gesetzt: So lassen sich beispielsweise erfolgsorientierte Entlohnungsmodelle im Personalmanagement realisieren, HR-Produkte können konkreter bepreist werden – zumindest ist eine bessere Ausgangslage für die Preisermittlung geschaffen – und Service-Level-Modelle mit den Auftraggebern (z. B. Konzerngesellschaften oder Marktbereichen) werden denkbar.

Die Erreichung dieser Ziele und der damit stets verbundene Kulturwandel stellen den operativen und dadurch auch maßgeblich den strategischen Erfolg des Personalmanagements in Zukunft sicher.

7   Handlungsfelder definieren

Basierend auf den in den vorangegangenen Analysen und Arbeitsschritten erkannten Potentialen bzw. Schwachstellen werden die Handlungsfelder für eine konkrete Optimierung abgeleitet. Dies ist allerdings ein Vorgang, der weniger durch eindeutige Schablonen oder Raster als durch unternehmerisches Geschick und ein Gesamtverständnis der Unternehmensstrategie und der Marktentwicklung sowie der Kenntnis adäquater HR Best Practices gesteuert wird.

Analyseergebnisse der vorangegangenen Phasen sind typischerweise:

- Zielmärkte für HR sind erkannt

- Markante Unterschiede zum „Marktführer" hinsichtlich der Haupterfolgsfaktoren sind ermittelt

- Kostennachteile in ausgewählten HR-Leistungsprozessen sind erkannt

- Erfolgskritische Prozesse mit geringer Leistungsfähigkeit sind qualitativ ermittelt

- Optimierungspotentiale in ausgewählten Prozessen auf Basis der Benchmark-Vergleiche und des HR-Prozessportfolios sind ermittelt.

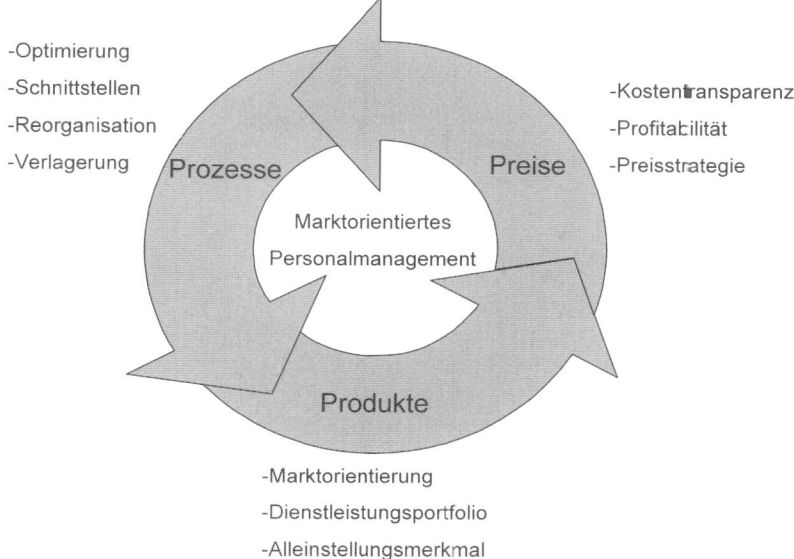

-Optimierung
-Schnittstellen
-Reorganisation
-Verlagerung

-Kostentransparenz
-Profitabilität
-Preisstrategie

-Marktorientierung
-Dienstleistungsportfolio
-Alleinstellungsmerkmal

Abb. 10. Handlungsfelder

Darüber hinaus finden unternehmensweite Erfolgsfaktoren Berücksichtigung, wie zum Beispiel:

- Wachstum oder Konsolidierungsvorhaben des Unternehmens, die unterstützt werden müssen

- Stabilität und Qualität der Führungskräfte, die gehalten, erreicht oder erhöht werden soll

- Unternehmenspolitische Rahmenbedingungen, die sich verändert haben

- Budgetverfügbarkeit, die abgenommen hat

- Umsatz- bzw. Kostendruck, der zugenommen hat.

Die Kombination der Handlungsfelder, der zugehörigen HR-Prozessziele und der betroffenen Prozesse bilden den Rahmen für konkrete Projektsteckbriefe, in denen die Umsetzung der Potenziale beschrieben und geplant wird.

Nun ist ein Rahmen geschaffen, der über weitere standardisierte Methoden – wie z. B. eine Störfaktorenanalyse – eine gezielte Analyse der HR-Prozesse erlaubt. Die Störfaktorenanalyse arbeitet strukturiert den negativen Gegenpol zu den Handlungsfeldern heraus, die aus der Ist-Situation der Prozesse in Bezug auf deren Leistungsfähigkeit und der Bedeutung für das Erreichen der HEF abgeleitet wurden. Sofern die HR-Prozessmodelle weiter detailliert wurden, können auch die Ursachen für Störfaktoren über Prozessinterviews gezielt erhoben, bewertet und gewichtet werden. Eine anschließende Paretoanalyse im Rahmen des HR-Prozessdesigns zeigt die konkreten Optimierungspotenziale auf und erlaubt bereits eine erste Potenzialbewertung, die gegen Kosten und Wirksamkeit möglicher Maßnahmen gespiegelt werden kann.

8   Fazit

In Douglas Adams' „Per Anhalter durch die Galaxis" lautet die universelle Antwort „42!". Das mutet faszinierend einfach an – jedoch steht der Reisende in Adams' Roman vor einem nicht unerheblichen und im Buch nicht gelösten Problem: „Was ist eigentlich die Frage?"[3] – sprich, was ist Human Capital Management und welchen Beitrag kann die Neuausrichtung des Personalmanagement und seiner Prozesse dazu leisten?

Human Capital Management beruht auf der Annahme, dass der eigentliche Unternehmenswert die Summe aus Bilanzvermögen, Humankapital und sonstigen immateriellen Vermögenswerten ist (vgl. Scholz, S. 50–54). Folgt man diesem Ansatz, ergeben sich für die Optimierung der HR-Prozesse wichtige Implikationen, die bei einer reinen Kosten- und Effizienzbetrachtung traditionell unberücksichtigt blieben.[4]

Die Optimierung von Prozessen fand häufig ohne eine explizite Verzahnung mit den Geschäftsfeldern und den zugehörigen HEF statt. Dieses Manko kann durch einen gezielten Top-Down-Ansatz der Prozessoptimierung überwunden werden und ist damit vor dem Hintergrund der HCM-Überlegungen deutlich zielführender als z. B. der Bottom-Up-Ansatz. Letzterer aggregiert als Funktionen beschriebene Tätigkeiten zu Prozessen, die meist in vergleichsweise generische Prozesslandkarten einfließen. Die in den Abläufen entdeckten Optimierungspotenziale sind erfahrungsgemäß weniger durchschlagend als bei einem Top-Down-Ansatz und von den HEF des Unternehmens losgelöst. Radikalere Methoden, die über Funktionsbereiche hinweg gehen und schlicht einen Prozentsatz an Einsparung einfordern, haben in Krisensituationen (Sanierung) zwar ihre Berechtigung, sind aber unbestritten lediglich auf kurzfristigen Erfolg – hier das grundsätzliche Überleben des Unternehmens – ausgerichtet.

Wie also kann eine Prozessoptimierung gestaltet werden, die Kosten- und Effizienzpotenziale hebt, Qualitätssteigerungen erlaubt und gleichzeitig den Gesamtwert des Unternehmens im Auge behält?

---

[3]   http://de.wikipedia.org/wiki/42_%28Antwort%29

[4]   Dies gilt nicht nur für die Optimierung der HR-Prozesse, sondern sämtlicher Unternehmensprozesse.

Die Verzahnung des Top-Down-Ansatzes mit dem, was im Kern das Unternehmen in seinem aktuellen Marktumfeld ausmacht, zielt darauf ab, letztlich auch immaterielle Vermögenswerte zu steigern, auch wenn diese sich bilanziell nur indirekt auswirken. Der Ansatz verhindert darüber hinaus den vorzeitigen Ausverkauf des eigenen Humankapitals, da er auch hinterfragt, inwieweit Ressourcen, die man an der einen Stelle einspart, an einer anderen Stelle nutzbringend wieder eingesetzt werden können. Im Bereich des Personalmanagements und unter den eingangs beschriebenen Rahmenbedingungen ist dies eindeutig eine moderne Ausgestaltung des Rollenverständnisses im Personalmanagement, die vielen Unternehmen Optionen bietet. Gerade der Top-Down-Ansatz erleichtert es, auch den Nutzen dieser Optionen mit konkretem Geschäftsprozessbezug aufzuzeigen und so die Marktbereiche und die Unternehmensführung „mit ins Boot zu holen".

Für das Unternehmen ergibt sich daraus ein doppelter Nutzen: Durch gutes Personalmanagement erhält man sich sein eigenes Humankapital und setzt es gleichzeitig so ein, dass es im Unternehmen an Wert gewinnt. Zur Abwechslung hat dann der Schuster einmal nicht den schlechtesten Leisten, sondern geht mit gutem Vorbild voraus.

Literatur

Scheer, A.-W.; Jost, W.: ARIS in der Praxis, Gestaltung, Implementierung und Optimierung von Geschäftsprozessen. Springer 2002

Scholz, Ch.: Zehn Postulate für das Human Capital Management. In: Personalwirtschaft 5/2003

Ulrich, D.: Human Resource Champions – The next agenda for adding value and delivering results. Harvard Business School Press 1997

Ulrich, D.; Brockbank, W.: Role call. In: People Management 16.6.05

Witt, C: Die ARIS-Methodik zur Unterstützung des Change Management. In: Scheer, A.-W.; Jost, W: ARIS in der Praxis, Gestaltung, Implementierung und Optimierung von Geschäftsprozessen. S. 79 ff.

Die Business Unit Personal – strategische Herausforderung für die Aufbau- und Ablauforganisation im Personalmanagement

Wolfgang Jäger

Fachhochschule Wiesbaden / Dr. Jäger Management-Beratung

Jaeger@djm.de

Zusammenfassung

Die meisten Unternehmen sehen sich im wirtschaftlichen, politischen sowie nationalen und internationalen Umfeld dauernden Veränderungen ausgesetzt. Solche Veränderungen und die damit notwendig werdenden Anpassungsprozesse sind nicht neu – neu sind die schnellen Zyklen und ihre Amplituden, mit denen Organisationen sich heute konfrontiert sehen. Muss auf notwendige Veränderungs- oder Anpassungsprozesse schneller und besser reagiert werden, so wird grundlegende Entscheidungskompetenz wieder zentraler gebündelt – so die aktuelle Argumentationslinie seitens der Unternehmensleitungen.

Für die Personalarbeit innerhalb dieser Rahmenbedingungen bedeutet dies einerseits eine Stärkung ihrer „Governance-Funktion" in Bezug auf eine aktive Personalpolitik in der Folge unternehmensstrategischer Ziele und andererseits mehr Flexibilität hinsichtlich Mitarbeiterquantitäten und -qualitäten sowie eine Reduzierung der fixen Personalkosten mit der Schaffung einer diese Aufgabenstellung unterstützenden Personalorganisation, die ihrerseits eher einer flexiblen „Zelt-" als einer starren „Palastorganisation" entspricht. Dies wiederum korrespondiert mit der Erwartung, dass organisatorische Anpassungsprozesse auch innerhalb der Personalorganisation in immer kürzeren Zyklen (2 – 4 Jahre) notwendig werden.

Eine „Antwort" auf die vorgenannten Problemstellungen stellt der Organisationsvorschlag „Business Unit Personal" dar, der die Anforderungen an moderne Personalorganisationen „idealisiert" umsetzt.

Schlüsselwörter

Business Partner, Business Unit Personal, E-HR, Governance, Greenfield, Make-or-buy, Personalmanagememt, Service-Delivery-Modell, Shared Service Center, Wertschöpfungstiefe

1   Skizze der allgemeinen Ausgangssituation

Die meisten Unternehmen und betriebsähnlichen Organisationen sehen sich im wirtschaftlichen, politischen sowie nationalen und internationalen Umfeld dauernden Veränderungen ausgesetzt. Nach wie vor sind viele Unternehmen gezwungen, ihre Prozesse zu optimieren und Kosten zu sparen.

Solche Veränderungen und die damit notwendig werdenden Anpassungsprozesse sind nicht neu – neu sind die schnellen Zyklen und ihre Amplituden, mit denen Organisationen sich heute konfrontiert sehen. Dies gilt insbesondere auch für Organisationen mit öffentlich und politisch organisierten Shareholdern.

Diese neuen Herausforderungen haben nicht nur unmittelbaren Einfluss auf die jeweiligen Unternehmen hinsichtlich ihrer Planungssicherheit und ihrer strategischen Optionen, sondern auch auf ihre organisatorische Gestaltung (Unternehmensaufbau und Führungsorganisation). So ist in der Praxis der Unternehmensentwicklung von großen Organisationseinheiten ein deutlicher Trend zur Bündelung von Einfluss und Entscheidungskompetenz in den Zentren der Unternehmensleitungen zu erkennen. Nicht mehr „Finanzholding" oder „strategische Managementholding", sondern „aktive Managementholding" heißt das neue Steuerungs-Paradigma. Teilkonzerne oder einzelne Geschäftsbereiche werden in ihrer Autonomie beschränkt und wieder stärker an die „zentralen" Organisationsstrukturen angebunden.

Muss auf notwendige Veränderungs- oder Anpassungsprozesse schneller und besser reagiert werden, so wird grundlegende Entscheidungskompetenz wieder zentraler gebündelt – so die aktuelle Argumentationslinie seitens der Unternehmensleitungen.

1.1   Kostendruck und Erfolgsnachweis

Wie wird nun die Personalarbeit von diesen Rahmenbedingungen beeinflusst und welche Konsequenzen ergeben sich?

Das Umfeld, in dem sich Personalorganisationen aktuell befinden, ist von einer zunehmenden Marktdurchdringung gekennzeichnet. Der Trend zur Personalorganisation im wettbewerbsintensiven Umfeld (Intensivierung der Kunden- und Lieferantenbeziehungen, Make-or-buy-Entscheidungen, interner und externer Wettbewerb) erfasst den Personalbereich „im Schlepptau" strategischer Neuausrichtungen vieler Unternehmensteile (Einkauf, Logistik, Vertrieb, …).

Für die Personalarbeit innerhalb dieser Umfeld- und Rahmenbedingungen heißt das grundlegende Credo:

- einerseits eine Stärkung ihrer „Governance-Funktion" in Bezug auf eine aktive Personalpolitik in der Folge unternehmensstrategischer Ziele und

- andererseits mehr Flexibilität hinsichtlich Mitarbeiterquantitäten und -qualitäten

- sowie eine Reduzierung der fixen Personalkosten mit der Schaffung einer diese Aufgabenstellung unterstützenden Personalorganisation, die ihrerseits eher einer flexiblen „Zelt-" als einer starren „Palastorganisation" entspricht. Dieser letztgenannte Aspekt wiederum korrespondiert mit der Erwartung, dass organisatorische Anpassungsprozesse auch innerhalb der Personalorganisation in immer kürzeren Zyklen (2 – 4 Jahre) notwendig werden.

In einem immer transparenter werdenden Markt sind Vergleichsmöglichkeiten verfügbar und zwingen zur Untersuchung der eigenen Kostentreiber. Insbesondere bei mengengetriebenen Standardprozessen in administrativ-operativen Bereichen werden Optimierungspotenziale vermutet. Zahlreiche Unternehmen haben in diesem Feld über Standardisierung und Bündelung von Aufgaben, zum Teil über Nutzung von HR-IT und E-HR-Anwendungen sowie organisatorischen Veränderungen, Erfolge verbucht. Jetzt richtet sich der Fokus verstärkt auf die personalwirtschaftlichen Kernprozesse wie Personalbeschaffung, Personalentwicklung und insbesondere Aus- und Weiterbildung.

Die Erwartungen hinsichtlich der „Stellung" der Personalorganisation im Vergleich zu anderen Organisationseinheiten im Unternehmen liegen u. a. auch darin, dass sie im Stande sein soll, den genauen Wertbeitrag der „Personalarbeit" im Hinblick auf den Unternehmenserfolg klar zu erfassen. Folge hiervon ist die reduzierte Wahrnehmung der Personalorganisation auf den reinen Kostenaspekt – mit der betriebswirtschaftlich verständlichen Konsequenz, dass dabei in diesem Zusammenhang eindimensionale Stichwörter wie „Reduzierung", „Verringerung" sowie „Abschmelzung" fallen. Es ist aber notwendig, die Personalarbeit unter dem Gesichtspunkt zu betrachten, welchen Beitrag zur Steigerung des Unternehmenserfolgs sie leistet, um damit ihre Leistungsfähigkeit einzuordnen und sichtbar zu machen.

Die modernen Personalorganisationen bleiben nicht außen vor und haben sich entsprechend angepasst. Mit Hilfe schlankerer Prozesse, zentraler Shared Service Center und modernen IT-Systemen leisten sie heute einen bedeutenden Beitrag zur Realisierung von Effizienz- und Effektivitätspotenzialen. Der vorliegende Artikel beschreibt beispielhaft die Entwicklung hin zu der so genannten „Business Unit Personal". Zuvor wird noch eine aktuelle, Governance-bezogene Entwicklungslinie des modernen Personalmanagements skizziert.

1.2   Renaissance der Wertediskussion – Neue Aufgaben für das Personalmanagement

Losgelöst von den aktuellen wirtschaftspolitischen Themen in den Medien – Kapitalismuskritik, Heuschrecken-Kampagne, Unternehmensskandale, Globalisierung – zeichnen sich grundlegende Entwicklungslinien für ein verantwortliches unternehmerisches Handeln ab.

Die Bedeutung von Werten für Unternehmen nimmt zu, weil …

- eine Veränderung von der nationalen Industriegesellschaft zur global vernetzten Wissens- und Dienstleistungsgesellschaft stattfindet und der Mensch dabei immer stärker zum zentralen Erfolgsfaktor wird,

- die Arbeitsbedingungen und das Unternehmensumfeld sich immer schneller verändern und komplexer werden,

- durch kritische Konsumenten und Öffentlichkeit der gesellschaftliche Legitimationsdruck steigt,

- der steigende Vertrauensverlust in der Gesellschaft einen Ausgleich erfordert.

In diesem Kontext müssen alle am Wirtschaftsgeschehen Beteiligten – insbesondere jedes einzelne Unternehmen – ihre Rolle, ihren Themenbezug und nicht zuletzt ihre Verantwortung (neu) überdenken – kurz, die Legitimierung ihres unternehmerischen Handelns.

Die Diskussion um die gesellschaftliche Verantwortung der Unternehmen, die in allen gesellschaftlichen Gruppen und damit auch in der Öffentlichkeit geführt wird, wirft aus Sicht der Unternehmen zum Beispiel folgende Fragen auf:

- Welche Rolle hat das Unternehmens in einer Bürgergesellschaft?

- Was trägt es zur ökonomischen Wohlfahrt bei (Steuern / Abgaben, Umweltentlastungen, Erhalt / Schaffung von Arbeitsplätzen)?

- Welche Verantwortung trägt es gegenüber allen Stakeholdern?

Die funktionale Verantwortungsbeziehung in den Unternehmen gegenüber den Shareholdern / Anteilseignern und Kunden / Lieferanten lässt sich in der Regel leichter zuordnen. Eine solche funktionale Abgrenzung ist bei den Stakeholdern wie Öffentlichkeit / Staat und Mitarbeitern nicht so einfach. Alle Führungskräfte, aber auch jeder Mitarbeiter, das Personalmanagement und die Unternehmenskommunikation teilen sich „neben" der Unternehmensleitung die Zuständigkeit und die Verantwortung. Wer Verantwortung übernimmt, gewinnt Reputation und Vertrauen, kann sich von Konkurrenten abheben und Wettbewerbsvorteile gewinnen.

Dem Personalmanager obliegt – gleich in welcher Rolle – die Aufgabe, die personalwirtschaftlichen Ziele, Strategien und Maßnahmen so zu erarbeiten und einzusetzen, dass das Human Capital nicht nur einen Wert(schöpfungs-)beitrag leistet, sondern ebenfalls Wertschätzung erfährt. Gerade im Zusammenhang mit der Rolle des Personalmanagers gilt es auch die Frage zu beantworten, wann Personalarbeit „wertvoll" ist bzw. welche Faktoren Personalarbeit „wertvoll" machen: Personalarbeit wird dann als wertvoll erachtet, wenn die Zielgröße „Human Capital" nicht nur als sachbezogenes Kapital, sondern als Ressource betrachtet und gemanagt wird.

Der Personalmanager muss somit zwei Disziplinen gleichzeitig beherrschen: Es genügt nicht, nur die Themen innerhalb der „harten", formellen Policy Principles zu besetzen und damit Misserfolge (z. B. Fehlverhalten von Managern und Mitarbeitern) zu vermeiden. Vielmehr muss gleichzeitig die „weiche" Corporate Culture – als Erfolgsfaktor – gemanagt und dadurch der Wertschätzung des Human Capitals – nicht nur aus ökonomischer Sicht – Ausdruck verliehen werden.

Der Personalmanager trägt demnach zukünftig Verantwortung für die Mitarbeiter – als Human Capital und ebenso als individuelle Persönlichkeiten, Bürger, Mitglieder der Gesellschaft etc. Mit dieser Erweiterung wird die Personalarbeit „wertvoll". Wertvolle Personalarbeit muss – im Zusammenspiel mit den Führungskräften – einen Beitrag zum Reputationsmanagement des Unternehmens leisten.

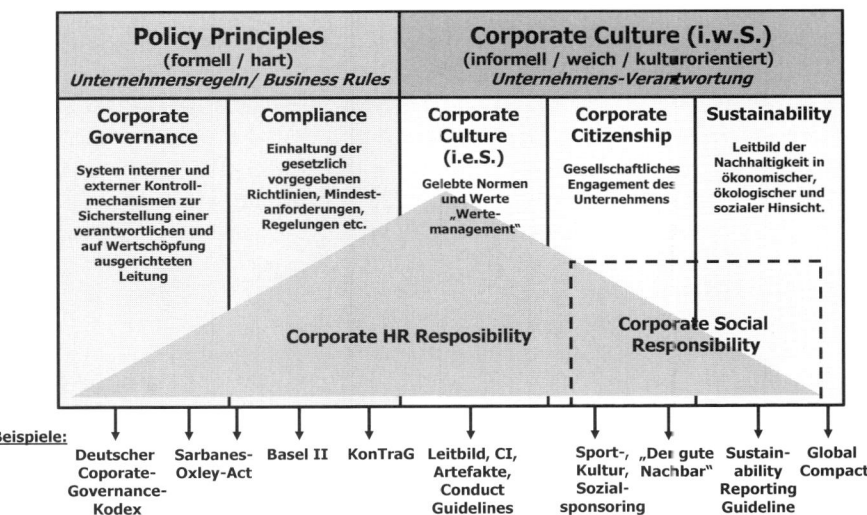

Abb. 1. Werte und Normen im (personalwirtschaftlichen) Unternehmensumfeld

2   Zielmodell Business Unit Personal (BUP)

Die Business Unit Personal stellt einen modellhaften Lösungsvorschlag zu den vorgenannten Problemstellungen und Herausforderung für die Organisation einer zeitgemäßen Personalarbeit dar. Der zugrunde liegende Modellansatz verbindet empirische Erkenntnisse aus der Unternehmenspraxis (etwa Best-Practice- Anwendungserkenntnisse aus Personalprozessen verschiedenster Unternehmen sowie Ergebnisse aus Data- und Market Researches) mit einem breiten theoretischen Fundament.

Basis der organisatorischen Zuordnung der Personalaufgaben ist die Idee einer Business Unit Personal (BUP) als einer strategischen Einheit, in der eindeutig abgrenzbare Produkt-/Marktfelder in einem Geschäftsbereich gebündelt werden.

Eine Business Unit orientiert sich an einem eindeutig definierbaren und andauernden Kundenproblem (Produkt-Markt-Kombination). Es bestehen innerhalb einer Business Unit teils einheitliche, teils unterschiedliche Merkmale

- in den Kundenbedürfnissen (z. B. Erreichbarkeit, Bearbeitungsdauer, individuelle und zielgerichtete Beratung)

- in den Marktverhältnissen (z. B. „make or buy", zentrale oder dezentrale Organisation, …)

- in der Kostenstruktur (z. B. Abrechnung, Beschaffung, Bescheinigungen, …).

Oder, anders ausgedrückt: ein interner Dienstleister wie der Personalbereich unter dem Leitbild einer Business Unit Personal hat ähnliche strategische Fragen zu beantworten wie ein klassisches Geschäftsfeld. Das „Geschäftsfeld" Personal agiert im Hinblick auf seine Kunden in einem internen Markt und übernimmt dabei aus dem Blickfeld seiner Kunden die Rolle eines „internen" Anbieters bzw. Dienstleistungslieferanten. Im Prinzip unterscheiden sich die grundlegenden strategischen Fragestellungen zwischen einem externen und einem internen Anbieter nur marginal. Zentral ist die strategische Ausrichtung der Business Unit auf klare marktorientierte Erfolgskriterien.

Die Auswirkung der Business Unit Personal beschränkt sich nicht allein auf den Einsatz neuer Technologien und die effektivere und effizientere Gestaltung der Prozesse, vielmehr wird die Rolle des Personalmanagements nachhaltig verändert. Nicht zuletzt werden die personalwirtschaftlichen Strukturen auf den Prüfstand gestellt. Zunächst sollte dazu eine organisatorische Abbildung der einzelnen Tätigkeiten erfolgen, d. h. ob und in welchem Ausmaß folgende Einheiten beteiligt sind:

- eine zentrale Personalorganisationseinheit

- dezentrale Personalorganisationseinheiten

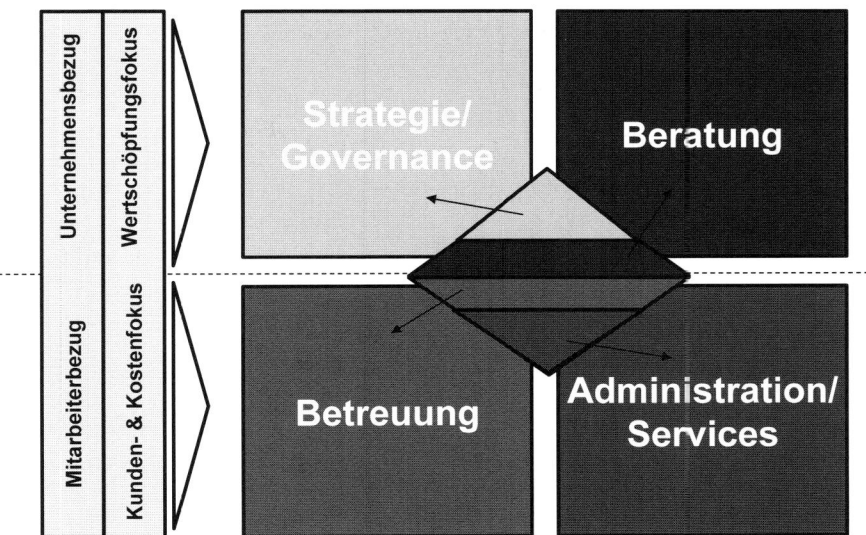

Abb. 2. Bezugs- und Funktionsraster einer zukunftsweisenden Personalarbeit

- unternehmensexterne Anbieter – oder

- Organisationseinheiten in der Linie

Das folgende Modell ist ein Organisationsvorschlag, der die Anforderungen an moderne Personalorganisationen „idealisiert" umsetzt. Teilkomponenten dieses Ansatzes finden sich als „Best Practice" in einzelnen Unternehmen wieder.

Die „Vermarktung" als zentrale Rahmenbedingung geht einher mit der stärkeren Ausrichtung auf den Kunden in Form von zentralen Ansprechpartnern vor Ort („one face to the customer"), die wertschöpfende und bereichsstrategische Prozessthemen auf Basis der allgemeingültigen Governance-Ausrichtung begleiten.

Die Kombination aus zentraler unternehmenspolitischer Ausrichtung der Personalpolitik und dezentralen „Business-Partnern" verstärkt die einheitliche Außenwirkung und verringert zudem Rückkopplungsdefizite aus den Fachbereichen (der „Business-Partner" vertritt vor Ort die zentrale Strategie und nimmt Feedback des Fachbereiches auf).

In Zusammenhang mit der Stärkung der Beratungsfunktionen sowie der strategischen Ausrichtung steht die Überprüfung des Umfangs der Eigenleistungen. Unter Einbeziehung der technischen Möglichkeiten im Rahmen von ESS- und MSS-Funktionalitäten (Employee- bzw. Manager Self Services) lassen sich zahlreiche administrative Tätigkeiten aus unterschiedlichen Funktionen bündeln, standardi-

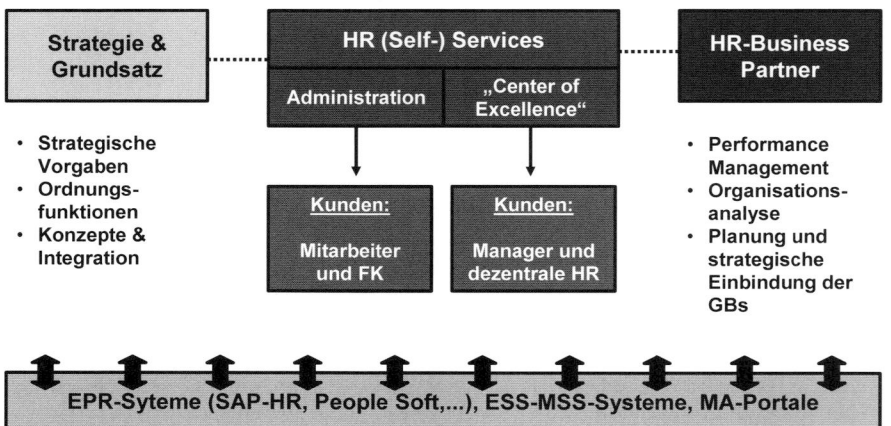

in Anlehnung an: Walker, A. (Hrsg.): Web-Based Human Resources, New York 2001, S. xxii

Abb. 3. Neue Funktionen, Strukturen und Rollen stehen im Mittelpunkt der Business Unit Personal

sieren und damit aufwandstechnisch aus Sicht der Personalorganisation reduzieren. Teilweise werden Aufgaben von der Personalorganisation auf den internen Kunden verlagert.

Nicht zuletzt steht dabei auch immer die Frage im Fokus, welche Leistungen der Personalbereich überhaupt noch (selbst) anbieten soll oder welche evtl. ein externer Partner erbringt (Leistungsbreite und -tiefe der Personalorganisation). Die Herausforderung besteht nun darin, die drei betrachteten Dimensionen – Ausrichtung der Personalorganisation auf das eigene Unternehmen, Kunden sowie Kosten – organisatorisch und prozesstechnisch in ein optimales Verhältnis zu setzen.

Die strategischen Aufgaben (Strategie / Governance) sowie die Beratung aus dem Unternehmens- und Wertschöpfungsfokus werden dabei von den administrativ-operativen Tätigkeiten getrennt. Das „klassische" operative Tagesgeschäft wiederum wird in einer Organisationseinheit gebündelt. Zum einen werden die standardisierbaren Prozesse zusammengefasst und zum anderen Betreuungsfelder aus dem Tagesgeschäft angesiedelt. Die Nähe zum Kunden wird v. a. über den „Business-Partner" vor Ort wahrgenommen, der beratende Aufgaben übernimmt. Getragen von (automatisierten) Standardprozessen wird das Tagesgeschäft weitgehend elektronisch abgewickelt bzw. über ein Call-Center gebündelt.

Im Folgenden werden die neuen Aufgaben / Funktionen und die damit verbundenen Rollen näher beschrieben.

2.1 Zentrale Strategie / Governance Funktion

Eine wichtige Rolle in der Business Unit Personal kommt dem als Stabsfunktion organisierten Bereich „Zentrale Strategie / Governance Funktion" zu. Sein Aufgabengebiet besteht im Wesentlichen darin, zu ordnen, strategische Vorgaben zu erstellen und deren Einhaltung sicherzustellen. Klassische Governance-Funktionen wie Personalplanung, Personalmarketing, Personalcontrolling, „Grundsatzfragen", Arbeitsrecht sowie Vergütungspolitik werden dort wahrgenommen.

Im Wesentlichen liegt dort die Festlegung der strategischen Leitlinien, d. h. die Sicherstellung der Profitabilität aller angebotenen Leistungen (Angebotsbreite und -tiefe unter Berücksichtigung von Outsourcing), die Ausrichtung auf den Kunden (oder auch Gewinnung neuer Kunden) und die Vertretung dieser organisatorischen Einheit in der Konkurrenz der anderen Personalorganisationen im marktwirtschaftlichen Umfeld.

Ebenfalls zu den Aufgaben der zentralen Strategie / Governance-Funktion zählen die Aktivitäten rund um Werte / Werteorientierung. Dazu gehören einerseits die strukturellen und inhaltlichen Vorgaben zur Einhaltung der formell-harten Policy Principles (Coroporate Governance, Compliance) im Sinne einer Misserfolgs-Vermeidungspolitik. Andererseits müssen diese Tätigkeiten ergänzt werden um die Instrumentarien zur Erfüllung der informell-weichen Corporate Culture, deren erfolgskritische Wirkung in Theorie und Praxis vielfach nachgewiesen ist.

2.2 Shared Service Center

Alle unterstützenden Prozesse, die möglichst automatisiert (über HR-IT und E-HR) zentral zur Verfügung gestellt werden, können im „Shared Service Center" organisatorisch zusammengefasst werden.

Shared Services sind in einer (Konzern-)Organisationseinheit (zentral, dezentral, regional) gebündelte Dienstleistungen, die allen Konzerneinheiten, dezentralen Einheiten oder externen Marktpartnern aus einer Hand zur Verfügung gestellt werden. Ein besonderes Merkmal in diesen Shared Service Centern ist die Bündelung von Funktionen, Abläufen und Know-how, so dass dadurch Skaleneffekte („economies of scope" und „economies of scale") realisiert werden können. Von zentralen Abteilungen unterscheiden sich Shared Services dadurch, dass es im Kern keine Abnahmepflicht (Wahlfreiheit) und ein verhandelbares Leistungsangebot gibt. Shared Service Center und Auftraggeber verhandeln Leistungen (Inhalte, Qualitäten, Zeiten) und Preise grundsätzlich frei.

Im Shared Service Center wird das operative Tagesgeschäft der Personalorganisation gebündelt und thematisch stärker fokussiert. Dabei unterscheidet man folgende Kundengruppen:

- Mitarbeiter (in Verbindung mit ESS: administrative Vorgänge wie Urlaubsantrag, Reiseanträge)

- Manager bzw. dezentrale HR (in Verbindung mit MSS z. B. Kennzahlenreporting, Mitarbeiterbeurteilung und Entgeltfindung)

Funktionen wie Entgeltverwaltung / Zeitwirtschaft, aber auch administrativ- operative Aufgaben aus der Personalbeschaffung/-bereitstellung und Betreuung werden im Shared Service Center Personal wahrgenommen. In erweiterter Form können auch Teilfunktionen der Personal- und Führungskräfteentwicklung und der Aus- und Weiterbildung hinzukommen.

Die Shared Service Center sind eine Umsetzungseinheit mit dem Ziel, in ihren standardisierten Leistungen sowohl eine Kosten- als auch Qualitätsführerschaft zu erlangen (Center of Excellence, Center of Competence). Allgemein gesprochen werden dort all diejenigen Tätigkeiten integriert, die über die Hebel Bündelung, Fokussierung und Standardisierung („economies of scale") identifiziert wurden. Benchmarkingdaten belegen eine deutliche Steigerung, beispielsweise der „Betreuungsquoten", durch Einführung von Shared Service Centern.

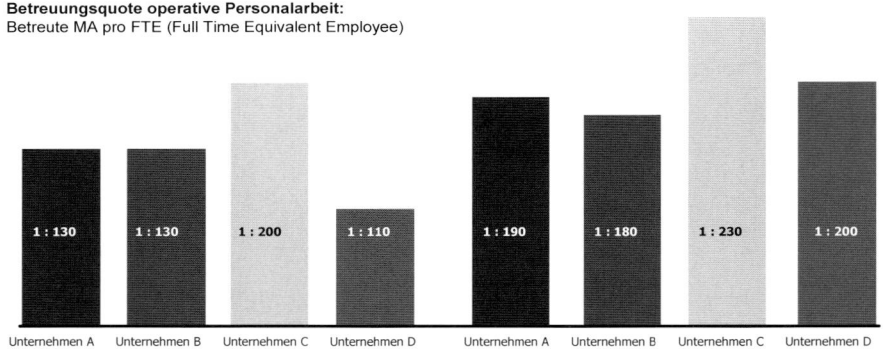

Betreuungsquote operative Personalarbeit:
Betreute MA pro FTE (Full Time Equivalent Employee)

| 1 : 130 | 1 : 130 | 1 : 200 | 1 : 110 | 1 : 190 | 1 : 180 | 1 : 230 | 1 : 200 |

Unternehmen A   Unternehmen B   Unternehmen C   Unternehmen D   Unternehmen A   Unternehmen B   Unternehmen C   Unternehmen D

vorher (ohne Shared Service Center)   nachher (mit Shared Service Center)

Abb. 4. Für ausgewählte Best-Practice-Unternehmen wurde das Effizienzpotenzial Shared-Service-HR-Organisation in einer deutlichen Steigerung der „Betreuungsquoten" ausgedrückt

2.3 Business Partner

Neben den zentral gesteuerten und zentral angebotenen Aufgaben stellen viele (oberen) Führungskräfte gesonderte Anforderungen, die über ein standardisiertes Leistungsangebot im Rahmen einer „klassischen Personalbetreuung" in Bezug auf die personalwirtschaftlichen Kernprozesse hinausgeht. Dies betrifft v. a. strategische, aber auch qualitative Fragen wie Organisationsentwicklung, Performance

Management oder Workflow-Optimierung. Zudem muss die modern aufgestellte Personalorganisation im marktwirtschaftlichen Umfeld auch in strategischen Planungsvorgängen der Kunden als „Business Partner" vor Ort wahrgenommen werden und präsent sein. Die zentral gesteuerte Strategie muss eingeordnet sein in die strategischen Ausrichtungen der anderen organisatorischen Einheiten (den Kunden). „Überlebenswichtig" ist dabei, die strategischen Entwicklungen bei den Kunden frühzeitig (!) wahrzunehmen, um der Gefahr zu entgehen, „abgehängt" zu werden und mit alten oder nicht „gewünschten" Instrumenten nicht wettbewerbsfähig zu sein.

Somit nimmt der HR-Berater vor Ort in seiner Eigenschaft als „Business Partner" die Rolle eines Verbindungs- und Vermittlungsorgans ein, über das auch Feedbackschleifen in beide Richtungen durchlaufen. Nur so kann gewährleistet sein, dass bei den Entscheidungsträgern der „Kundenorganisationen" die „Marktstellung" der Personalorganisation optimal abgesichert werden kann.

Der Personalberater befindet sich als Business Partner in einer anderen Rolle als bisher – Schwerpunkt ist nun die aktive Mitarbeit am Business des Fachbereichs, d. h. er muss verdeutlichen, wie durch Personalinstrumente die ökonomischen Ergebnisse der betreffenden Organisationseinheit verbessert werden können. Business Partner sein bedeutet somit, die Wertschöpfung im Unternehmen durch qualitativ hochwertige und kostengünstige Dienstleistungen zu steigern.

Kurz: Der HR Business Partner

- nimmt Beratungsaufgaben außerhalb der klassischen Personal-Betreuung (Themen und Zielgruppen) wahr,

- arbeitet im Wesentlichen in (selbst-)initiierten oder beauftragten Projekten,

- Seine Zielsetzung ist die Erhöhung der Wertschöpfung des Unternehmensbereiches / strategischen Geschäftsfeldes.

Diese kritische Aufgabe kann dann erfolgreich gelöst werden, wenn folgende Voraussetzungen erfüllt sind: Der Business Partner braucht sowohl Kenntnis des „Geschäfts" seines Kundenbereichs als auch Erfahrung im zielgerichteten Einsatz der HR-Instrumente. Er unterstützt den Kundenbereich, indem er die einzelnen Schritte aus dessen Wertschöpfungskette mit passenden personalwirtschaftlichen Maßnahmen optimiert und somit dazu beiträgt, die Key Performance Indicators (KPIs) seines Kunden zu verbessern, z. B. über gezielte Personalbedarfsanpassung. Über wertschöpfende Projektarbeit bilden sie „Brückenköpfe" der operativen Personalarbeit in die Funktionsbereiche des Unternehmens.

Die nachfolgende Grafik zeigt umfassend, wie die vier Schichten moderner Personalarbeit organisatorisch und funktional eingebunden sind:

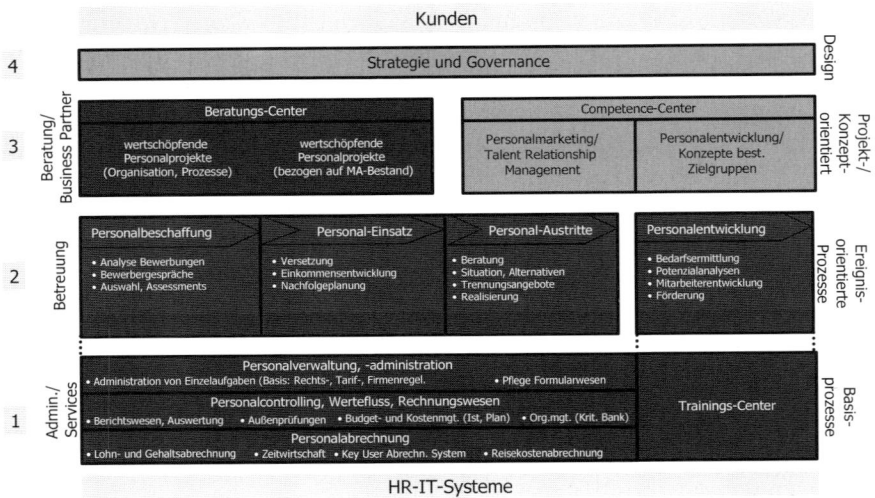

Abb. 5. Vier „Schichten" bestimmten den Funktionsumfang einer Business Unit Personal

3   Der Weg zur Business Unit Personal

Die im Folgenden skizzierte Vorgehensweise, welche die Business Unit Personal als Ziel hat, bedeutet eine grundlegende Änderung von Arbeitsabläufen und organisatorischen Ein- und Zuordnungen, aber v. a. auch eine Veränderung des Rollenverständnisses der Personalorganisation auf eine Business Unit hin mit den beschriebenen Implikationen. Diese erwünschten positiven Effekte können nur erzielt werden, wenn folgende Erfolgsbedingungen beachtet werden:

- Akzeptanz aller relevanten Zielgruppen (eigene Mitarbeiter, obere Führungskräfte in den Fachbereichen, Betriebsrat),
- klarer Wille der HR-Verantwortlichen zur Umsetzung,
- konkreter Umsetzungsplan.

D. h., in einem Projekt „Business Unit Personal" müssen die Führungskräfte, die Mitarbeiter und die Arbeitnehmervertretung rechtzeitig in den Prozess eingebunden werden.

3.1   Greenfield („Theorie der Praxis")

Der erste Schritt zum Aufbau einer Business Unit Personal ist der so genannte Greenfield-Ansatz. Zunächst geht ein Greenfield-Ansatz von einer „grünen Wiese" aus, d. h. von grundsätzlich idealen Rahmenbedingungen, Einflussparametern sowie Organisations- und Prozessformen und technischen Bedingungen. Auf dieser

Basis wird ein synthetischer Ansatz für den festgelegten Bereich erstellt, wobei eine Bewertung, ob der Ansatz als konkret realisierbar für das jeweilige Unternehmen, die Personaleinheit etc. anzusehen ist, an dieser Stelle nicht erfolgt. Ziel ist es, eine reale Utopie zu erstellen, die der Analyse der Ist- Situation als Leitgedanke zugrunde gelegt werden soll.

Anschließend werden die Rahmenbedingungen, Einflussparameter etc. des Greenfield-Ansatzes den im Unternehmen vorhandenen Gegebenheiten gegenübergestellt und diskutiert.

Schlussendlich wird externer, an ideale Verhältnisse angelehnter Input aufgenommen, interne Verhältnisse auf dieser Basis kritisch hinterfragt und, wenn möglich, in Richtung der idealen Verhältnisse verändert bzw. neu gestaltet.

Die wesentlichen Erkenntnisquellen beim Greenfield-Ansatz sind theoretische Überlegungen, aber auch empirisch gewonnene Best-Practice-Beispiele aus der Unternehmenspraxis.

3.2   Ist-Analyse und Optimierungs-Hebel

Den Kern des Entwicklungsprozesses bildet eine genaue und zielgerichtete Ist-Analyse, welche unter dem Aspekt der Aufdeckung von Optimierungsmöglichkeiten die Prozesse und Strukturen einordnet.

Im Folgenden werden Methoden und Verfahren vierdimensional dargestellt, die Abhängigkeiten und Vernetzungen transparent werden lassen. Dies wird ergänzt durch die jeweiligen Hebel, mit denen die gefundenen Potenziale gehoben werden können.

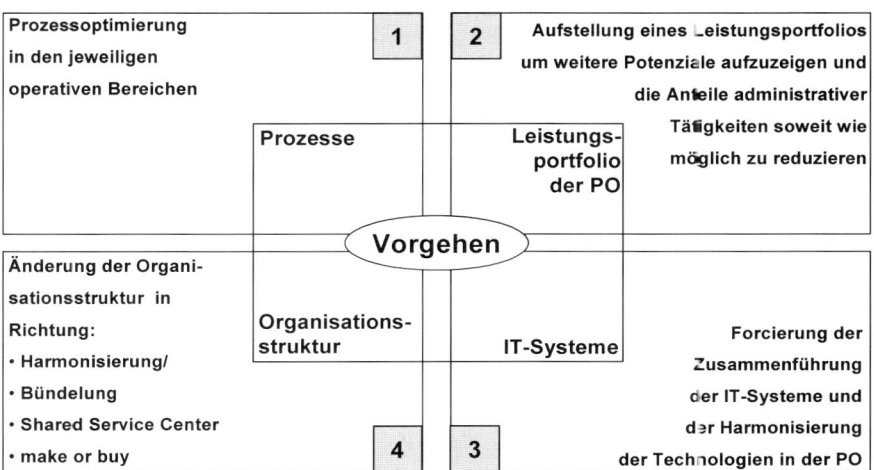

Abb. 6. Felder der Ist-Analyse und Optimierungshebel

Prozessoptimierung

Ist-Analysen sind nie eine 100 %-ige bzw. vollständige Abbildung der Realität; eine Analyse wird stets unter einem besonderen Fokus angelegt.

Steht – wie hier – die Erfassung von Optimierungspotenzialen im Vordergrund, muss die Analyse insbesondere folgende Kriterien erfüllen:

- Mengengetriebene Standardprozesse (hohe Stückzahl wie die Erfassung und Verarbeitung von gängigen „Stammdaten" wie Entgeltabrechnung, Zeitwirtschaft, Personalbeschaffung)
- Höherer Koordinationsaufwand – meist bei Beteiligung verschiedener Personen aus unterschiedlichen Abteilungen auch außerhalb der Personalorganisation (Bsp.: Urlaubsanträge, Gleitzeiterfassung, Überstundenanträge)

Ausgehend von einer Prozessbetrachtung, bei der zunächst eine Bestandsaufnahme der bisherigen Aktivitäten durchgeführt wird, werden Verbesserungspotenziale aufgezeigt. Der Fokus liegt dabei auf der Identifikation von Produktivitätsunterschieden verschiedener Gruppen.

Hierzu werden die einzelnen Arbeitsschritte mit den jeweiligen gebundenen Kapazitäten (aufgeteilt in Bearbeitungs-, Wege- und Liegezeiten) dokumentiert. Zudem werden die verschiedenen beteiligten Funktionsgruppen sowie die einzelnen Arbeitsschritte (Anstoß des Vorgangs bis Freigabe) in ihrer tatsächlichen Abfolge notiert. Dies geschieht in Form einer Befragung der beteiligten Personen – mit dem Vorteil, dass bereits an Ort und Stelle Verbesserungsvorschläge der Durchführenden aufgenommen werden können. Darüber hinaus können über die genaue Erfassung der Vorgänge Doppelarbeiten, unnötig Beteiligte sowie Wege- und Liegezeiten als Anhaltspunkte für die Optimierung vermieden werden.

Die erhobenen Kennzahlen (z. B. Zeitbedarf) können nach internen Unterschieden hin untersucht werden (warum benötigt z. B. bei der Untersuchung verschiedener Standorte die Personalorganisation 1 weniger Zeit / Mitarbeiter für die Personalbetreuung als Personalorganisation 2?). Eine vertiefte Analyse kann hier Aufschluss geben, welche Vorgehensweisen erfolgreicher sind als andere, und bereits im Unternehmen „gelebt" werden. Sie muss somit nicht erst theoretisch hergeleitet werden.

Neben diesem internen Benchmarking ist ein Vergleich mit anderen vergleichbaren Organisationen von Vorteil. Der Blick über den Tellerrand erschließt zusätzliche Optimierungspotenziale und ermöglicht eine Einordnung der eigenen Organisation.

Leistungsportfolio der Personalorganisation

Neben der reinen Effizienzbetrachtung (Tun wir die Dinge richtig?) muss ebenfalls die Effektivität im Vordergrund stehen (Tun wir die richtigen Dinge?).

Dabei werden die Produkte / Dienstleistungen der Personalorganisation definiert
(Kernprozesse wie Personal-Rekrutierung, -Entwicklung-, -Freisetzung; Personalverwaltung, Entgeltabrechnung, Sozialberatung) und nach Aufgabenarten gegliedert:

- Strategie
- Konzeptionen und Beratung
- Führung und Koordination sowie
- Administration und Organisation

Nach dieser Einteilung werden die entsprechend gebundenen Personalkapazitäten
in FTE (Full Time Equivalent Employee) zugeordnet. Als Ergebnis kann in einem
ersten Schritt der prozentuale Anteil der Aufgabenarten dargestellt werden, um einen Überblick über die – z. B. für Administration gebundenen – Kapazitäten zu finden. Dort können gezielt über die Hebel Bündelung und Standardisierung Skaleneffekte erreicht werden. Es kann generell überprüft werden, ob der Anteil strategischer
Aufgaben sich mit den Zielen der Personalorganisation deckt bzw. dem allgemeinen
Trend nach mehr strategischen und beratenden Aufgaben nachkommt.

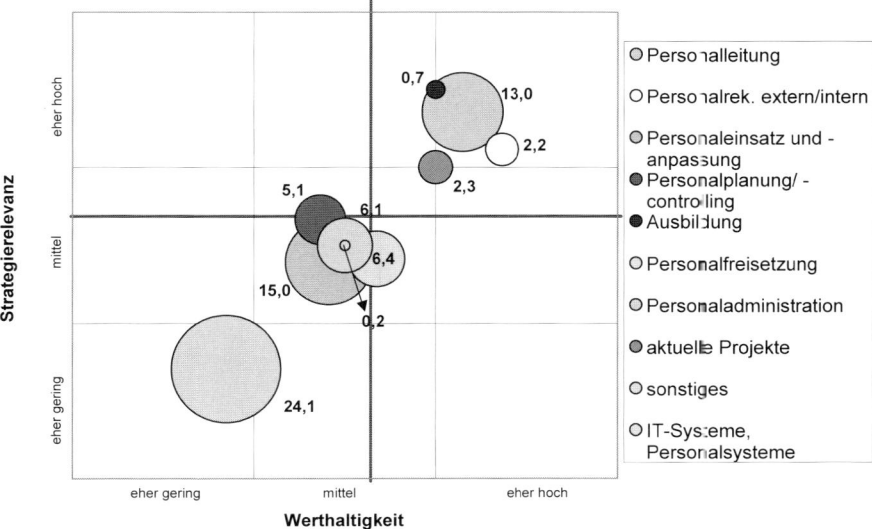

Abb. 7. Beispielhaftes Leistungsportfolio des Bereichs Personalverwaltung (in FTE)

In einer Analyse der Aufgaben nach den einzelnen Themenfeldern kann diese Sicht noch verfeinert werden.

Zur Bestimmung der Effektivität dient eine Beurteilung der einzelnen angebotenen Leistungen und Produkte nach den Dimensionen Strategierelevanz (welcher Deckungsgrad mit dem Ziel wird erreicht?) und Werthaltigkeit (Effizienz der Leistung).

Das größte Optimierungspotenzial befindet sich regelmäßig bei Produkten / Leistungen, die nur wenig zur Erfüllung der strategischen Ziele beitragen und dabei für die Kunden wenig nützlich sind, da sie mit geringem Effizienzgrad erbracht werden.

Organisationsstrukturoptimierungen: Shared Service Center, Self-Services, Make-or-buy-Bestimmung der Wertschöpfungstiefe

Abschließend ist zu klären, welche Leistungen die Personalorganisation selbst erbringen soll und welche Leistungen evtl. extern eingekauft werden können.

Im Gegensatz zum allgemeinen Trend in vielen Branchen, die Fertigungs- bzw. Wertschöpfungstiefe zu reduzieren, erbringt die Personalorganisation ihre Leistungen weitgehend und „am liebsten" selbst. Es ist nicht übertrieben, die HR-Organisationen als einige der letzten „Kombinate" zu klassifizieren!

Doch auch dieses letzte Kombinat – mit einer Eigenfertigungsbreite und -tiefe von weit über 90 % – wird durch aktuelle Trends und Herausforderungen, wie z. B. die Stärkung der internen Kundenbeziehungen, den Einsatz neuer Technologien und besonders die Frage nach dem Ausweis eines Wertbeitrags, zur Neuausrichtung gezwungen. Diesen Herausforderungen wird begegnet mit Maßnahmen wie zunehmender Fokussierung und Standardisierung, Employee / Manager Self Service, dem Aufbau von Shared-Service-Center- Organisationen und nicht zuletzt auch durch Outsourcing.

Damit geht auch eine veränderte Rollenanforderung an das HR-Management einher. Gerade das Thema Outsourcing bringt zunehmend komplexe Fragestellungen mit sich. So gilt es zunächst, die geeigneten, outsourcingfähigen Funktionen und / oder Themen zu ermitteln; danach erfolgt die Feststellung der optimalen Fertigungsbreite und -tiefe des eigenen HR-Bereichs bzw. der Anteil des optimalen Fremdbezugs. Nach der Wahl eines geeigneten Outsourcing-Partners muss schließlich der laufende Prozess gesteuert werden.

Schon ein kurzer Blick auf die Outsourcing-Praxis im HR-Bereich zeigt, dass vom HR-Manager der Zukunft mehr verlangt wird als bisher. Vielmehr ist hier eine Verlagerung von eher administrativen Tätigkeiten zu mehr koordinierenden, steuernden und beratenden Aufgabenanteilen zu verzeichnen. Hier muss sich die neue Rolle des HR-Managers noch weiter herausbilden und schärfen in Bezug auf die neuen Herausforderungen: Gesucht ist der HR-(Outsourcing)-Supply-Chain-Manager, der die ganze „Kette" des Outsourcing-Prozesses mit allen externen und internen Beteiligten betreut, steuert und koordiniert.

HR-IT und E-HR-Systeme

Technische Systeme tragen dazu bei, wesentliche Effizienzsteigerungen zu erzielen. Denn mit ihnen heißt es Abschied nehmen von den arbeitsteiligen und funktional getrennten Organisationsformen. An ihre Stelle treten zukünftig weit vernetzte, mobile wie gleichermaßen zentrale Einheiten. Nicht mehr der Ort und die Art der Leistungserbringung stehen im Vordergrund des Organisationsgeschehens, sondern die Erreichbarkeit mit Hilfe moderner Informations- und Kommunikationsmedien.

Zahlreiche der bisherigen administrativen und koordinierenden HR-Aufgaben können durch Abbildung in einer HR-IT / E-HR-Systemlösung im Rahmen von ESS und MSS oder ERP-Systemen (wie z. B. SAP, PeopleSoft) zu deutlich günstigeren Stück- bzw. Prozesskosten abgewickelt werden.

Die „klassische" HR-IT erfüllt auch in der Business Unit Personal zwei wesentliche Funktionen: Zum einen soll sie administrative Prozesse beschleunigen und vereinfachen und personalwirtschaftliche Workflows unterstützen. Zum anderen sollen die HR-IT-Systeme und ihre Vernetzung mit anderen IT-Systemkomponenten dafür Sorge tragen, dass zuverlässige Daten umfassend und zeitnah zur Verfügung stehen. Eine zeitgemäße HR-IT-Architektur umfasst sowohl ERP (Enterprise Resource Planning)-Komponenten, wie beispielsweise die Personalverwaltung, als auch Systembausteine für den Manager- und Mitarbeiter-Self-Service (MSS / ESS) im Portalverbund und nicht zuletzt Systemelemente, die die klassischen personalwirtschaftlichen Kernprozesse wie Beschaffung, Entwicklung und Vergütung systemseitig nachhaltig unterstützen.

Unter dem Stichwort „E-HR" hat sich eine Technologie weiterentwickelt, die nicht nur einzelne Personalprozesse (z. B. E-Recruiting) revolutioniert hat, sondern über Mitarbeiter- und Führungskräfteportale Organisationsschwächen der „klassischen" Zwei-Wege-Kommunikation (persönlich / schriftlich) deutlich abmildern kann. Darüber hinaus sind mit der Nutzung von E-HR-Technologien regelmäßig Kostenvorteile verbunden. Dem Wunsch oder der Forderung der Führungskräfte und Mitarbeiter nach einem höheren „Selbstorganisationsgrad" bei vielen Prozessen kann mit diesen Instrumenten entsprochen werden.

Mit Einbindung elektronischer Stufen kann ein neues Service-Delivery-Modell für HR angesetzt werden. In einer ersten Stufe können „normale" Mitarbeiter auf ein Unternehmensportal zugreifen, auf dem sie bestimmte Prozesse wie Reiseantrag, Abwesenheiten, Urlaub, aber auch Führungskräfte-Standardreports zu Fehlzeiten, Überstunden, Resturlaub usw. abrufen können bzw. Eingaben vornehmen können. Damit können zahlreiche Standardanfragen jederzeit und ohne Wartezeit abgerufen

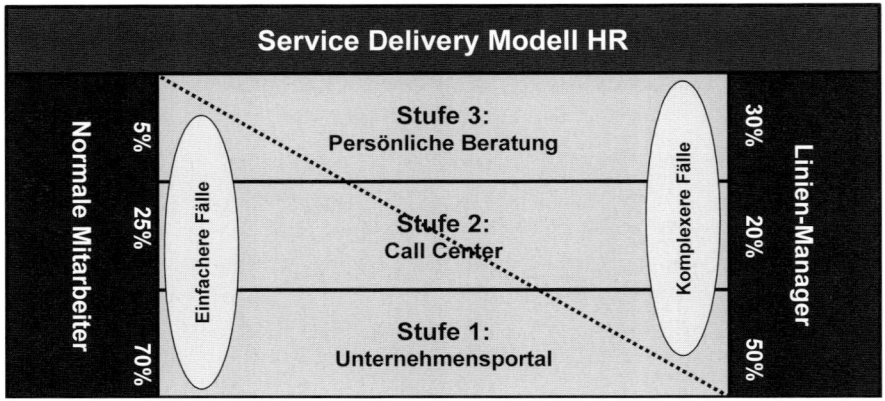

Abb. 8. Neues Service-Delivery-Modell für die HR-Arbeit

werden, die vorher der Personalbetreuer bearbeitet hat. Erst bei komplexeren Anfragen werden dann persönlich oder mit der Vorstufe eines Call-Centers Kapazitäten gebunden. Damit kann mehr Zeit für eine individuelle Beratung investiert werden.

Im Ergebnis wird ein mengenmäßig nicht unwesentlicher Teil der Personalaufgaben mit Hilfe moderner Kommunikationssysteme (E- und M-Business-Modelle) ganz oder teilweise an die Mitarbeiter – oder Führungskräfte – (intern) outgesourct.

3.3 Organisatorische und wirtschaftliche Effekte der Business Unit Personal

Insgesamt zeichnet sich im „Modell" Business Unit Personal ein Bild einer Personalorganisation ab, die jeweils aus Kunden- und Kostensicht dort, wo es möglich ist, standardisiert Leistungen für den Kunden schnell und jederzeit zugänglich macht (ohne dabei persönlich aufzutreten) – und dabei E-HR- Lösungen v. a. für mehrstufige Prozesse unter Einbindung der Fachbereiche anstrebt. Auf der anderen Seite hat die Business Unit Personal eine starke strategische Ausrichtung, zielt auf gleichwertige Partnerschaft und baut dabei individuelle Kommunikationskanäle auf.

Die in der Regel hohen Anfangsinvestitionen – insbesondere in die IT – ziehen jedoch regelmäßig Nutzeneffekte durch Kostensenkung und Effizienzsteigerung nach sich. Je nach Umfang der technisch-organisatorischen Änderungen stellen sich die Effekte in einem Zeitraum von 1 – 3 Jahren ein.

Insgesamt lassen sich als Erfahrungswerte folgende Aussagen zu den wirtschaftlichen Effekten treffen (bei vorsichtiger Schätzung):

- Technische Abbildung standardisierbarer Prozesse unter Beteiligung der Mitarbeiter (wie Urlaub, Zeiterfassung, Reiseanträge, Reisekostenabrechnung, …) in einem ESS sowie Bündelung von Informationsprozessen in einem MSS: 10 % (Kostenreduktion, Effizienzsteigerung)

- organisatorische Zusammenfassung „operativer" Tätigkeiten in einem Shared Service Center unter Nutzung von „economies of scale": 10 % (Kostenreduktion, Effizienzsteigerung)

- Anpassung Leistungsportfolio über Outsourcing, Verzicht und Verlagerung von Tätigkeiten an Mitarbeiter der Linie: 10 % (Kostenreduktion, Effizienzsteigerung)

Neben dem Kostenaspekt sind mit der Business Unit Personal auch folgende qualitative Effekte erzielbar:

- Aufbau von zentralem IT- bzw. Prozess- Know-how im Shared Service Center

- Verbesserung und Intensivierung der Kundenbeziehungen (Informationsgewinnung, -austausch)

- Aufbau Beratungskompetenz in strategischen Themen, Qualitätssteigerung durch motiviertere Mitarbeiter, deren Tätigkeit weniger administrative Elemente beinhaltet

- Bessere Außendarstellung und Positionierung, möglich durch E-HR-Komponenten in Verbindung mit Vor-Ort-Beratung

- Mitarbeiter- und Kundenzufriedenheit – z. B. durch verstärkte Einbindung, erhöhte Transparenz, benutzerfreundliches Handling von Portal-Anwendungen

Mittlerweile gibt es die ersten „Erfahrungswerte": Unternehmen, die den Weg zur Business Unit Personal gegangen sind, haben sowohl die quantitativen als auch die qualitativen Ziele erreicht. Best-Practice-Beispiele liegen somit vor, der Nachweis eines tragfähigen und effizienten Ansatzes ist durch die personalwirtschaftliche Praxis erbracht.

Literatur

Bauer, H.; Hammerschmidt, M.; Hallbauer, A. (2004): Portale kosten nicht nur – sie nutzen auch. In: Personalwirtschaft 03/2004, S. 17 – 20

Franke, M.H.: Unternehmensportale – gestalterische Chancen für das Personalwesen, in: Personal 03/2002, S. 14 – 18

Jäger, W.: E-HRM – Neue Wege im Personalservice, in: Klinkhammer, H.: Personalstrategie, Neuwied / Kriftel 2002, S. 154 – 166

Jäger, W.: Aufbruch in neue Dimensionen, in: SAP INFO Ausgabe 95, Juni 2002, S. 12 – 14

Jäger, W.; Jäger, M.: Electronic Human Resources, in: Maess, K. / Franke, D. (Hg.): Das Personaljahrbuch 2002, Neuwied 2002, S. 296 – 306

Jäger, W.; Binder, L.: Das Tor zum Mehrwert, Personalwirtschaft 02/2005, S. 28 – 33

Jäger, W.; Klage, A.; Heinrich, A.: (Human) Value Reporting in Deutschland, 2004, Norderstedt 2005

Konradt, U.; Schäffer-Külz, U.G.: Self-Service: was entscheidet über Mehrwert und Akzeptanz? In: Personalführung 07/2004, S. 40 – 47

Picot, A.; Reichwald, R.; Wigand, R.: Die grenzenlose Unternehmung, Wiesbaden 1996

Walker, A. (Hg.): Web-Based Human Resources, New York 2001

HR Service Delivery Maturity Model

Patrick Blume
SAP Business Consulting EMEA
Patrick.Blume@sap.com

Zusammenfassung

Personalleiter sind immer häufiger mit der Frage konfrontiert, ob beispielsweise Shared Service Center oder Business Process Outsourcing Alternativen zur bisherigen Art der Leistungserstellung darstellen. Die Frage, wie die Personalarbeit für ein Unternehmen optimal gestaltet wird, kann nicht einheitlich beantwortet werden. Zur Bewertung von Alternativen und zur strategischen Planung des Transformationsprozesses bietet sich ein Reifegradmodell an, mit dessen Hilfe ein Unternehmen seine HR-Prozesse bewerten, gestalten und weiterentwickeln kann.

Schlüsselwörter

Personalwesen, Human Capital Management, HR, Sourcing, Business Process Management, Business Process Outsourcing, Shared Service Center, Service Level Agreements, Maturity Model

1   Neue Möglichkeiten zum Erbringen von HR-Dienstleistungen

Im Dialog mit Führungskräften aus dem HR-Bereich werden häufig zwei Anforderungen genannt, die an das Personalwesen gestellt werden:

- Human Resources muss einen höheren Wertschöpfungsbeitrag zum Unternehmenserfolg leisten. Diese Forderung ist – objektiv betrachtet – nicht revolutionär, sondern ein Allgemeinplatz, geht es doch um Prozesseffektivität („die richtigen Dinge tun")

- Human Resources muss seine Leistungen effizienter erbringen, um Kosten für das Unternehmen zu sparen. Diese Forderung ist ebenfalls nicht neu, schließlich sollten Unternehmen mit Ressourcen stets sparsam umgehen. Hierbei geht es um die Frage nach Prozesseffizienz („die Dinge richtig tun")

Neuere Ansätze wie Shared-Service-Center-Konzepte (SSC) oder Business Process Outsourcing (BPO) versuchen eine Antwort auf die Forderung nach mehr Prozesseffizienz zu finden. Organisatorisch betrachtet wird dabei die klassische Personalabteilung (zum Teil) aufgelöst und alternative Formen der Leistungserbringung realisiert: durch die Einführung eines neuen „HR Service Delivery Models".

Zahlreiche Unternehmen haben inzwischen entweder ein Shared Service Center für ihre Personalarbeit eingeführt oder ihre Prozesse ausgelagert und damit einem externen Dienstleister übertragen. Dies geschah in der Praxis bei weitem nicht immer erfolgreich. Wahrscheinlich sind die wenigsten Transformationsprojekte vorzeitig gestoppt worden, doch häufig sind die Ergebnisse hinter den Erwartungen zurückgeblieben. Deshalb haben viele Personaler Bedenken gegenüber der Einführung von Shared Service Centern oder dem Outsourcing von HR-Prozessen. Zahlreiche positive Beispiele legen jedoch die Vermutung nahe, dass die Schwierigkeiten weniger in der Schwäche der Konzepte oder beim Unvermögen der externen Dienstleister liegen als vielmehr im eigenen Unternehmen. Diese pauschale Vermutung wirft die Frage auf, wann sich ein Unternehmen für eines der Konzepte entscheiden sollte und welche Voraussetzungen es für die erfolgreiche Transformation des HR-Bereichs gibt.

Der vorliegende Beitrag liefert keinen empirischen Beweis, sondern ein theoretisches Modell für den Reifegrad einer Personalabteilung, neuere Konzepte zur Effizienzsteigerung zu realisieren. Es wird ein „Reifegradmodell" vorgestellt, wie HR-Dienstleistungen erbracht werden können („HR Service Delivery Maturity Model"). Anschließend wird das Modell mit dem Konzept „Core&Context" verglichen, um eine theoretische Grundlage für das Modell zu schaffen und ergänzende Handlungsempfehlungen für die Praxis abzuleiten. Schließlich wird die Anwendung in der Praxis diskutiert.

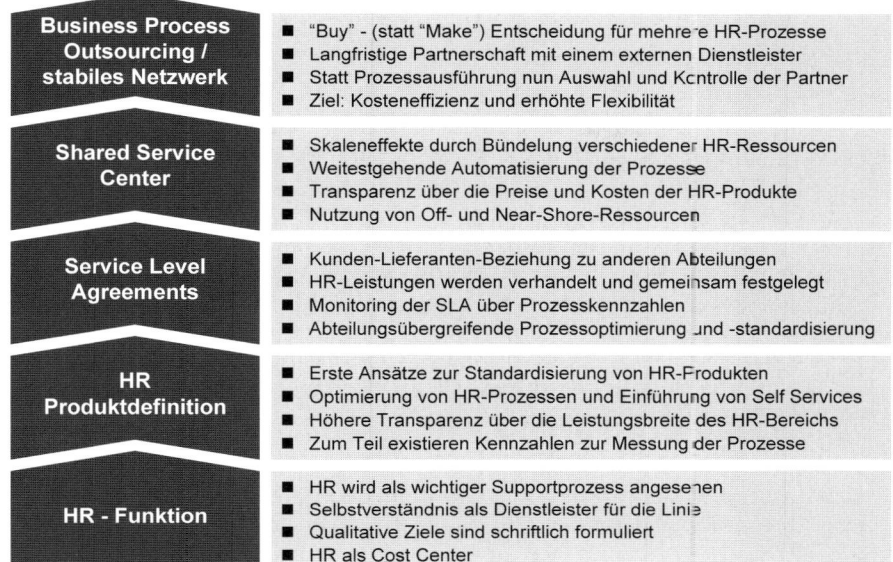

Abb. 1. HR Service Delivery Maturity Model

2   Reifegradmodell für HR-Serviceleistungen

Das „HR Service Delivery Maturity Model" sieht fünf Reifegrade vor, die das Personalwesen erreichen kann: HR-Funktion, HR-Produktdefinition, Service Level Agreements, Shared Service Center und schließlich BPO / stabiles Netzwerk (vgl. Abb. 1). Zwar sind nach „unten" und „oben" noch weitere Reifegrade denkbar, doch können mit ihnen keine weiteren Erkenntnisse bezüglich der Frage gewonnen werden, wann sich eine Personalabteilung für eines dieser in der Praxis diskutierten Konzepte entscheiden sollte.

Dem Modell liegt die Annahme zu Grunde, dass sich die Fähigkeit einer Personalabteilung, sich für ein neues HR Service Delivery Model zu organisieren, entlang einem Pfad im Laufe der Zeit entwickelt. Jede Stufe, die eine Personalabteilung erreicht, setzt die Erfüllung bestimmter Eigenschaften und Merkmale dieser und aller darunter liegenden Stufen voraus. Zwar können einzelne Stufen übersprungen werden, doch müssen bei diesem Transformationsprozess trotzdem die Kriterien der übersprungenen Stufe erfüllt werden. Um Reibungsverluste im Transformationsprozess zu vermeiden und um Risiken zu minimieren, sollten daher die Reifestufen einzeln und nacheinander erreicht werden. Die Geschwindigkeit, mit der dies geschieht, kann jedoch zwischen den Stufen variieren und ist vom jeweiligen Unternehmen abhängig.

2.1 HR-Funktion

Die Stufe „HR-Funktion" stellt die erste Reifestufe im Modell dar und beschreibt Personalabteilungen in Unternehmen, die HR als wichtigen Supportprozess ansehen. Der HR-Bereich sieht sich primär in der Rolle als interner Dienstleister gegenüber der Geschäftsführung, den Führungskräften der Linie und den Mitarbeitern. Es existieren schriftlich definierte Zielsetzungen oder ein „Mission Statement", wobei qualitative Ziele im Vordergrund stehen. Allgemein kann man ein ausgeprägtes Qualitäts- und Servicebewusstsein feststellen, wobei der HR-Bereich versucht, allen Anforderungen gerecht zu werden. Die Personalabteilung ist ein Cost Center, interne Leistungsverrechnungen mit anderen Abteilungen finden nicht statt.

Typisch für Personalabteilungen dieser Reifestufe ist, dass Anforderungen anderer Abteilungen nicht systematisch bzw. regelmäßig erfasst werden. Zu den HR-Prozessen sind keine Kennzahlen definiert, ebenso mangelt es an der Definition von Process Ownern. Die HR-Abteilung ist immer wieder mit der Aussage konfrontiert, dass die Leistungsfähigkeit und Effizienz für die Geschäftsführung und andere Abteilungen nicht transparent ist.

2.2 HR-Produktdefinition

Auf der zweiten Stufe beginnt die Personalabteilung ihr Leistungsangebot und ihre Leistungsfähigkeit transparenter zu gestalten, indem „HR-Produkte" definiert werden, um die Anforderungen systematischer zu erfüllen. Dabei steht die Wertschöpfung, die mit der Erbringung einer Leistung verbunden ist, im Mittelpunkt des Interesses. Die Definition von „HR-Produkten" führt dazu, dass man sich vermehrt auf den Prozess der Leistungserstellung konzentriert, wobei der Zwang zu Kosteneinsparungen dazu führt, dass Leistungen nach Möglichkeit standardisiert erbracht werden. Es werden erste Versuche mit webbasierten Employee-Self-Service-Funktionen unternommen (vgl. Blume, 12 Missverständnisse …, S. 14). Generell kann die Personalabteilung ihre Produkte nicht nur qualitativ, sondern auch quantitativ beschreiben, indem sie für einzelne Produkte bzw. Prozesse Kennzahlen definiert, die Aufschluss über den Grad der Leistungsfähigkeit geben. Dies verbessert die Transparenz gegenüber der Geschäftsführung und anderen Abteilungen sowie zu den Mitarbeitern im Unternehmen.

Die Auswahl der Prozesse, die sich für eine weitergehende Standardisierung eignen, nimmt die Personalabteilung bewusst oder unbewusst auf Basis eines Trichtermodells vor. Mit Hilfe dieses Entscheidungstrichters werden (unterschiedlich gewichtete) Kriterien zur Auswahl der zu standardisierenden HR-Prozesse angewandt (vgl. Tab. 1)

Der HR-Bereich wandelt sich in dieser Stufe vom „administrativen Experten" zum kundenorientierten Dienstleister. Die Personalabteilung bleibt allerdings weiterhin

Tabelle 1. Kriterien zur Auswahl standardisierbarer HR-Prozesse (vgl. Blume, Gontard, S. 58)

Kriterium	Beschreibung
Periodizität	Die Notwendigkeit für den Prozess ist periodisch gleich verteilt, Belastungsspitzen sind entweder relativ selten oder gut vorherzusehen
Häufigkeit	Der Prozess kommt in nennenswerter Anzahl vor, so dass sich der Aufwand für dessen Optimierung lohnt
Variabilität	Der Prozess läuft meist in stets der gleichen Weise ab; Ausnahmesituationen sind relativ selten
Know-how	Wichtiger als exzellentes Expertenwissen ist für den Prozess Effizienz und Sicherheit
Technologie	Der Prozess kann, zumindest teilweise, durch entsprechende IT-Verfahren automatisiert werden
Sensibilität	Auch wenn HR-Prozesse von Natur aus sensibler sind als andere Unterstützungsprozesse, ist die Bearbeitung und Beratung durch wechselnde Bearbeiter möglich
Bearbeitungs-dauer	Die Bearbeitungsdauer des Prozesses ist relativ kurz und erstreckt sich maximal über wenige Stunden bis Tage
Vollständigkeit der Bearbeitung	Der Prozess kann durch möglichst wenige Prozessbeteiligte bearbeitet werden, im Idealfall durch einen Sachbearbeiter oder vollautomatisch

ein Cost Center, es fällt ihr jedoch leichter, ihre Leistungsfähigkeit (und den Grund für die entstandenen Kosten) darzulegen. Trotz der gestiegenen Transparenz und der qualitativ hochwertigen Ergebnisse sieht sich der HR-Bereich weiterhin mit der Anforderung konfrontiert, zusätzliche Kosteneinsparungen vorzunehmen und sein Leistungsportfolio anzupassen.

2.3   Service Level Agreements

Sobald die Personalabteilung mit der Definition von HR-Produkten die zu Grunde liegenden HR-Prozesse standardisiert und messbar gemacht hat, werden diese „verhandelbar". Auf der nächsten Stufe des Reifegradmodells bestimmt die Personalabteilung nicht mehr einseitig Umfang und Güte ihrer Dienstleistung, sondern trifft eine schriftliche Vereinbarung mit der Geschäftsführung und dem Linienmanagement. Durch diese Vereinbarung einer „Regelleistung", dem „Service Level Agreement" (SLA), entsteht eine echte Kunden-Lieferanten-Beziehung zu anderen Abteilungen, indem die Leistung des HR-Bereichs systematisch hinsichtlich Qualität, Menge, Zeit und Kosten vereinbart und geplant wird.

Für alle SLAs werden Kennzahlen (Key Performance Indicators / KPIs) definiert, anhand derer die Leistungsfähigkeit des Prozesses und dessen Übereinstimmung mit dem SLA objektiv gemessen werden kann. Dieses „Monitoring" wird durch ein Dienstmanagement durchgeführt; Aussagen zur Leistungsfähigkeit des HR-Bereichs werden demnach nur noch auf Ebene der SLAs getroffen. Das Dienstmanagement kontrolliert ebenfalls den Lebenszyklus aller SLAs, in dessen Verlauf Anpassungen vorgenommen oder das SLA aufgekündigt wird.

Die enge Kunden-Lieferanten-Beziehung und die Vereinbarung von KPIs machen es notwendig, die betroffenen HR-Prozesse unter der Einbeziehung der Fachabteilung zu restrukturieren und zu optimieren. Dies wird aus dreierlei Hinsicht erforderlich: Erstens müssen die Prozesse hinreichend beschrieben werden, um die KPIs eindeutig festlegen zu können. Beispielsweise muss klar sein, wann die Messung der „Durchlaufzeit" beginnt und wann sie endet. Zweitens müssen die Schnittstellen zwischen der Fach- und der Personalabteilung genau spezifiziert werden, insbesondere wann die Verantwortung auf die nächsten Prozessschritte übergeht und welche Voraussetzungen hierfür bestehen. Drittens ist häufig eine geforderte Prozesseffizienz nur zu erreichen, wenn der HR-Prozess abteilungsübergreifend und unter Einsatz von IT-Technologien optimiert wird.

Die Einführung von SLAs kann mit einer Reduzierung der „Fertigungsbreite" (dem Umfang der HR-Dienstleistungen) einhergehen. Dies ist in der Praxis häufig beabsichtigt, denn damit entfallen für die Personalabteilung ressourcenintensive Tätigkeiten, die nicht unmittelbar die HR-Strategie unterstützen. Die Personalabteilung kann sich (im Vergleich zu niedrigeren Reifegraden) gegenüber der Linie jederzeit auf das SLA berufen, bei dem eine bestimmte Tätigkeit nicht vereinbart wurde.

SLAs haben darüber hinaus den Vorteil, dass die Vor- oder Gegenleistung der Fachabteilung, die zur Durchführung eines HR-Prozesses notwendig ist, schriftlich vereinbart werden kann. Dadurch kann HR wesentlich objektiver z. B. über Prozesse oder deren Ergebnisse zur Zeugniserstellung oder Trainingsplanung mit der Fachabteilung diskutieren. Service Level Agreements sind absolut notwendig für die nächste Stufe im Reifegradmodell: das Shared Service Center.

2.4   Shared Service Center

Das Konzept der Shared Service Center (SSC) beruht auf der Annahme, dass durch die Bündelung von Ressourcen Skalenerträge („economies of scale") realisiert werden können: Durch die Zusammenlegung dezentraler Einheiten zu einem SSC erhöht sich tendenziell die Anzahl der Prozesse bzw. Prozessinstanzen. Dadurch wird eine höhere Arbeitsteilung ermöglicht. Dies führt i. d. R. zu einer weitergehenden Standardisierung der Prozesse. Bedingt durch die Größe des Service Centers und der größeren Anzahl an Kunden kann die benötigte Kapazität flexibler geplant und der Spitzenbedarf gesenkt werden, was im Allgemeinen zu einer effizienteren Nutzung der Ressourcen führt.

Neben der Steigerung der Prozesseffizienz (und damit Senkung der HR-Prozesskosten und Reduzierung von Durchlaufzeiten) werden immer auch qualitative Ziele genannt: Durch optimierte und standardisierte Prozesse sowie durch spezialisierte und motivierte Mitarbeiter soll die Qualität der Personalarbeit steigen, ebenso soll zentral IT- und (HR-)Prozess-Know-how aufgebaut werden (vgl. Wißkirchen, Dezentrale Abläufe, S. 35).

Die Einführung eines Shared Service Centers wird oft durch weitergehende Maßnahmen begleitet, die häufig erst durch die Zusammenlegung der Ressourcen in einem SSC wirtschaftlich sinnvoll werden:

- Den Mitarbeitern und Managern werden mehrere Kommunikationskanäle zur Verfügung gestellt. Da die Ansprechpartner in einem SSC i. d. R. nicht mehr persönlich anzutreffen sind, können Mitarbeiter über Telefon, E-Mail, Chat-Rooms, Telefax, Briefe etc. ihre Anfragen stellen.

- Weitgehende Automatisierung und Self Services: Mitarbeiterportale stellen den Mitarbeitern häufig benötigte Informationen zum Abruf zur Verfügung. Ein rollenbasiertes Portal stellt dem Agenten im SSC genau die Applikationen und Informationen zur Verfügung, die er für seine tägliche Arbeit benötigt. Workflowtechnologien automatisieren Tätigkeiten, die bisher manuell durchgeführt wurden. Durch die Digitalisierung von Informationen (z. B. elektronische Personalakte) entfallen Lage- und Transportzeiten bzw. Aufwände hierfür. Employee und Manager Self Services übertragen Aufgaben an Mitarbeiter bzw. deren Führungskräfte bzw. machen manuelle Arbeiten für die Personalabteilung überflüssig (vgl. Jäger, Breitmaier, S. 18).

- Durch Near- oder gar Offshoring werden SSC in Ländern oder Regionen angesiedelt, die ein niedrigeres Gehaltsniveau als der bisherige Standort haben. Durch die erhöhte Arbeitsteilung in einem SSC lassen sich Prozesse, die zwar einen hohen Anteil an manuellen Arbeitsschritten haben, jedoch kein hoch spezielles Know-how erfordern, verlagern.

- Call-Center-Software (z. B. „SAP Employee Interaction Center" (vgl. Deitering, S. 15)) unterstützt die Kommunikation mit den Mitarbeitern, indem bisherige Anfragehistorien, Gesprächsleitfäden, Musterlösungen und Fragebögen sowie eine Wissensdatenbank für den Bearbeiter zur Verfügung gestellt werden (vgl. Jaschok et al., S. 10).

Mit der Einführung von SSC wird häufig auch das Kostenumlageverfahren geändert und Verrechnungspreise für HR-Dienstleistungen eingeführt, was die Transparenz über die Preise bzw. Kosten der HR-Produkte wesentlich erhöht. Wie bereits bei der Einführung von Service Level Agreements muss natürlich auch bei einem SSC systematisch mit den Leistungsnehmern geplant werden, welche Leistung hinsichtlich Qualität, Kosten, Menge und Zeit erwartet wird. Die Einführung eines SSC sowie begleitender Maßnahmen (z. B. Near-Shoring, Prozessautomatisierung und Self Services) erfordert eine noch weitergehende Optimierung der Personalprozesse.

Neben Kosteneinsparungen und Verbesserung in der Qualität werden noch weitere Vorteile eines SSC genannt: Durch Prozessmonitoring besitzt ein SSC einen besseren Kenntnisstand bezüglich der unterstützten HR-Prozesse und es ist wesentlich flexibler hinsichtlich zukünftigen Wachstums, Reorganisationen, Akquisitionen und Veräußerungen. Shared Service Center werden deshalb häufig als „Vorstufe" zum Business Process Outsourcing angesehen.

2.5   Business Process Outsourcing / Stabiles Netzwerk

Business Process Outsourcing (BPO) ist im Reifegradmodell die letzte und höchste Stufe. Beim BPO wird die Verantwortung für die Durchführung einzelner oder mehrerer HR-Prozesse an einen externen Dienstleister übertragen. Statt die HR-Prozesse selbst durchzuführen, übernimmt der Personalbereich die Auswahl und das „Vendor Management" der externen Partner. Für die Anwendung des Reifegradmodells werden hier professionelle BPO-Dienstleister gleichgesetzt mit Kooperationen eines Unternehmens in Form eines stabilen Netzwerkes: Dabei kooperieren Unternehmen, z. B. innerhalb der gleichen Wertschöpfungskette, Branche oder Region, und legen ihre HR-Ressourcen zusammen. Beispielsweise könnte ein Automobilhersteller die Entgeltabrechnung und die Trainingsverwaltung für seine Zulieferer übernehmen.

Mit BPO wird die Fertigungstiefe des Personalbereichs erheblich reduziert. Im Grunde trifft ein Unternehmen für einen oder mehrere HR-Prozesse eine Buy-(statt „Make"-)Entscheidung, wie sie im fertigungsnahen Bereich schon lange erfolgreich praktiziert wird. Das Unternehmen geht dabei für einen längeren Zeitraum (etwa 5 – 10 Jahre) eine enge und vertragliche Partnerschaft mit einem externen Dienstleister ein. Diese Partnerschaft übersteigt auf Grund des langen Zeitraums auch deutlich die Anforderungen, die an eine „normale" Kunden-Lieferanten-Beziehung gestellt werden (vgl. Scholtissek, S. 157). Die Leistungen und Preise werden in einem Outsourcing-Vertrag möglichst genau geregelt, in der Regel unter Verwendung von Service Level Agreements. Der externe Dienstleister erbringt die vereinbarte Leistung in der Regel unter Anwendung seiner eigenen optimierten Prozesse und HR-IT-Systeme, häufig übernimmt er einen Teil des HR-Personals, seltener vorhandene HR-IT-Applikationen.

Änderungen in der Leistungserbringung unterliegen einem Change-Request-Verfahren, was in der Regel zu zusätzlichen Kosten für das Unternehmen führt. Nach Ablauf des BPO-Vertrages wird dieser verlängert, mit einem anderen Provider abgeschlossen oder beendet (Insourcing).

Outsourcing wird häufig – wie auch die Einführung von Shared Service Centern – mit Offshoring kombiniert. Dabei werden die betroffenen HR-(Teil-)Prozesse in andere Länder, häufig Niedriglohnländer, verlagert. In der Regel sind davon insbesondere einfachere Tätigkeiten wie Dateneingabe und -verarbeitung, Call Center und

Support-Dienstleistungen betroffen (vgl. Schaaf, S. 13). Aufgrund der Entfernungen zum Offshoring-Anbieter und der Sprach- und Kulturunterschiede eignen sich tendenziell weniger HR-Prozesse für Offshoring als für ein Outsourcing, bei dem die Tätigkeiten im eigenen Land bzw. in der eigenen Region verbleiben.

Doch was sind genau die Werttreiber, die BPO für Unternehmen interessant machen? Drei Vorteile sind zu nennen (vgl. Disher, S. 5):

- Skaleneffekte: Outsourcing-Provider können durch erhöhte Investitionen in Prozesse und Infrastruktur tendenziell eine höhere Prozesseffizienz erreichen und damit kostengünstiger arbeiten.

- Niedrigere Faktorkosten: Durch den Wechsel zu einem Outsourcing-Provider können Unternehmen ggf. von dessen niedrigeren Lohnkosten profitieren, z. B. auf Grund anderer bzw. fehlender Tarifverträge bzw. des Lohnkostenniveaus im Ausland.

- Zugang zu verbesserten Kapazitäten: Der Outsourcing-Provider kann fehlendes Know-how oder Ressourcen beisteuern, ggf. auch fehlende Technologien.

Häufig wird als weiterer Vorteil die Möglichkeit zur Konzentration auf Kernkompetenzen genannt. Diese Einschätzung wird hier nicht geteilt, da ein Unternehmen auch im Rahmen eines BPO sich nicht von der strategischen Planung und Kontrolle zurückziehen kann.

Wunderer weißt weiterhin auf folgende potenzielle Probleme beim BPO hin (vgl. Wunderer, Schlagenhaufer, S. 132):

- Outsourcing ist problematisch, wenn es am Markt keinen Anbieter gibt, der eine entsprechend breite Leistung anbietet, wie sie ggf. gefordert ist.

- Grundsätzlich besteht die Gefahr des Verlustes von Qualität, Know-how und Liefersicherheit.

- Es können irreversible Abhängigkeiten entstehen.

- Prozesskosten (Transaktionskosten) steigen tendenziell durch die Gewinnmarge des Outsourcing-Providers und Anbahnungs-, Vereinbarungs-, Koordinations-, Kontroll- und Anpassungskosten.

In der Praxis stehen reine Kostenreduzierungen häufig im Mittelpunkt eines BPO – neben dem Wunsch, sich auf Kernbereiche zu konzentrieren zu (vgl. FAZ vom 17.10.2005). Häufig werden Shared Service Center und BPO als gleichwertige Alternativen gesehen, deshalb sind in Tabelle 2 die wesentlichen Unterschiede zusammengefasst.

Tabelle 2. Unterschiede zwischen Shared Services und Outsourcing (vgl. Wisskirchen, Shared Service, S. 26)

Shared Services	Outsourcing
Kostensenkung durch Nutzung von Skaleneffekten („Economies of Scale")	Kostensenkung durch Variabilisierung fixer Kosten
Optimierung des Ressourceneinsatzes Konzentration auf Kerngeschäft (aus Sicht dezentraler Einheiten)	Konzentration auf Kerngeschäft Reduzierung der Fertigungstiefe
Auf-/Ausbau eigenes Prozess- und IT-Know-hows	Vergabe/Verzicht auf eigenes Know-how
Verrechnungspreise	Marktpreise
Koordinationskosten	Transaktionskosten
Service Level Agreements	Dienstleistungsverträge
Service-Controlling	Dienstleistungscontrolling

2.6   Charakterisierung und Bewertung der Stufen des Reifegradmodells

Mit der Weiterentwicklung des HR-Bereichs auf eine neue Stufe des Reifegrad-modells sind Chancen und Risiken verbunden. Tabelle 3 zeigt aus Sicht eines Unternehmens, wie die einzelnen Reifegrade charakterisiert werden können.

Die meisten Personalabteilungen befinden sich sicherlich noch auf der Stufe „HR-Funktion" (wenn nicht sogar noch darunter), während lediglich größere und global agierende Unternehmen sich für die Einführung eines SSC entschieden haben bzw. einen nennenswerten Anteil ihrer HR-Prozesse teilweise ausgelagert haben (**Verbreitung**). Dabei nimmt das **Ausmaß der Standardisierung** von HR-Prozessen mit jeder Stufe des Reifegradmodells zu. Potenziell sind Shared Service Center und BPO die Alternativen mit der größten **Kosteneffizienz** für das Unternehmen, wobei allerdings die erwarteten Ergebnisse auch in der Praxis erreicht werden müssen. Durch die Konzentration auf Kernprozesse und durch die Zunahme an Flexibilität besitzen diese Organisationsformen ebenfalls das größte **strategische Wertschöpfungspotenzial**. Allerdings ist der **Aufwand für Change Management** – sowohl innerhalb als auch außerhalb der Personalabteilung – am größten und damit auch die Risiken zur Einführung.

In der Literatur werden weitere zukunftsweisende Organisationsformen diskutiert, die als weitere Reifegrade des „HR Service Delivery Maturity Models" interpretiert werden können, z. B. Virtuelle SSC, „lights-out processing" etc. (vgl. The Hackett

Tabelle 3. Charakterisierung und Bewertung der Stufen des Reifegradmodells

Reifegrad	Verbreitung	Ausmaß der Standardisierung	Kosten-effizienz	Strategisches Wertschöpfuns-potenzial	Aufwand für Change Management
HR-Funktion	hoch	mittel	mittel	mittel	niedrig
Produkt-definition	mittel	mittel	mittel	mittel	mittel-hoch
Service Level Agreements	mittel	mittel	mittel	mittel-hoch	mittel
Shared Service Center	niedrig-mittel	mittel-hoch	hoch	hoch	mittel-hoch
Business Process Outsourcing / stabiles Netzwerk	niedrig	hoch	hoch	hoch	hoch

niedrig ● hoch

Group). Ein realistisches Szenario für den Personalbereich ist sicherlich das Beispiel vieler ehemaliger IT-Abteilungen, die nun als eigenständige Unternehmen im Markt ihre Dienstleistungen anbieten.

Das „HR Service Delivery Maturity Model" hat seinen Ursprung in Beobachtungen in der Praxis, es fehlt noch ein empirischer Nachweis. Zur theoretischen Begründung kann das Modell mit dem Konzept „Core & Context" von Geoffrey Moore verglichen werden, um daraus Handlungsempfehlungen für Personalabteilungen ableiten zu können.

3   HR: Core & Context

Geoffrey Moore sieht die Notwendigkeit für Unternehmen, bei ihren Geschäftsprozessen zwischen „Core" und „Context" zu unterscheiden, und bringt empirische Beweise für sein Modell vor (vgl. Moore). Prozesse, die Unternehmen von Mitbewerbern unterscheiden und zu einem strategischen Wettbewerbsvorteil verhelfen, bezeichnet er als „Core" (Kernkompetenzen), alle anderen als „Context". „Context"-Prozesse sind für ein Unternehmen notwendig, weil Kunden, rechtliche Bestimmungen oder Mitarbeiter es verlangen, aber es entstehen keine Wettbewerbsvorteile, auch wenn „Context" über das notwendige Maß hinaus erfüllt wird. Die Entscheidung, welche Prozesse „Core" und welche Prozesse „Context" sind, wird durch das Management getroffen bzw. durch den Markt bestimmt, indem Mitbewerber „Core"-Prozesse imitieren und diese dadurch in der Branche zu

„Context" werden lassen. Durch die immer weiter gehende Aufteilung der Wertschöpfungskette in einzelne Aktivitäten konzentrieren sich Unternehmen immer
mehr auf ihre Kernkompetenzen und verbessern diese, während der Aufwand für
„Context" verhältnismäßig teuer wird (vgl. Scholtissek, S. 21).

Weiter unterscheidet Moore zwischen geschäftskritischen („mission-critical") und
unterstützenden („enabling") Aktivitäten. Erstere umfassen Geschäftsprozesse, die
ein direktes Risiko für das Kerngeschäft mit sich bringen, letztere stellen Unterstützungsprozesse ohne ein direktes Risiko für das Kerngeschäft dar.

Diese zwei Variablen lassen sich auf die Achsen einer 4-Felder-Matrix auftragen
(vgl. Abb. 1). Es ist offensichtlich, dass Unternehmen ihre für das Kerngeschäft
kritischen Prozesse im Quadranten „Innovation" selbst durchführen und solche im
Quadranten „Commodization" auslagern. Beispiele für „Commodities" im HR sind
beispielsweise Mitarbeiterkantinen und die Verwaltung der Pensionsansprüche.

Beispiele aus dem Personalbereich für Prozesse bzw. Aktivitäten im Quadranten
„Invention" sind selten zu finden. Nennenswert sind beispielsweise innovative
Arbeitszeitmodelle oder Personalentwicklungsmaßnahmen, die zu einem Wettbe-
werbsvorteil für das Unternehmen führen. Die meisten HR-Prozesse sind jedoch

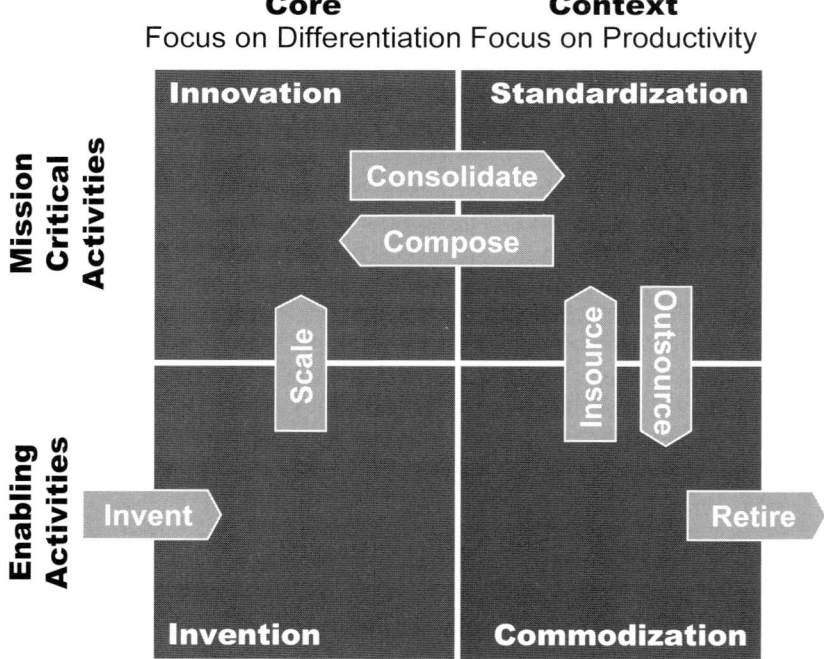

Abb. 2. Business Process Lifecycle

eindeutig dem Quadranten „Standardization" zuzuordnen, weil sie für das Unternehmen „Context", aber dennoch „mission-critical" sind. Legt man die Variablen der Matrix zu Grunde, wird am Beispiel des Prozesses „Lohn- und Gehaltsabrechnung" deutlich, warum in der Praxis so leidenschaftlich über die Vor- und Nachteile bzw. die Realisierung von Outsourcing debattiert wird: Die Gehaltsabrechnung wird von vielen nicht als Kernkompetenz des Unternehmens angesehen und deshalb als potentieller Kandidat für Outsourcing vorgeschlagen. Personaler sehen die Gehaltsabrechnung als „mission-critical" an und verfügen meist über zu wenig Vertrauen, als dass sie diesen Prozess auslagern möchten. In der Debatte werden jedoch häufig die beiden Variablen der Matrix und somit „Kernkompetenzen" und geschäftskritische Prozesse verwechselt.

(HR-)Prozesse unterliegen in dem Moore'schen Modell einem Lebenszyklus, der in Abbildung 2 im Uhrzeigersinn dargestellt werden kann. Viele innovative Aktivitäten starten im Quadranten „Innovation" und werden, sofern sie erfolgreich sind, im gesamten Unternehmen verbreitet und etabliert („to scale"). Sobald Mitbewerber diese Fähigkeiten adaptiert haben, stellen sie keine Kernkompetenz des Unternehmens mehr dar und die zugehörigen Prozesse werden konsolidiert und standardisiert, um deren Effizienz zu erhöhen („to consolidate"). Durch weitere Veränderungen im Geschäftsmodell oder in der Branche können die Prozesse sogar zu einer „Commodity" werden, so dass sie in der Regel ausgelagert („to outsource") und eventuell sogar aufgegeben werden („to retire").

Umgekehrt gelingt es Unternehmen aber auch immer wieder, standardisierte Prozesse in kleinere Bestandteile zu zerlegen („schöpferische Zerstörung") und diese neu zusammenzustellen und zu verbessern („to compose"). Beispiele hierfür waren vor einigen Jahren die Ergänzung der Recruitingprozesse um E-Recruiting-Aktivitäten, um sich im „War for Talents" von den Mitbewerbern abheben zu können.

Welche Gemeinsamkeiten hat das Konzept „Core & Context" mit dem „HR Service Maturity Delivery Model" und welche Handlungsempfehlungen für die Personalabteilung lassen sich daraus ableiten?

Alle Aktivitäten, um das Personalwesen auf die Stufen „Produktdefinition", „Service Level Agreements" oder „Shared Service Center" zu heben, sind eindeutig dem Quadranten „Standardization" zuzuordnen. Die Prozesse, die dabei im Mittelpunkt stehen, werden nicht mehr als „Kernkompetenz" des Unternehmens gesehen, und der Fokus liegt deshalb eindeutig auf der Erhöhung der Produktivität und der Effizienz. Prozesse, die ferner als „Commoditiy" identifiziert werden, werden ausgelagert. Dieses Outsourcing findet aber nicht unmittelbar statt, sondern die HR-Abteilung nimmt den „Umweg" über die Standardisierung des Prozesses, die wiederum in den Schritten „Produktdefinition", „Service Level Agreements" und „Shared Service Center" durchgeführt wird.

4   Anwendung und Transformation

Die Konsolidierung und damit Standardisierung der geschäftskritischen, aber lediglich unterstützenden HR-Prozesse ist nicht einfach. Bei der Standardisierung benötigt der HR-Bereich fast immer eine neue Qualifikation der betroffenen Mitarbeiter, neue technische Plattformen, neue Schnittstellen und Integrationsmöglichkeiten zwischen den (Sub-)Prozessen und schließlich Zeit für die Realisierung. Die Anwendung des „HR Service Delivery Maturity Models" erleichtert zwar die Planung des Übergangs von einem Reifegrad zum nächsten, doch müssen mehrere Aspekte berücksichtigt werden. Deshalb sollten Unternehmen bei der Planung der Transformation ihres HR-Bereichs zumindest die „klassischen" Dimensionen Strategie, Prozesse, Mitarbeiter und IT berücksichtigen.

4.1   HR-Strategie und Prozesse

Auf Basis der bisherigen Erkenntnisse lassen sich Handlungsempfehlungen für die Definition einer HR-Strategie und die Optimierung der HR-Prozesse ableiten:

- Identifikation von „Core" und „Context" im HR:

  Zunächst sollten die Tätigkeiten und Aufgaben des HR-Bereichs identifiziert werden, die entweder strategischer Art sind und damit z. B. nicht ausgelagert werden können oder die dazu beitragen, das Unternehmen oder seine Produkte bzw. Dienstleistungen von den Mitbewerbern zu differenzieren. Wichtig dabei ist, dass lediglich HR-Kernprozesse identifiziert und diese nicht mit geschäftskritischen Prozessen verwechselt werden.

- Konsolidierung und Standardisierung:

  Alle übrigen HR-„Context"-Prozesse sollten dann entlang der Stufen des „HR Service Delivery Maturity Models" standardisiert werden.

- Identifikation reiner Unterstützungsprozesse und Entscheidung über Outsourcing:

  Prozesse, die als „nicht geschäftskritisch" identifiziert werden, werden anschließend daraufhin untersucht, ob sie ausgelagert und damit an einen Outsourcing-Provider übertragen werden können.

Die Diskussion über die HR-Prozesse und deren Analyse wird durch die Anwendung eines HR-Prozessmodells deutlich erleichtert. Prozess- oder Referenzmodelle erfassen alle Aktivitäten eines Unternehmens (-bereichs). Gerade bei indirekten Bereichen wie HR können in der Regel sehr gut branchenübergreifende Referenzmodelle genutzt werden, wie sie beispielsweise von APCQ[1] angeboten und auch von SAP Business Consulting genutzt werden.

---

[1]   American Productivity & Quality Center, www.apqc.org

4.2 HR-Mitarbeiter

Das Anforderungsprofil für viele HR-Mitarbeiter ändert sich mit der Einführung eines neuen HR Service Delivery Models. Jede Stufe im Reifegradmodell bringt eigene Anforderungen an die betroffenen Mitarbeiter im Personalbereich mit sich, insbesondere durch die Einführung eines Shared Service Centers (vgl. Jaschok, Jaschick et al.): Der Kontakt zu den Mitarbeitern findet hier i. d. R. nur noch telefonisch oder per E-Mail statt und die Bearbeitungstiefe einer Anfrage verringert sich. Dadurch steigt die Bedeutung von Kommunikationstechniken, wohingegen spezifische HR-Fachkenntnisse an Bedeutung verlieren.

Neben den spezifischen Anforderungen jeder einzelnen Stufe sind aber auch die Auswirkungen auf die Mitarbeiter interessant, wenn das HR-Reifegradmodell angewendet wird. Ein Unternehmen benötigt verstärkt Mitarbeiter, die mithelfen, HR-Prozesse zu standardisieren und zu konsolidieren. Die dadurch frei werdenden Ressourcen müssen anderweitig eingesetzt werden, ggf. in den „Core"-Prozessen, um diese wiederum zu standardisieren und zu konsolidieren. In dem „Business Process Lifecycle" von Geoffrey Moore wird dieser Wechsel im Zeitablauf deutlich: Während sich die Prozesse vom oberen linken Quadranten im Uhrzeigersinn nach unten rechts bewegen, verhält es sich mit den HR-Mitarbeitern umgekehrt. Sie „verlassen" die outgesourcten Prozesse und helfen mit bei der Standardisierung weiterer Prozesse. Dies führt wiederum dazu, dass Mitarbeiterkapazitäten frei werden, die sich um „Innovationen" kümmern können.

Insgesamt werden in den Personalabteilungen daher zukünftig etwas weniger Experten und Sachbearbeiter, dafür mehr Mitarbeiter mit Prozess-, IT- und Projektmanagement-Know-how beschäftigt sein. Diese Mitarbeiter werden danach beurteilt und entlohnt werden, wie erfolgreich sie HR-Prozesse verbessern und standardisieren können.

4.3 HR-Informationstechnologien

Aus HR-Sicht gibt es IT-Lösungen, die die Standardisierung von HR-Prozessen unterstützen und es ermöglichen, eine neue Stufe im HR-Reifegradmodell zu erreichen:

- Konsolidiertes HRMS

  Ein konsolidiertes Human Resource Management System (HRMS) ist die Voraussetzung zur Standardisierung und Vereinheitlichung konzernweiter HR-Prozesse. Viele Unternehmen betreiben noch immer unterschiedliche HR-Systeme in einzelnen Ländern oder Business Units. Die damit verbundenen Schwierigkeiten werden insbesondere in den Prozessen „Expatriate Management" (Entsendung) und „HR Controlling" deutlich. Darüber hinaus sind die Betriebskosten der einzelnen Systeme (Hardware, Software, Support etc.) ohne eine Konsolidierung der HR-IT-Systemlandschaft nicht zu senken.

- Integrierte Applikationen

  Ein wichtiges Potenzial für Prozessverbesserungen liegt in der Vermeidung von organisatorischen und technischen Brüchen. Ein integriertes HR-System verhindert Doppelarbeiten, manuelle Tätigkeiten, überflüssige Abstimmungen und Korrekturen.

- Employee Self Services (ESS)

  Webbasierte oder mobile Employee-Self-Service-Funktionen versetzen Mitarbeiter in die Lage, bestimmte HR-Services selbst und ohne direkte Beteiligung der Personalabteilung durchzuführen. Dadurch lassen sich bestimmte Tätigkeiten in der Personalabteilung ganz vermeiden, z. B. die erneute Erfassung von Daten, Rückfragen, Auskünfte etc.

- Manager Self Services (MSS)

  Spezielle webbasierte Anwendungen unterstützen die Aufgaben der Führungskräfte: Beispielsweise können sie direkt Genehmigungsprozesse (z. B. für neue Planstellen, Mitarbeiter etc.) starten, Anträge ihrer Mitarbeiter genehmigen oder ablehnen und HR-relevante Informationen selbst abfragen. MSS (und ESS) erlauben es der Personalabteilung, „Standards" zu definieren und mit Hilfe dieser Technologien das Angebot an die Nachfrage flexibel anzupassen (zu skalieren).

- Portale

  Portale geben den Mitarbeitern und Führungskräften einen einheitlichen und rollenbasierten Zugang zu HR-relevanten Informationen und Applikationen. Dadurch werden zahlreiche mündliche oder schriftliche Anfragen an die Personalabteilung überflüssig, die Informationen können über alle Länder und Business Units einheitlich verteilt werden und neue Standards können schneller im Unternehmen etabliert werden.

- Digitale Personalakte

  Der Zugriff auf die Personalakte wird wesentlich erleichtert, wenn deren Inhalte elektronisch vorliegen. Durch eine digitale Personalakte werden die Transaktionskosten für den Zugriff und ggf. den Transport wesentlich verringert, außerdem kann der Zugriff besser kontrolliert werden. Eine digitale Personalakte ist Voraussetzung für Near- oder Offshoring.

- Workflow

  Workflows sind das „technische Rückgrat" der Genehmigungs- und Informationsprozesse. Basierend auf einem Rollenkonzept werden Anfragen bzw. Informationen (z. B. über die Abwesenheit eines Mitarbeiters) an die zuständigen Bearbeiter weitergeleitet. Über die Definition von Workflows werden Prozessstandards im Unternehmen verbreitet.

- Employee Interaction Center

  Employee Interaction Center (oder HR Helpdesks etc.) machen Call-Center-Technologien für den HR-Bereich verfügbar. Insbesondere für den Betrieb eines Shared Service Centers und für die Erfassung („Ticketing") und Verfolgung („Tracking") von Mitarbeiteranfragen sind sie absolut notwendig. Eingehende E-Mails oder Anrufe werden automatisch an den richtigen Bearbeiter weitergeleitet, der Bearbeiter erkennt die Anfragehistorie, ihm steht eine Wissensdatenbank zur Verfügung und die Stamm- und Bewegungsdaten des Mitarbeiters sind unmittelbar aufruf- und änderbar.

- Knowledge Management

  Insbesondere durch die Einführung von Shared Service Centern wird es notwendig, den Erwerb und die Weitergabe von HR-Prozess-Know-how systematisch zu planen und zu unterstützen. Ein Knowledge-Management-system unterstützt zum einen die Personalsachbearbeiter (z. B. über eine Wissensdatenbank im Employee Interaction Center) und zum anderen die Mitarbeiter, die sich über das Portal informieren möchten.

- Data Warehouse

  „Standardisierung" bedeutet für den HR-Bereich zunächst eine einheitliche Sprachregelung und eine einheitliche Datenbasis. Die Einführung eines Data Warehouses unterstützt beides und darüber hinaus auch die Self-Service-Funktionen für Führungskräfte sowie die automatische Verteilung von Standardberichten.

All diese Lösungen stehen heute bereits zur Verfügung. Die nächste technologische Innovation bei betriebswirtschaftlicher Software wird auch im HR-Bereich Auswirkungen haben und die Standardisierung und das Outsourcing von HR-Prozessen noch wesentlich vereinfachen und beschleunigen: Eine serviceorientierte Architektur (SOA = Service Oriented Architecture) ermöglicht die vereinfachte Kommunikation zwischen IT-Anwendungen, indem bestimmte Dienste (Services) über standardisierte Schnittstellen aufgerufen und flexibel aneinandergereiht („orchestriert") werden können. Durch SOA können IT-basierte Prozesse in kleinere Sub-Prozesse unterteilt und diese dann flexibler ausgelagert werden, indem sie lediglich als Service in die bisherige IT-Applikationslandschaft wieder eingebunden werden. Der technische Aufwand, der bei der Einführung bzw. Änderungen von Shared Service Centern oder beim Outsourcing entsteht, kann so reduziert werden.

5 Zusammenfassung und Ausblick

Wenn sich Personalabteilungen wie eine selbständige Geschäftseinheit aufstellen und ihre Leistungen transparent, messbar, kommunizierbar und vergleichbar machen sollen (vgl. Hill, S. 21), ist dies ohne eine Änderung des Service Delivery

Models nicht möglich. Gerade Personaler wissen: „Change is never easy…" – und sind selbst häufig der Unternehmensbereich, der sich am schwersten mit dem Wandel tut.

Durch die schrittweise Anwendung des HR Service Delivery Maturity Models hat die Personalabteilung die Chance, einen Entwicklungspfad aufzuzeigen und möglichst sicher von einem Reifegrad zum nächsten zu gelangen. Folgende Vorteile lassen sich durch die Anwendung des Modells nennen:

- Das Modell unterstützt bei dessen Anwendung die Strategie des HR-Bereichs, z. B. HR-Dienstleistungen effizienter zu erbringen.

- Es wird eine mehrjährige Planung ermöglicht. Das langfristige Ziel kann in kleinere Abschnitte unterteilt und besser kommuniziert werden.

- Das Risiko, z. B. mit einem großen Outsourcing-Projekt zu scheitern, ist geringer, wenn die Stufen nacheinander durchlaufen werden.

- Der Aufwand für Change Management ist geringer, weil die einzelnen Stufen des Modells leichter zu erreichen sind als mehrere Stufen auf einmal. Mitarbeitern können durch die Aufgabenstellung, ständig neu Prozesse zu standardisieren und zu konsolidieren, Perspektiven aufgezeigt werden.

Das Modell lässt sich natürlich auch auf andere indirekte Unternehmensbereiche, wie z. B. Beschaffung oder Finanzen, anwenden. Diese Bereiche sollten bei der Anwendung des Modells in die Betrachtung einbezogen werden, denn zum einen bestehen häufig Prozess-Schnittstellen zwischen den Bereichen, zum anderen können die anteiligen Implementierungs- und Betriebskosten durch einen gemeinsamen Ansatz gesenkt werden.

Literatur

Blume, Patrick: 12 Missverständnisse zum Thema eHR, in: CoPers Computer & Personal e-HR Personalarbeit, 06/2003, S. 14 – 16

Blume, Patrick; Gontard, Maximilian: Einführung eines Shared Service Centers für standardisierte HR-Produkte, in: Innovation durch Geschäftsprozessmanagement, hg. von August-Wilhelm Scheer et al., Berlin 2004

Blume, Patrick; Speicher, Annette: Bewertung und Akzeptanz von e-HR, in: CoPers Computer & Personal e-HR Personalarbeit, 06/2002, S. 18 – 23.

Deitering, Franz: Die Technik macht's, in: Personalwirtschaft 05/2005, S. 15 – 17

Disher, Chris; Teschner, Charles; Wright, Myles: Next Generation Outsourcing and Offshoring, in: The Euromoney Outsourcing Handbook 2006, Brighton / UK 2005, S. 1 – 13

Frankfurter Allgemeine Zeitung vom 17.10.2005: Mit Outsourcing strategisch wachsen. S. 22

The Hackett Group, 3rd Annual Financial Shared Service Organization Study 2004

Hill, Hermann: Vom Administrator zum Wertschöpfer, in: Personalwirtschaft 5/2003, S. 16–21

Jäger, Wolfgang; Jäger, M.: „Wie E-Business und Internet das Personalmanagement verändern, in: Personalführung 1/2001, S. 72–74

Jäger, Wolfgang; Breitmaier, Markus: Vom Intranet zum personalisierten Portal, in: CoPers Computer & Personal e-HR Personalarbeit, 06/2001, S. 18–26

Jaschok, Hartmut; Jaschick, Gunnar et al.: Die Zukunft hat längst begonnen, in: HR Services 1/2003, S. 10-14

Jordan, Jürgen; Hoock, Birgit: Shared Services in HR, in Personalwirtschaft 1/2003, S. 22–25

Moore, Geoffrey: Living on the Fault Line: Managing for Shareholder Value in Any Economy, New York 2002

Ridder, Hans-Gerd: Strategisches Personalmanagement – Mitarbeiterführung, Integration und Wandel aus ressourcenorientierter Perspektive, Landsberg/Lech, 2001

Schaaf, Jürgen: Offshoring: Globalisierungswelle erfasst Dienstleistungen, in: economics 26. August 2004, Deutsche Bank Research (www.dbresearch.de)

Scholtissek, Stephan: New Outsourcing. Die dritte Revolution der Wertschöpfung in der Praxis, Berlin 2004

Ulrich, Dave: Strategisches Human Resource Management, München/Wien 1999

Wiener, Christian: Virtualisierung der Personalarbeit, in: Personal, Nr. C3 vom 01.03.2003

Wißkirchen, Frank: Shared Service Organisationen, in: HR Services 03/2002, S. 24–28

Wißkirchen, Frank: Dezentrale Abläufe in einen Topf werden, in: Personalwirtschaft 09/2002, S. 34–39

Wunderer, Rolf; Schlagenhaufer, Peter: Personal-Controlling. Funktionen – Instrumente – Praxisbeispiele, Stuttgart 1994

TEIL III:

HR Business Process Design

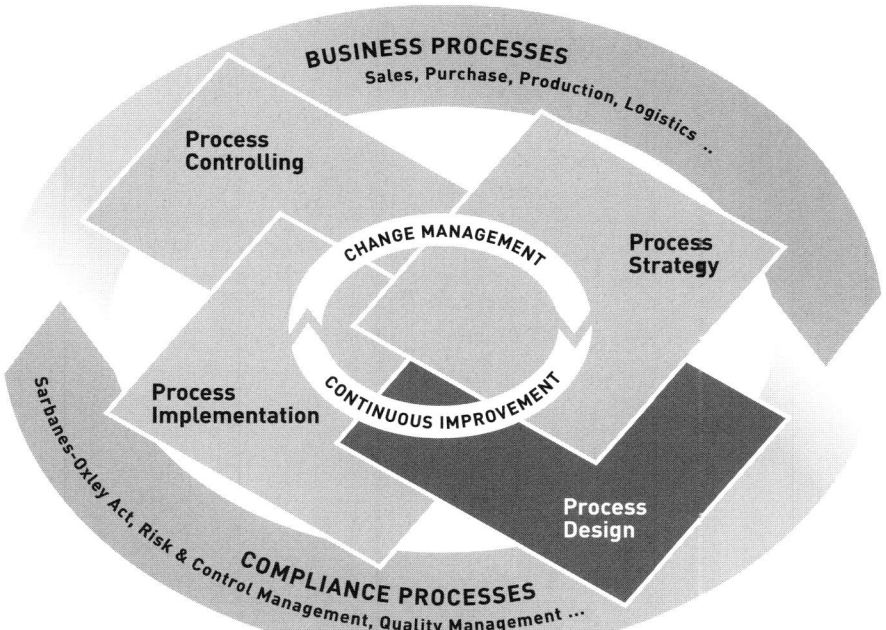

There is no better way to … „HR Process Management" – Optimierte HR-Produkte, -Prozesse und -Preise für die Lufthansa-Konzerngesellschaften

Frank Haupenthal
Deutsche Lufthansa AG
Frank.Haupenthal@dlh.de

Maximilian Gontard
IDS Scheer AG
Maximilian.Gontard@ids-scheer.com

Zusammenfassung

Der vorliegende Artikel beschreibt die praktische Umsetzung der Phase „HR Process Design" anhand eines Projektberichtes über das HR Shared Service Center der Deutschen Lufthansa AG. Dem Leser wird darin ein Handlungsleitfaden zur unternehmerischen Ausrichtung des HR-Bereiches vorgestellt. Die damit verbundenen Aufgabenpakete zur Optimierung der HR-Produkte, -Prozesse und -Preise werden ausführlich beschrieben und deren Verknüpfung in der sog. HR-Roadmap veranschaulicht. Neben den Projektergebnissen und der zugrunde liegenden Methodik werden auch die Erfahrungen hinsichtlich Planung, Steuerung und Führung dieses HR Design-Projektes wiedergegeben.

Schlüsselwörter

HR-Produkte, -Prozesse, -Preise (3 P), HR Shared Service Center, HR Process Design, unternehmerische Ausrichtung, Prozessharmonisierung und -standardisierung, Competence Center, Prozesskostenrechnung, Prozesscoach, HR Roadmap, Benchmark, HR Produkt-Template, End-to-End-Prozessdarstellung, Prozessauswahlmatrix (PAM), HR Produktportfolio, Auftraggeber-, Endkunden- und Bedarfsmatrix, Best Demonstrated Practices, HR Produktkonfiguration

1   Zielsetzung und Motivation des Artikels

In dem vorliegenden Artikel wird die Phase „HR Process Design" (vgl. Gontard 8/2004, S. 42 ff und Teil 1 in diesem Buch) anhand eines Projektberichtes über das HR Shared Service Center der Deutschen Lufthansa AG veranschaulicht. Dabei soll dem Leser ein pragmatischer und in sich geschlossener Handlungsleitfaden präsentiert werden, der es ermöglicht, das Process Design eines HR Shared Service Centers trotz hoher Komplexität und Interdependenzen erfolgreich aufzusetzen und zu gestalten. Neben der Methodik werden auch die Planung, Steuerung und Führung sowie die erzielten Projektergebnisse eines solchen HR Design-Projektes beschrieben. Abschließend werden die gemachten Projekterfahrungen in Form von „Lessons Learned" vorgestellt.

2   Ausgangssituation, Zielsetzung und Auftrag des Projektes

2.1 Ausgangssituation: Der HR-Bereich der Deutschen Lufthansa AG

Die Deutsche Lufthansa AG ist eine der größten und profitabelsten Airlines der Welt und behauptet diese führende Position schon seit langem. Diese Erfolgsstory resultiert nicht zuletzt aus einem schon seit mehr als 15 Jahren andauernden, kontinuierlichen Veränderungsprozess: Aus einem eher zentralistisch geführten Staatsunternehmen in einem regulierten Markt hat sich ein vollständig privatisierter Aviation-Konzern mit konsequent am Markt ausgerichteten und eigenverantwortlich agierenden Geschäftsfeldern entwickelt. Lufthansa hat sich schon frühzeitig darauf eingestellt, den harten Konsolidierungsprozess im Luftverkehr mitzugestalten und die eigenen organisatorischen Strukturen so anzupassen, dass auch in Zukunft nachhaltige Wettbewerbsvorteile erzielt werden können (vgl. Fels, Heinen-Konschak 2006)

Die verschiedenen Optimierungsprogramme des Konzerns zielten früher eher auf die operativen Kernprozesse, weniger auf die Stabs- und Supportprozesse. In diesem Zusammenhang gerieten in den vergangenen Jahren die HR-Bereiche zunehmend in das „Blickfeld des allgemeinen Interesses" (vgl. Otter 2003, S. 2 f). Dabei gibt es eine Vielzahl interner und externer Herausforderungen für die immer anspruchsvoller werdenden Aufgaben in der Personalarbeit:

- In einem global agierenden, dezentral aufgestellten Unternehmen müssen sowohl die bereichsspezifischen Interessen der einzelnen Gesellschaften als auch die gemeinsamen Werte und übergeordneten Strategien des Gesamtunternehmens von den Personalbereichen berücksichtigt werden.

- Angesichts erfolgreicher Kostensenkungsprogramme lassen sich weitere Optimierungspotenziale aus den „klassischen" Personalprozessen oder mit automatisierten ESS- Szenarien nur noch schwer realisieren.

- Durch Kooperationen und Umstrukturierungen gibt es viele heterogene Arbeitsabläufe, so dass die Prozesstransparenz häufig fehlt.

- Die HR-Bereiche der Konzerngesellschaften sind an den eigenen Marktbedürfnissen ausgerichtet. Dies führt zu unterschiedlichen Anforderungen der Konzerngesellschaften an den zentralen HR-Bereich.

- Konzerngesellschaften treffen heute „Make or buy"-Entscheidungen: Es steht den einzelnen Konzerngesellschaften frei, HR-Dienstleistungen innerhalb des Konzerns zu beauftragen oder diese an Dritte zu vergeben. Damit geraten die internen Personalabteilungen zunehmend in Konkurrenz zu externen HR-Dienstleistern.

Die eben genannten Punkte leiteten bei der Lufthansa eine unternehmerische Ausrichtung des HR-Bereichs ein. Um weitere Effizienzsteigerungen zu erzielen und gleichzeitig den einzelnen Geschäftsfeldern die Möglichkeit zu eröffnen, sich noch intensiver auf ihre spezifischen HR-Kernkompetenzen zu konzentrieren, hat der Gesamtvorstand des Lufthansa-Konzerns im September 2004 beschlossen, die strategisch-steuernden von den operativ-serviceleistenden Bereichen zu trennen. Parallel dazu sollte bis April 2005 eine neue Organisation „HR Shared Services" aufgebaut werden, in der die bisher dezentral in den Personalbereichen erbrachten, administrativen, standardisierten Personalaufgaben gebündelt und künftig als zentrale Dienstleistung für den Konzern angeboten werden. Beide Prozessstränge, die zentralen Servicefunktionen und die „HR Shared Services", wurden in einem neu eingerichteten Bereich, den „HR Business Services" (HR BS) – mit direkter Berichtslinie an den „Vorstand Aviation Services und Human Resources" – zusammengeführt.

In 2005 umfasste das Portfolio der „HR Business Services" 36 Produktgruppen „rund um den Mitarbeiter". Auf der einen Seite stehen die zentralen Dienstleistungen wie

- die Vergütungs-, Renten- und Reisekostenabrechnung („HR Financial Services"),

- die Arbeitssicherheit,

- der Medizinische Dienst (mit Arbeits-, Flug- und Tropenmedizin),

- die Sozialberatung,

- das Ideenmanagement,

- die Visa-Stelle und

- die Ausländerbetreuung

Diese Funktionen definieren sich über ihre fachliche Expertise und haben damit den Charakter von „Competence Centern", wobei speziell Arbeitssicherheit und medizinischer Dienst parallel zu ihren Serviceaufgaben gleichzeitig auch Steuerungsmandate für ihre übergreifende Fachkompetenz im Gesamtkonzern wahrnehmen.

Auf der anderen Seite stellt das neu gegründete „HR Shared Service Center" (HR SSC) mit seinen beiden Komponenten Front Office und Back Office den integralen Bestandteil der HR BS dar. Dabei besteht für alle Geschäftsfelder absolute Bezugsfreiheit für die Produkte und Leistungen des HR SSC. Das HR SSC bildet – zusammen mit der „klassischen" Personalarbeit in den dezentralen Personalbereichen und den umfangreichen „Employee Self Service"- Szenarien im Konzern – die dritte Säule der Personalarbeit innerhalb der Deutschen Lufthansa AG (Beispiel „HR SSC Deutsche Bank" vgl. Jaschok / Jaschik 2003).

„Alle Bereiche eines Unternehmens, unabhängig davon, ob sie direkt an der Leistungserstellung beteiligt sind oder nicht, müssen ständig auf ihre Wettbewerbsfähigkeit hin untersucht werden. Auch in den Personalbereichen schöpfen wir daher die Potenziale zur Effizienzerhöhung und Prozessoptimierung aus, die Shared Services sind dafür ein gutes Beispiel", so Konzernvorstand Aviation Services und Human Resources, Stefan Lauer, zur Neuausrichtung (vgl. Lufthanseat 23.09.2005)

2.2   Zielsetzung und Auftrag des Projektes

Mit dem Aufbau der neuen Organisationseinheit HR BS wurden vorher getrennt voneinander angebotene Serviceleistungen zusammen mit den administrativen HR Prozessen in einen ganzheitlichen Ansatz integriert. Dabei sollten Teilprozesse verbessert werden, die ähnlich oder gleich abliefen, die nicht miteinander verzahnt waren und wenig gemeinsame Synergiepotenziale nutzten, die keine homogenen Prozess- bzw. Qualitätsstandards und wenig transparente Kostenstrukturen aufwiesen. Diese weitgehend „fragmentierten" Einzelfunktionen sollten durch eine Gesamtoptimierung in effektive und gleichzeitig effiziente „Shared Business Services", in einer einheitlichen Klammer, unternehmerisch ausgerichtet werden. Darüber hinaus war mit der Entscheidung zur Gründung der HR BS gleichzeitig auch der Auftrag zu einer sukzessiven Weiterentwicklung des zugehörigen Kunden- und Produktportfolios verknüpft.

Vor diesem Hintergrund hat der verantwortliche Leiter der HR BS im April 2005 das Projekt „Geschäftsprozesse HR Business Services" aufgesetzt, das von Anfang Mai bis Anfang August 2005 zusammen mit Beratern der IDS Scheer AG durchgeführt wurde. Dieses Projekt sollte die erste Phase der Initiative einleiten und die notwendige Vorarbeit für die beiden folgenden Phasen „Vertiefung und Implementierung" sowie „Künftige strategische Ausrichtung" leisten (s. Abb.1).

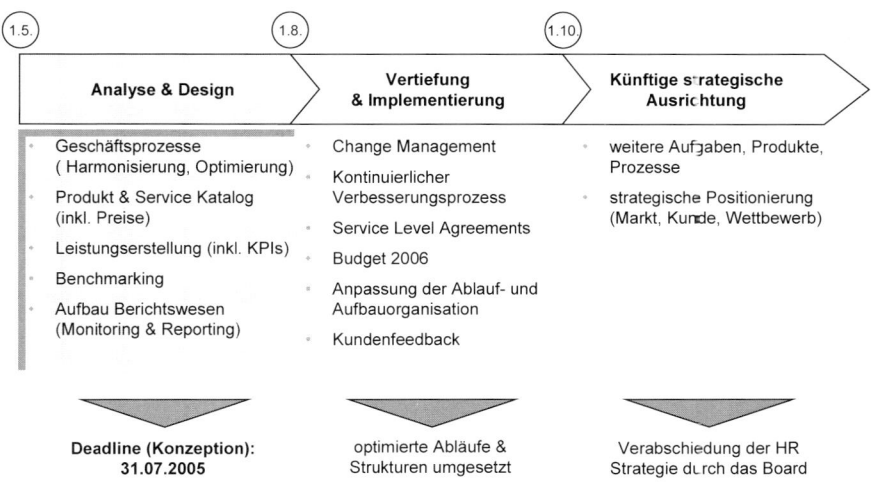

Abb. 1. Projektauftrag „Untersuchung der Geschäftsprozesse HR BS"

Ziel und Zweck des Projektes bestand in der Abbildung und Analyse der Geschäftsprozesse des neuen Bereiches HR BS, um Ansatzpunkte für die Optimierung zu identifizieren. Dazu sollten konkrete, quantitativ bewertete Vorschläge zur Ausschöpfung möglicher Potenziale und deren Umsetzung erarbeitet werden – kurz: ein *HR Process Design* für den neuen Bereich „HR Business Services" der Deutschen Lufthansa AG. Mit dieser Prozessplattform sollte die verbindliche Basis geschaffen werden, auf der die künftigen Produkte und Produktionslinien, Betrieb, Service Level Agreements und Budgets der HR BS entwickelt werden.

Konkrete Zielsetzung des Projektes war die ganzheitliche Optimierung aller HR BS-Geschäftsprozesse. Dabei lag der Fokus nicht auf den Potenzialen innerhalb der einzelnen Fachbereiche, sondern eindeutig auf der Analyse der einzelnen Schnittstellen bzw. auf möglichen Verlagerungen von Aktivitäten: in vertikale Richtung, in das HR SSC, und in horizontale Richtung, zwischen die Einheiten (s. Abb.2).

Bedingung für dieses Ziel ist es, dass die beteiligten Bereiche ein gemeinsames Verständnis für das Projekt entwickeln, intensiv miteinander kommunizieren und aktiv zusammenarbeiten. Markt- und Kundenorientierung, Flexibilisierung der Betriebsabläufe, hohe Qualität und Geschwindigkeit, unternehmerischer Ansatz und Anpassungsfähigkeit an sich schnell verändernde äußere Rahmenbedingungen sind dabei die zentralen Leitmotive. Die Optimierung sollte alle wesentlichen Prozesskomponenten wie Abläufe, Aufbau, Schnittstellen, Rollen, Ressourceneinsatz, Performance, Rahmenbedingungen, Systeme und Tools abdecken.

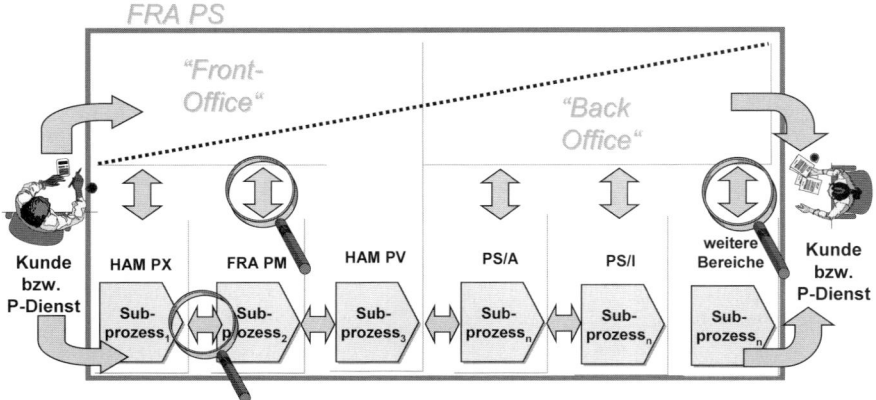

Abb. 2. „Projektfokus"

Der Projektauftrag mit dem Fernziel „Unternehmerische Ausrichtung der HR Business Services" und damit zur „Schaffung einer soliden Basis für Identität und Betrieb der HR BS" umfasste u. a. die folgenden Aufgaben bzw. Zielvorgaben:

- Definition marktgerechter Produkte mit eindeutigen Qualitäts- und Leistungsmerkmalen

- Entwicklung der Geschäftsprozesse für eine effiziente Leistungserbringung

- Schaffung von Kostentransparenz und Festlegung einer wettbewerbsfähigen Preisgestaltung

- Einführung der Prozesskostenrechnung für eine präzise Budgetierung

- Ausrichtung und eventuelle Anpassung der gegebenen Organisationsstruktur auf Basis der Geschäftsprozesse

- Produktbeschreibung zur Formulierung verbindlicher Service Level Agreements gegenüber den Kunden

- Datensammlung für die Definition von KPIs für die interne Prozesssteuerung

Die Schwerpunkte der Projektarbeit – und damit die wesentlichen Inhalte zur Kommunikation nach innen und außen – lagen auf den „drei optimierten P für die HR BS": Prozesse, Produkte, Preise (s. Abb. 3).

In den folgenden Abschnitten werden die formale Struktur, die erreichten Ergebnisse und vor allem das konzeptionelle, methodische Vorgehen des Projektes vorgestellt.

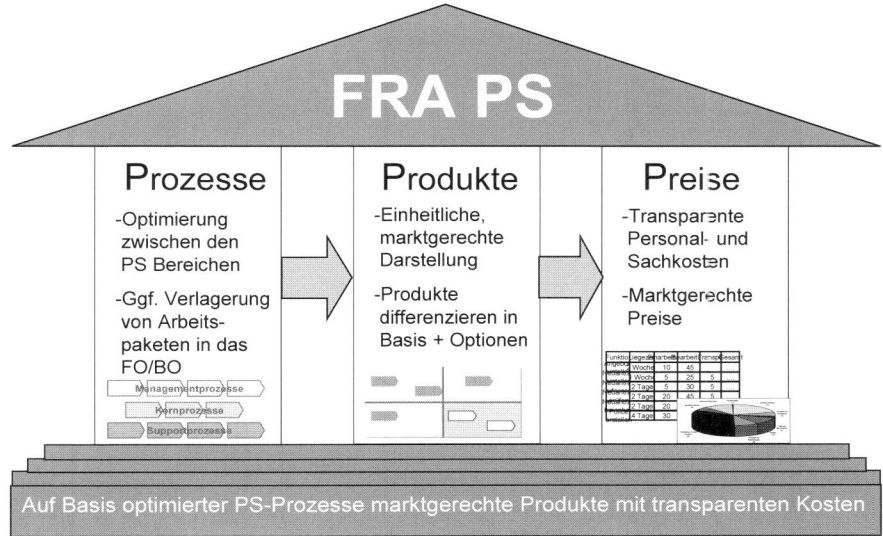

Abb. 3. Drei optimierte **P** für die HR BS

3   Projektablauf und -aufbau

Der *Projektablauf* bei einem Projekt mit engem zeitlichen Rahmen und knappen Ressourcen definiert sich fast von alleine. Die Projektlaufzeit von knapp drei Monaten teilte sich „klassisch" auf in die Phasen „Analyse der Ist-Prozesse" und „Design der Produkte und Soll-Prozesse". Parallel zum Design wurde speziell eine Phase für „Prozesskostenrechnung und Preise" geplant. Der „Projektausblick und Abschluss" mit den Aktivitäten „Zusammenführung und Qualitätssicherung", „Dokumentation" und „Ausblick und weiteres Vorgehen" war mit ca. drei Wochen scheinbar großzügig ausgelegt, was sich aber als gerechtfertigt herausgestellt hat. Gerade die intensiven Abstimmungsrunden mit den einzelnen Fachbereichen vor Ort gaben den vorgestellten Entwürfen „den letzten Schliff" und sorgten für die notwendige Akzeptanz bei unserem Auftraggeber und den künftigen Nutzern. Hier wurden schon vor Projektende mit den Beteiligten die fachlichen Details, Verantwortlichkeiten und weiteren Schritte zur deren Umsetzung festgelegt. Das wichtigste „Ergebnis", ein verbindliches Commitment der Fachbereiche zur Weiterführung des Projektstandes im Rahmen einer strategischen Neuausrichtung „ihrer" HR Business Services, haben wir auf diesem Weg erreicht.

Die Projektplanung hat sich trotz geringer Freiheitsgrade im Nachhinein als recht „wirklichkeitsnah" herausgestellt. Lediglich die Projektvorbereitungsphase mit Staffing und Infrastruktur wurde – wie so oft – unterschätzt. Zwar konnte die Analyse der Ist-Prozesse trotz des engen zeitlichen Rahmens von einem Monat erfolgreich abgeschlossen werden, in der Außenwirkung stellten wir aber überraschenderweise eine andere Wahrnehmung fest: Bedingt durch das große Interesse am Design des künftigen Solls empfanden einige Beteiligte die kompakte Ist-Aufnahme bereits als „Verzögerung" auf dem Weg zu den angestrebten Projektergebnissen (siehe auch Abschnitt 6).

Die *Projektorganisation* bestand im Wesentlichen aus den beiden Gremien „Lenkungsausschuss" und „PS-Runde" sowie den Projekteinheiten „Kernteam", „Prozess-Coaches" und der „Projektleitung".

Der „Lenkungsausschuss" sollte weniger die Rolle eines Reviewboards einnehmen, als vielmehr Projektsupport leisten, indem er als Ratgeber und Promotor fungierte. Aus diesem Grund wurden vier Topmanager mit übergreifendem Verständnis für konzernweite Zusammenhänge eingeladen, die in der Lage waren, die vorgelegten Projektergebnisse und methodische Ansätze auch auf andere Bereiche zu transferieren. Das Gremium bestand aus dem jeweiligen Leiter der HR Business Services (Auftraggeber des Projektes), der LH Konzernpersonalpolitik (politische Rahmenbedingungen und Leitlinien), des CIOs (LH Informationsmanagement für Methoden, Verfahren & Tools), des Personalmanagements der LH Passage Airline (Kunde) sowie einem Direktor der externen Beratung. Der „Lenkungsausschuss" tagte insgesamt zweimal, zur Absicherung des Projektauftrags und zur finalen Abnahme der vorgelegten Ergebnisse.

Die „PS-Runde" setzte sich im Wesentlichen aus den verantwortlichen Leitern der einzelnen FRA PS-Fachbereiche zusammen. Dieses Gremium diente dem Projekt als „Soundingboard" und war ein wichtiges Instrument zur Kommunikation des jeweiligen Projektstandes, aber auch zum Aktivieren der Zusammenarbeit zwischen Projekt und Fachbereich sowie zur Abstimmung der verschiedenen Ergebnisse. Eine besondere Herausforderung war es, die Teilnehmer von einer aktiven Rolle zum Wohle des eigenen Bereiches zu überzeugen: Die einzelnen FRA PS-Einheiten waren nicht etwa die externen *Kunden,* sondern die mitverantwortlichen, internen *Partner* des Projektes.

Zum „Projekt-Kernteam" gehörten interne, direkt zu FRA PS zugeordnete LH-Mitarbeiter und externe Berater. Lufthanseaten und Berater haben sowohl inhaltlich als auch räumlich sehr eng zusammengearbeitet und dadurch ein nachhaltiges „Wir-Gefühl", einen „One-Team Spirit" anstatt einer wenig produktiven „Zweiklassengesellschaft" erzeugt.

Das interdisziplinär zusammengesetzte Team war zum Zweck der besseren fachlichen Akzeptanz an den entsprechenden Fachbereichseinheiten „gespiegelt". Die Projekt-Mitarbeiter waren in einzelne Teilteams aufgeteilt, die inhaltlich für ihre zugeordneten Aufgabenbereiche die volle Verantwortung übernahmen (Empowerment!). Die Aufgabenpakete wurden thematisch möglichst schon in Hinblick auf die voraussichtlichen Sollprozesse geclustert. Durch die enge Zusammenarbeit und den regelmäßigen Austausch der Teilteams war das Risiko einer einseitigen, isolierten Sicht auf den Gesamtprozess – und damit die Gefahr einer weiteren „Einbetonierung" der fragmentierten Ist-Prozesse und Strukturen – weitestgehend reduziert. Gerade vor dem Hintergrund des bewusst gewählten spezifischen Projektfokus (siehe Abschnitt 2) wäre eine solche Entwicklung fatal gewesen.

Die handelnden Personen, ihre Einbindung und Rolle im Projekt sowie verbindliche „Spielregeln" für die tägliche Zusammenarbeit, Formate und Frequenz für Kommunikation und Dokumentation wurden bereits frühzeitig festgelegt. Eine gemeinsame Kick-Off-Veranstaltung war hier besonders wertvoll.

Das erweiterte Projektteam bestand aus dem Kernteam und dezidiert aus den jeweiligen Fachbereichen ausgewählten „Prozesscoaches": Fachliche Experten, deren wichtige Funktion die Verbindung, der „Brückenkopf", zu den Fachbereichen war. So waren die „Prozesscoaches" interne Ansprechpartner für ihre jeweiligen Kollegen aus dem Kernteam und dienten als Multiplikatoren und wichtige „Kommunikationskanäle" in die Routineeinheiten. Sie übernahmen die fachliche Qualitätssicherung der erarbeiteten Projektergebnisse und erreichten dadurch die notwendige Akzeptanz in ihren Fachbereichen. Insbesondere bei der späteren Implementierung spielen die „Prozesscoaches" eine entscheidende Rolle. Sie sollen – quasi als dezentrale Prozessmanager – dazu beitragen, dass die erarbeiteten Ergebnisse in den Fachbereichen weiterentwickelt und „gelebt" werden.

In der „Projektleitung"[1] bewährte sich ein paritätisches „Tandem-Modell", in dem die Zusammenarbeit von gegenseitigem Respekt und Vertrauen geprägt war: Der hauptverantwortliche LH-Manager legte dabei die Schwerpunkte auf Themen wie Kommunikation, Politik („Außenministerium") und Mitarbeiterführung. Der zweite Projektleiter (ein „externer" Berater) konzentrierte sich hauptsächlich auf die Konzeption, Methoden, Verfahren und Tools („Innenministerium"). Beide Projektleiter interpretierten ihre Führungsrolle im Sinne eines ganzheitlichen „Input-Controllings": Sie bereiteten die „Bühne", „den roten Faden" und die „Klammer" für die eigenverantwortlich agierenden Teilteams, anstatt sich in die inhaltlichen Details einzumischen.

4   Methodisches Vorgehen anhand der HR Road Map

Um den Projektauftrag zu erfüllen – also „auf Basis optimierter HR-Prozesse marktgerechte Produkte mit transparenten Preisen darzustellen" –, mussten die hierfür notwendigen Schritte festgelegt werden. Dies geschah, indem einzelne Arbeitspakete geschnürt und deren Verknüpfungen und Wechselwirkungen in einer sog. „Roadmap" aufgezeigt wurden (vgl. Abb.4). So stellte die Roadmap einerseits

---

[1]   Die Projektleiter geben in diesem Artikel ihre Erfahrungen wieder

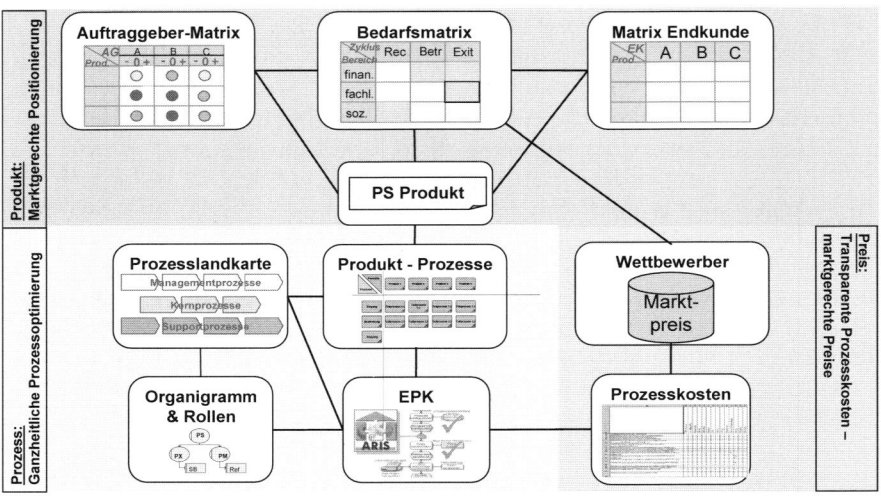

Abb. 4. HR-Roadmap

die Prozessmethodik des Projektes dar, veranschaulichte den Projektmitarbeitern aber darüber hinaus auch die Zusammenhänge zwischen den einzelnen Arbeitspaketen. Dies trug maßgeblich zur Akzeptanzsteigerung innerhalb des Projektteams bei und zeigte dem Auftraggeber schon zu einem frühen Zeitpunkt die zu erwartenden Ergebnisse auf.

Im Rahmen einer Ergebnispräsentation vor dem Lenkungsausschuss wurde deutlich, dass die erarbeitete Methodik auch auf andere Unternehmensbereiche übertragbar ist. Im folgenden Abschnitt wird daher die zugrunde liegende Vorgehensweise zunächst vom Projekt abgehoben erläutert und begründet. Diese „Meta-Ebene" soll dem Leser einen einfacheren Transfer auf andere Problemstellungen ermöglichen.

Im daran anschließenden Abschnitt werden dann die konkreten Ergebnisse des Projektes vorgestellt. Die folgenden Ausführungen orientieren sich an den drei Säulen der HR Roadmap: HR-Produkte, -Prozesse und -Preise.

Methodik „HR-Produkt"

Das HR-Produktportfolio stellt das Ergebnis der Wertschöpfungsprozesse einer Personalabteilung dar und nimmt damit innerhalb der Roadmap eine Schlüsselposition ein. So gilt es, mit den im Portfolio befindlichen HR-Produkten die Bedürfnisse und Wünsche der internen Kunden zu befriedigen. Die Analogie zur Produkt- und Programmpolitik eines Unternehmens ist dabei nahe liegend. Auch im Personalbereich ist es erforderlich, Produkte zu managen, indem sie differenziert, eliminiert oder auch entsprechend der Unternehmenspolitik neu entwickelt werden. Ein Management von HR-Produkten setzt jedoch voraus, dass die angebotenen HR-Produkte zumindest innerhalb der Personalabteilung vollständig und möglichst einheitlich dokumentiert vorliegen. Ernüchternd ist an dieser Stelle jedoch der Blick in viele Personalabteilungen. Hier kann oftmals nicht aufgezeigt werden, welche Dienstleistungen durch den Personalbereich überhaupt angeboten werden – ein deutliches Zeichen einer noch nicht etablierten Kunden-Lieferanten-Beziehung.

Aus den eben angeführten Punkten leitet sich das erste Aufgabenpaket und damit auch der Einstieg in die HR-Roadmap ab: Die marktgerechte und einheitliche Dokumentation des gesamten HR-Produktportfolios. Neben der Darstellung des Produktportfolios schließen sich laut Roadmap direkt Fragen nach den Abnehmern dieser Produkte an:

- Welchem Kundenkreis werden die HR-Produkte angeboten?

- Welche Gesellschaften nehmen welches HR-Produkt mit welchem Volumen ab?

- In welche Mitarbeitergruppen können die Endkunden unterteilt werden und welche HR-Produkte werden von welcher Mitarbeitergruppe nachgefragt?

- In welcher Phase des Mitarbeiterlebenszyklus (Recruiting bis Austritt) werden den Endkunden welche Produkte angeboten?

Wie an den eben aufgeführten Fragestellungen deutlich wird, ergeben sich auch zwischen dem Kundenmanagement und dem Personalbereich zahlreiche Parallelen: Wird der z. T. schon inflationär verwendete Begriff „interner Kunde" in den HR-Bereichen ernst genommen, muss dies konsequenterweise mit einer kundenorientierten Ausrichtung und damit auch einem Management der Kundenbeziehung einhergehen: Ohne genaue Kenntnisse, wer die internen Kunden sind und welch unterschiedliche Bedürfnisse diese haben, ist eine kundenorientierte Ausrichtung nicht denkbar. Während sich die Bestandsaufnahme der Kunden für kleine und mittelständische Unternehmen aufgrund der überschaubaren Anzahl interner Kunden als wenig aufwendig darstellt, erweist sich dies bei internationalen Konzernen mit einem weltweit verzweigten Firmengeflecht als weitaus komplexer. Wie bereits erwähnt kommt bei verschiedenen Konzernen oftmals noch hinzu, dass die Konzerngesellschaften (Auftraggeber) keinerlei Abnahmeverpflichtungen bzgl. der HR-Produkte haben. Dies verleiht dem Management der Kundenbeziehung zusätzliche Dynamik: Die Stabilisierung gefährdeter Kundenbeziehungen, die Erhöhung der Kundenbindung, aber auch die Gewinnung neuer Kunden gehören dann zwangsläufig zum Tagesgeschäft – will der HR-Bereich nicht um seine Existenz fürchten. Eine Bestandsaufnahme der Auftraggeber und Endkunden kann dann als Grundlage genutzt werden, Veränderungen in der Nachfrage zu analysieren, aber auch um potenzielle Neukunden zu identifizieren.

Die Kunden-Bestandsaufnahme betrifft in der HR Roadmap die folgenden Bausteine, die bei der Darstellung der Projektergebnisse noch veranschaulicht werden (vgl. Abschnitt 5):

- Auftraggeber-Matrix

- Endkunden-Matrix

- Bedarfsmatrix

Methodik „HR-Prozess"

Neben den HR-Produkten und deren Abnehmern umfasst die HR Roadmap auch den eigentlichen Entstehungsprozess der HR-Produkte. So kann ein HR-Produkt nur dann kostengünstig sowie zu einem qualitativ festgelegten Niveau erstellt werden, wenn die dahinter liegenden Arbeitsabläufe analysiert und optimiert wurden. Unabhängig vor welchem konkreten Hintergrund eine Prozessanalyse und -optimierung durchgeführt wird, hat sich die folgende Strukturierung bei der Prozessdokumentation bewährt: Die Aufteilung der Prozesse in Management-, Kern- und Supportprozesse in Form einer Prozesslandkarte einerseits sowie die Verknüpfung von HR-Produkt und Prozessablauf in Form einer Prozessauswahlmatrix (PAM) andererseits (vgl. auch Roadmap Abb.4).

Die Strukturierung der HR-Prozesse auf Ebene der Prozesslandkarte schafft zunächst die notwendige Transparenz, welche Management-, Kern- und Supportprozesse in den unterschiedlichen Personalbereichen eines Konzerns vorliegen. Dies kann bspw. in einem nächsten Schritt als Ausgangsbasis eines abteilungsübergreifenden Vergleichs der Prozessabläufe verwendet werden, mit dem Ziel, Synergiepotenziale oder auch organisatorische Brüche in den Prozessabläufen zu identifizieren. Darüber hinaus dient die Prozessstruktur der Zuordnung detaillierter Prozessabläufe (EPKs) und erleichtert somit die Navigation zwischen den Prozessmodellen.

Neben der HR-Prozesslandkarte hat sich eine zweite Darstellungsform bewährt, in der die HR-Produkt- und Kundensicht veranschaulicht wird: die sog. Prozess-Auswahl-Matrix (PAM). In dieser Matrix werden auf der horizontalen Achse die verschiedenen HR-Produkte aufgelistet, auf der vertikalen Achse dagegen die generischen Teilprozesse eines HR-Produktes. Der Ablauf beschränkt sich dabei nicht nur auf den eigentlichen Erstellungsprozess jedes einzelnen HR-Produkts, sondern zeigt darüber hinaus auch die Beauftragung sowie Lieferung jedes HR-Produkts nach der Systematik: „Eingang – Bearbeitung – Ausgang" auf. Diese sog. „End-to-End" Betrachtung geht mit zwei Vorteilen einher: Zum einen erhält die in vielen HR-Bereichen vernachlässigte Prozessschnittstelle „Kundenkontakt" die ihr gebührende Aufmerksamkeit, zum anderen eignet sich diese Darstellung als Basis zur Standardisierung der HR-Produkte und damit zum einheitlichen Auftritt gegenüber dem Kunden. So können beispielsweise optimierte Eingangs- und Ausgangsprozesse für eine Vielzahl von HR-Produkten verwendet werden. Aber auch hinsichtlich bestehender oder neuer HR-Produkte zeigt ein eingehender Blick in die HR-PAM, welche Arbeitschritte von anderen HR-Produkten im Sinne von „Best Practice" übernommen werden können. Schließlich ermöglicht der modulare Prozessaufbau auch die einfache Konfiguration der HR-Produkte: Durch das Hinzufügen bzw. Weglassen einzelner Prozessmodule können – je nach Kundenbedürfnis – verschiedene Produktvarianten wie z. B. Basis-Produkt und optionale Produkte definiert werden.

Zusammenfassend können die folgenden Vorteile der eben beschriebenen Prozessdokumentation genannt werden:

- Darstellung der Verknüpfung von Produkten und Prozessen

- Transparenz bzgl. wertschöpfender und unterstützender Prozesse

- Basis für die Konfiguration von Produktpaketen (Basis + Optionen)

- End-to-End-Prozessdarstellung (vom Kunden zum Kunden)

- Transparenz bzgl. generisch nutzbarer Abläufe (Best Practice) (vgl. Blume, Gontard 2004, S. 59 f)

Methodik „HR-Preis"

Abgesehen von transparenten HR-Produkten und -Prozessen benötigt der HR-Bereich noch Kenntnisse über die dritte Säule der HR Roadmap: die Prozesskosten bzw. die Marktpreise von HR-Produkten. So eröffnet die Prozesskostenrechnung dem HR-Bereich die Möglichkeit, von der oftmals noch üblichen Verrechnung über intransparente Pauschalen zu einer verursachungsgerechten Einzelverrechnung zu gelangen. Darüber hinaus liefert die Prozesskostenrechnung wichtige Grundlagen für die Steuerung des HR-Bereichs: Gesicherte Entscheidungen bzgl. prozessverändernder Maßnahmen sind nur dann möglich, wenn die damit verbundenen Auswirkungen auf die Prozesskosten bekannt sind. Ebenso erscheint auch eine Teilnahme an Benchmarking-Verfahren nur dann sinnvoll, wenn hinsichtlich der Kosten Klarheit besteht.

Als Fundament der Prozesskostenrechnung dient die bereits beschriebene Prozessauswahlmatrix (PAM) mit den zugrunde liegenden EPKs. Das damit einhergehende Verfahren kann im Artikel „Prozesskostenrechnung mit ARIS am Beispiel eines HR-Outsourcing-Dienstleisters" (vgl. Misof 2006) in diesem Buch nachgelesen werden.

Um die Höhe der Prozesskosten bewerten zu können, bietet sich ein Abgleich mit den Marktpreisen vergleichbarer HR-Produkte an. Auf diese Weise lässt sich die

Wettbewerbsfähigkeit des eigenen HR-Bereichs fundiert einschätzen sowie ein „echtes" Pricing der HR-Produkte vornehmen.

Die eben beschriebenen Arbeitspakete der HR Roadmap werden im Folgenden anhand ausgewählter Projektergebnisse der Lufthansa AG veranschaulicht. Auch hier dienen als inhaltliche Richtschnur die drei zentralen Bausteine: HR-Produkte, -Prozesse und -Preise.

5   Projektergebnisse

Ergebnis „HR-Produkte"

Wie in Abschnitt 2 bereits aufgeführt, bestand ein zentrales Projektziel darin, zwischen dem HR-Bereich und den zahlreichen Konzerngesellschaften der Lufthansa eine reale Kunden-Lieferantenbeziehung aufzubauen. Um dieses Ziel zu erreichen, sollte Transparenz hinsichtlich des HR-Produktportfolios sowie eine marktgerechte und einheitliche Darstellung geschaffen werden.

Überall dort, wo HR-Dienstleistungen zwischen den Servicebereichen und den Konzerngesellschaften der Lufthansa in Form von Pauschalen abgerechnet wurden, erschien es in der Vergangenheit nicht zwingend erforderlich, den internen Kunden das Spektrum an HR-Produkten einzeln auszuweisen und diese marktgerecht und einheitlich zu präsentieren. Dies führte dazu, dass auch innerhalb der verschiedenen Personalbereiche z. T. keine dokumentierte Übersicht der erstellten HR-Produkte vorlag. Diese fehlende interne Transparenz galt es durch eine einheitliche Produktbeschreibung zu beheben, in der Antworten auf die folgenden Fragen gegeben werden:

- Welcher HR-Bereich der Lufthansa bietet welches HR-Produkt an?

- Wer ist als Produktverantwortliche/r definiert?

- Welche Produktgruppen sollten zur übersichtlichen Strukturierung der Produkte unterschieden werden?

- Gibt es bestimmte Rahmenbedingungen bei der Leistung oder Lieferung des Produktes zu beachten?

- Wo liegt bei dem einzelnen Produkt die Wertschöpfung für den Kunden?

- Welche Serviceversprechen erhält der Kunden bei Abnahme des Produktes und wie sind diese mess- und überprüfbar?

- Welche Referenzkunden beziehen dieses Produkt bereits?

- Zu welchem internen Verrechnungspreis wird das Produkt angeboten?

- Zu welchen Preisen wird das Produkt von Wettbewerbern angeboten?

Die Antworten auf die o. g. Fragen fanden ihren Niederschlag in einem sog. „Produkt-Template", das als Vorlage zur Beschreibung aller angebotenen HR-Produkte von FRA PS Verwendung fand (vgl. Abb.5). So definierten wir zusammen mit den einzelnen HR-Fachbereichen die wesentlichen Kennzeichen der HR-Produkte aus Kundensicht und benannten für jedes einzelne HR-Produkt einen verantwortlichen Ansprechpartner (sog. „Produkt-Owner"). Da sowohl die Produkterstellung selbst als auch dessen Lieferung und Abnahme auf eine vertragliche Grundlage gestellt werden sollte, wie sie gegenüber Dritten im Markt üblich ist (vgl. Abschnitt 2.2), wurden zudem messbare Serviceversprechen des HR-Bereichs in die Produktbeschreibung aufgenommen. Dies äußerte sich bspw. durch Zusagen der Personalbereiche hinsichtlich der Bearbeitungs- und Reaktionszeiten oder auch durch die Angabe maximaler Fehlerquoten. Lagen hierzu bereits interne vertragliche Vereinbarungen in Form von sog. HR Service Level Agreements (HR SLAs) vor, wurde auf die Durchgängigkeit von Produktbeschreibung und vertraglicher Grundlage geachtet. Lagen diese nicht vor, konnte die Definition der Serviceversprechen wiederum als die Grundlage für die spätere Definition von SLAs verwendet werden (vgl. Gontard 2005, S. 21).

Zur eindeutigen Identifikation erhielt jedes HR-Produkt nach einem vorgegebenen Schema eine Produkt- sowie eine Zuordnungsnummer zu der übergeordneten Produktgruppe.

Neben den bereits angesprochenen qualitativen Produktmerkmalen wurde auch der interne Verrechnungspreis Bestandteil jeder Beschreibung. Um diesen Preis hinsichtlich seiner Konkurrenzfähigkeit beurteilen zu können, stellten wir ihn den erhobenen Marktpreisen gegenüber und hielten diese in Form von Preisspannen in der Beschreibung fest.

Nachdem sämtliche HR-Produkte dokumentiert vorlagen, konnten die weiteren offenen Punkte der HR Roadmap untersucht werden, die sich in der Frage manifestierten: Welche Kunden fragen welches HR-Produkt nach?

Die damit einhergehende Bestandsaufnahme verfolgte einerseits das Ziel, Transparenz hinsichtlich der aktuellen Kunden zu erlangen, darüber hinaus aber auch mögliche weitere Kunden zu identifizieren, die bislang noch nicht zu den Bestandskunden zählten. Dabei differenzierten wir im Rahmen der Bestandsaufnahme zwischen Auftraggeber und Endkunden. Als Auftraggeber bezeichneten wir die Konzerngesellschaften der Lufthansa, die die erbrachten HR-Produkte verhandeln, bestellen und bezahlen. Als Endkunden des HR-Bereichs wurden dagegen die Mitarbeitergruppen „Führungskräfte", „AT-Mitarbeiter", „tarifliche Mitarbeiter", „Azubis", „Bewerber" und „Rentner" unterschieden. Um eine noch detailliertere Endkundensicht zu erlangen, wurden die HR-Produkte auch den einzelnen Phasen eines Mitarbeiter-Lebenszyklus in der sog. Bedarfsmatrix gegenübergestellt. Aus dieser geht hervor, welche HR-Produkte die Lebenszyklusphase „Rekrutierung",

Produktbeschreibung FRA PS

Produkt:	Reisekostenabrechnung Direct
Einheit/ Produktowner:	HR Financial Services, HAM PV/A

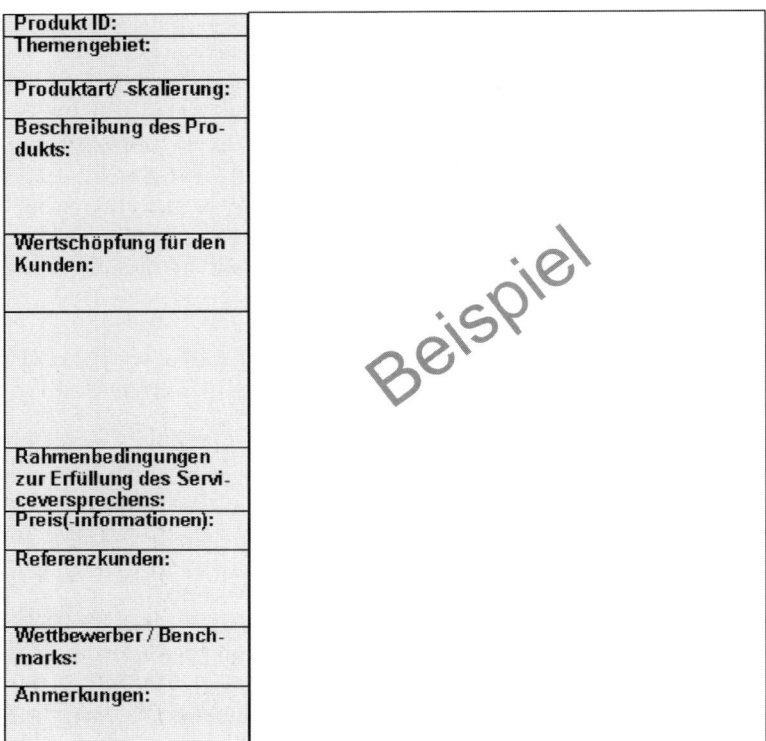

Abb. 5. HR Produkt-Template

„Integration", „operativer Einsatz", „Förderung" oder „Austritt" abdecken. Durch die Darstellung in einer Matrix-Form (HR-Produkt – Auftraggeber bzw. HR-Produkt – Endkunde) konnte sowohl hinsichtlich der Auftraggeber als auch der Endkunden ein Überblick gewonnen werden, wer mit welchem Volumen welches HR-Produkt nachfragt.

Wenngleich mit der Erstellung der oben beschriebenen Vorlagen ein nicht unerheblicher Erhebungs-, Dokumentations- und zukünftig auch Pflegeaufwand einhergeht, überwiegen deutlich die damit verbundenen Vorteile. Der Bereich FRA PS verfügt nun über die Möglichkeit, sein Produktportfolio nach innen und außen einheitlich und kundengerecht zu präsentieren, dieses ggf. anzupassen oder gar neue Produkte und neue Produktbündelungen den Kundenbedürfnissen entsprechend anzubieten. Darüber hinaus erlaubt die Bestandsaufnahme, potenzielle interne und externe Kunden der verschiedenen Konzerngesellschaften zu identifizieren und gezielt zu akquirieren.

Ergebnis „HR-Prozesse"

Um hinsichtlich der bestehenden Arbeitsabläufe Transparenz zu gewinnen und sowohl internes als auch abteilungsübergreifendes Optimierungspotenzial zu identifizieren, wurde im Projekt aus ca. 980 örtlich verstreut vorliegenden Prozessdarstellungen in unterschiedlichen Dateiformaten und Detaillierungsgraden mit Hilfe der Software ARIS eine strukturierte und einheitliche HR-Prozesslandschaft geschaffen. Damit selbst bei dieser Größenordnung noch eine einfache und übersichtliche Navigation gewährleistet ist, wurden die Prozesse auf oberster Ebene einer sog. „HR-Prozesslandkarte" zugeordnet (s. Abb. 6). Diese Landkarte unterscheidet für jeden HR-Bereich sog. Management-, Kern- und Supportprozesse. Dabei umfassen die

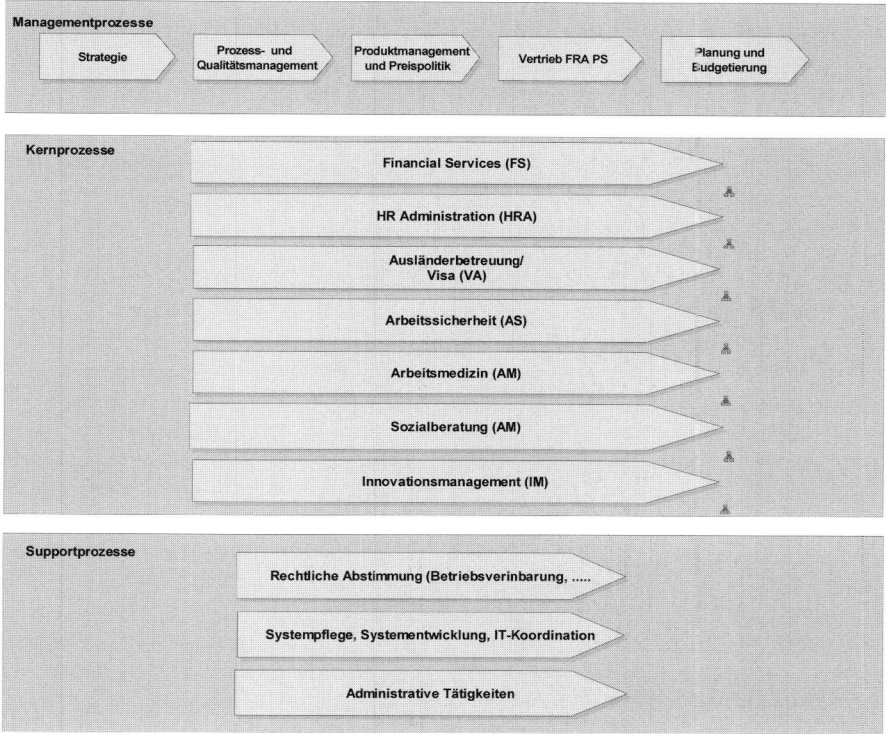

Abb. 6. Prozesslandkarte FRA PS

Managementprozesse bspw. Abläufe bzgl. HR-Strategie oder Planung und Budgetierung, die Kernprozesse dagegen Vorgänge wie Vergütungs- oder Darlehensabrechnung und die Supportprozesse schließlich Themen wie Qualitätssicherung oder Buchhaltung. Diese Prozesszuordnung erwies sich als wichtige Grundlage für einen abteilungsübergreifenden Vergleich der Prozessabläufe. So konnte anhand der HR-Prozesslandkarte und der detaillierten Prozessabläufe im Rahmen der EPK aufgezeigt werden, welche HR-Organisationseinheit sich mit wie viel Kapazitäten und welcher Systemunterstützung in welchen Prozessen engagiert, wo Synergiepotenziale bestehen oder organisatorische Anpassungen notwendig erscheinen.

Neben der HR-Prozesslandkarte wurde die sog. „Prozess-Auswahl-Matrix" (PAM) als weitere Darstellungsform verwendet (s. Abb. 7). Darin wurde neben dem eigentlichen Erstellungsprozess auch die Beauftragung und Lieferung jedes einzelnen HR-Produkts dokumentiert. Auf diese Weise konnte die Verknüpfung eines HR-Produkts mit dem zugrunde liegenden Prozess realisiert werden.

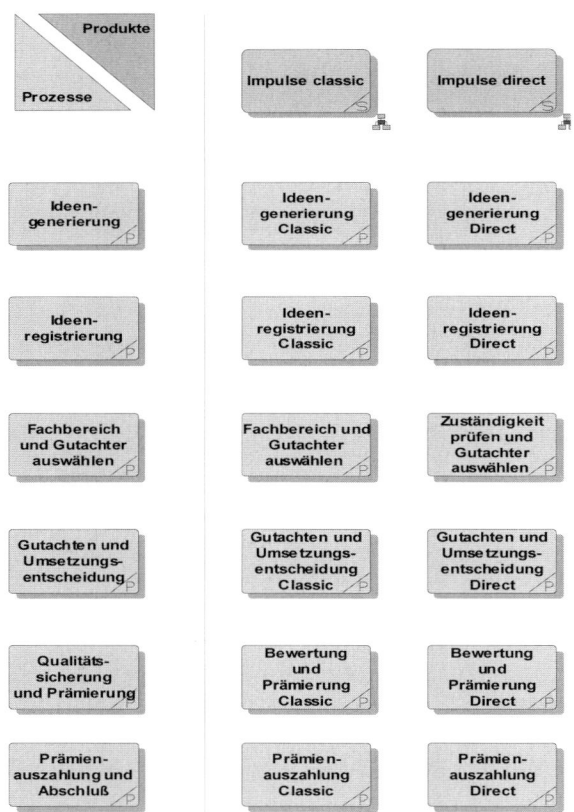

Abb.7. Beispiel einer Prozessauswahl-Matrix (PAM)

Die Vorteile der geschaffenen HR-Prozesslandschaft wurden gleich bei ihrem ersten „Einsatz" deutlich:

Die Darstellungsstruktur nach der Systematik „Eingang – Bearbeitung – Ausgang" (sog. End-to-End-Darstellung) diente nun zur Analyse und Optimierung der Prozessschnittstelle „Kundenkontakt" sowie zur Standardisierung verschiedener HR-Produkte. Darüber hinaus konnten auf Basis der dokumentierten Abläufe über 30 Prozesse identifiziert werden, die zukünftig von den HR-BS-Einheiten in das HR SSC verlagert werden können (vgl. Blume, Gontard 2004, S. 64 f). Dadurch werden nicht nur die HR-Spezialisten von administrativen Tätigkeiten entlastet, sondern es werden mittels Standardisierung der HR-Produkte und einer optimierten Rollenverteilung auch deutlich die Kosten im HR-Bereich der Lufthansa gesenkt.

Ergebnis „HR-Preise"

Um weg von den intransparenten Pauschalen hin zu einer Einzelverrechnung zu gelangen, wurde für verschiedene HR-Produkte auf Basis der dokumentierten HR-Prozesse eine Prozesskostenrechnung durchgeführt. Darüber hinaus wurden für zahlreiche HR-Produkte ca. 50 Benchmark-Werte herangezogen, um zusammen mit den HR-Produktkosten eine Einschätzung der eigenen Leistungsfähigkeit vornehmen bzw. die Marktreife der jeweiligen Leistungen beurteilen zu können. Auf Basis der Prozesskostenrechnung und der Marktpreise kam es zum Teil zu gravierenden Änderungen in der Preisgestaltung einzelner Produkte.

Dieses Vorgehen wurde dem Kunden gegenüber aufgezeigt und führte zu zwei Effekten:

- Erstens empfinden die Kunden durch die eingeführte Einzelverrechnung und Kostentransparenz nun Preisgerechtigkeit bzgl. der HR-Produkte.

- Zweitens hat der Kunde durch die Einzelverrechnung ein zusätzliches Motiv, seine eigenen Bedürfnisse präziser zu formulieren. Damit wird für die HR-BS-Einheiten die „echte" Nachfrage des Kunden deutlich.

6   Bewertung und Ausblick

6.1   Bewertung der Ergebnisse, Empfehlungen und Ausblick

Nach der detaillierten Beschreibung der Projekt-Ergebnisse in Abschnitt 5 wollen wir nun eine „Komprimierung" und Bewertung durchführen und erste Schlussfolgerungen aus der „Vogelperspektive" heraus ziehen. Die folgenden Aussagen wurden in der Abschlusspräsentation des Projektes dem Lenkungsausschuss und den Fachbereichen vorgestellt und anschließend intensiv – auch kontrovers – diskutiert. Sie sollten bewusst polarisierend wirken, zur weiteren Diskussion anregen

und vor allem zur einer systematischen strategischen Entwicklung und anschließenden Operationalisierung führen.

All diese Aussagen, Bewertungen und Empfehlungen haben stark normativen
Charakter und gliedern sich in die drei Organisationsbereiche HR Shared Service
Center, HR Competence Center und Gesamtbereich HR Business Services. Sie
sind als strategische *Optionen* zu verstehen, die zum damaligen Zeitpunkt auf den
erarbeiteten Projektergebnissen beruhten und in der Zukunft sorgfältig mit weiteren Zahlen, Daten und Fakten empirisch abgesichert werden müssen.

Empfehlungen HR Shared Service Center

- Das HR SSC sollte als integraler Bestandteil der HR Business Services im
  Mittelpunkt der künftigen Prozessgestaltung und möglicher Erweiterungs-
  szenarien stehen. Das bedeutet, dass die *vertikale Verlagerung* von administrativen Aktivitäten aus den Competence Centern in das Front Office bzw.
  Back Office des HR SSC im Vordergrund stehen muss. Das Projekt hat innerhalb der PS-Fachbereiche bereits konkrete Verlagerungspotenziale in das
  HR SSC identifiziert. Weitere Potenziale außerhalb der HR BS kommen zusätzlich in Frage. Diese Verlagerung bewirkt in den Competence Centern
  eine Entlastung von administrativen Tätigkeiten; die Folge sind ein stärkerer
  Fokus auf das eigentliche Kerngeschäft, eine bessere, leistungsgerechte Ver-
  gütungsstruktur sowie die Realisierung von Kosten- und gleichzeitig Quali-
  tätspotenzialen durch Skalen- und Synergieeffekte, Standarisierung und Automatisierung im HR SSC.

- Bei der Verlagerung von Aufgaben in das HR SSC spielt auch die *HR-
  Affinität* eine wichtige Rolle. Non-HR-affine Aufgaben brauchen bzgl.
  Know-how, Skills, Kultur, Infrastruktur und Systemen andere Rahmenbedingungen als das bestehende HR SSC. Eine Öffnung des HR SSC in Richtung nicht-personalspezifischer Aufgaben ist grundsätzlich möglich. Sinnvolle, non-HR-affine Aufgaben sollte man aber in andere „Shared-Services-
  Umgebungen" einbetten (wie bspw. das LH Financial SSC beschrieben in
  Furck, 2005). Dabei kann man die entsprechenden Prozesse und Betriebsabläufe aus dem HR-SSC „kopieren" und diese dann separat umsetzen.

- Für die weitere Entwicklung des HR SSC lautet die eindeutige Zielrichtung:
  zuerst starten, dann stabilisieren, konsolidieren und kontinuierlich verbessern, schließlich mit Sorgfalt und Augenmaß weiter ausbauen.

Empfehlungen Competence Center

- Es gibt zwischen den Competence Centern untereinander keine wesentlichen
  Potenziale durch *horizontale Verlagerungen*, die eine aufwendige Reorganisation rechtfertigen könnten.

- Der Ausgangspunkt der künftigen Prozessoptimierung sollte innerhalb der einzelnen Fachbereiche liegen, vereinzelt sind noch die zugehörigen Schnittstellen weiter zu optimieren. Parallel dazu gilt es, generische, LH-übergreifende Prozessabläufe, Tools und Systeme für eine Prozessharmonisierung zu nutzen und sich an „Best Demonstrated Practices" zu orientieren.

- Bei der „Akquisition" weiterer Competence Center sollte man vorsichtig agieren. Eine solche Erweiterung des HR BS-Portfolios macht nur Sinn, wenn erstens die vorgesehenen Bereiche eine signifikante HR SSC-Affinität aufweisen und zweitens die eigene Managementfähigkeit innerhalb der HR BS diese „Economy of Scope" und damit auch die resultierende Komplexität beherrschen kann.

- Für eine Verlagerung weiterer „Kandidaten" in die HR BS-Organisation müssen tragfähige und messbare Argumente vorliegen. Ein sorgfältiges Abwägen von Kosten und Nutzen dieser potenziellen Competence Center an Hand definierter Kriterien sind dabei unverzichtbar. Ein professionelles HR Business Center darf sich auf keinen Fall zu einem undifferenzierten „Gemischtwarenladen"- im Sinne von fachlich und formal nicht zusammenhängenden Dienstleistungen – aufblähen.

Kernaussagen für den Gesamtbereich „HR Business Services"

Es ist an dieser Stelle von besonderer Wichtigkeit, sich ein paar einfache Zusammenhänge bewusst zu machen – quasi als verbindliche „Leitlinien" zur Orientierung:

- Jeder einzelne Fachbereich der „HR Business Services" ist als *Non-Core-Function* nicht im direkten Fokus des Unternehmens und daher *austauschbar*. Nur die Vielfalt an möglichen Vernetzungen der verschiedenen Competence Center und des Shared Service Centers untereinander machen die HR Business Services *„unique"*.

- Beide Säulen, die *Competence Center* – als normative Kraft und Kompetenz („economy of scope") – und das *Shared Service Center* – als Motor und Betrieb („economy of scales") – tragen zusammen die HR Business Services.

- Die *Wertschöpfung* des Bereichs entsteht dabei durch die Nutzung von Synergien zwischen den HR BS-Einheiten und von Skaleneffekten als Shared-Service-Anbieter, durch schlanke Prozesse und geringere Kosten, durch Best-Practice-Transfer, aber auch durch Standardisierung, Vereinfachungen, ESS-Szenarien[2] sowie „Cross-Selling" und „Bundling".

---

[2] ESS = Employee Self Service

- Die *Unique Selling Proposition* des Bereiches ist das integrative Angebot von Dienstleistungen aus einer Hand, in hoher Qualität und zu marktfähigen Preisen mit langjähriger Einbindung in die relevanten Prozesse.

- In der Verzahnung der beiden Komponenten „Competence Center" und „HR Shared Service Center" liegt die Zukunft und das strategische Potenzial der „HR Business Services".Das Projekt „Geschäftsprozesse HR Business Services" hat das notwendige und verbindliche Fundament bereitgestellt, um diese Potenziale auszuschöpfen.

- Auf diesem Weg sind zwei wesentliche Stossrichtungen für die künftige strategische Entwicklung von FRA PS zu berücksichtigen: Eine sorgfältige Integration neuer Bereiche und Produkte der Competence Center für ein nachhaltiges Wachstum einerseits sowie die konsequente Umsetzung und der kontinuierlicher Ausbau des Shared Service Center zum Realisieren von Wettbewerbsvorteilen anderseits.

- Für die nahe Zukunft sollte das Mission-Statement der HR Business Services *„Operational Excellence"* lauten. Dazu gehört zwangsläufig ein konsequentes, kontinuierliches Prozessmanagement, gekoppelt mit einem starken Qualitätsmanagement-System. Auf dieser Basis kann dann sukzessive eine sichere Erweiterung des eigenen Scopes innerhalb des LH-Konzerns und erst dann eine mögliche Ausdehnung auf den Drittmarkt erfolgen.

6.2 „Lessons Learned"

Zum Abschluss möchten wir – im Sinne eines kritischen Rückblicks über den gesamten Projektverlauf – einige aus unserer Sicht wichtige Aspekte dieses Projektes näher beleuchten. Die folgende Zusammenfassung ist von den speziellen Projektbedingungen, insbesondere aber von den subjektiven Blickwinkeln der Autoren abhängig und hat keinerlei Anspruch auf Vollständigkeit.

- Der *Projekt-Anfang* ist die wichtigste Phase im Projektlebenszyklus. Hier werden schon sehr früh die Weichen für die späteren Projekt-Ergebnisse gestellt. Fehler, die am Anfang eines Projektes gemacht werden, sind später kaum noch zu korrigieren oder werden sehr teuer. In dieser Projektphase haben wir viel Zeit für internes Staffing und Infrastruktur verloren. Der Projekt-Auftrag mit den definierten Projekt-Zielen und die Erwartungshaltung vieler Beteiligter waren nie ganz kongruent.

- Vor dem Projekt sollte bei allen Beteiligten ein gemeinsames *Projektverständnis* und eine gemeinsame, verbindliche *Grundausrichtung* vorliegen. Ist dies nicht der Fall, dann wird die Projektarbeit – wie sich in einigen Phasen gezeigt hat – für alle Beteiligten sehr mühsam. Das Projekt hat über die gesamte Laufzeit hinweg Überzeugungsarbeiten hinsichtlich Sinn und Wertschöpfung der gegebenen Organisationseinheit „HR Business Services" geleistet.

- Falls im Vorfeld mit den einzelnen Fachbereichen kein klares Commitment über eine aktive, partnerschaftliche Zusammenarbeit erreicht werden kann, sollte man eventuell andere *Formen des Wandels* wählen, wie z. B. ein langfristig orientiertes *Change Management*, ein mittelfristig wirksames *Business Process Redesign* oder einen kurzfristig eingesetzten *Revisionsauftrag*. Bei einigen HR BS-Competence Centern wären weitere Schritte in Richtung eines konsequent angewandten Business Process Redesign empfehlenswert.

- Von vorneherein war die extrem kurze Projektlaufzeit ein sehr großes Erfolgsrisiko. Das Projekt – in einer Projektlaufzeit von knapp 3 Monaten und mit einer vergleichsweise „schlanken" Projektorganisation – konnte nur auf Grund des starken Teamworks und des konstruktiven, partnerschaftlichen Miteinanders zwischen Kernteam, erweitertem Projektteam mit den jeweiligen Prozesscoaches aus den Fachbereichen und den Beratern erfolgreich sein.

- Bei kurzen Projektlaufzeiten erfährt die „ungeliebte" Ist-Analyse automatisch eine stärkere Gewichtung. Auch in diesem Projekt hat sich gezeigt, dass man eine gewisse Minimumzeit zum Einarbeiten in die bestehenden Ist-Prozesse braucht, um existierende Verbesserungspotenziale erkennen und mit den Fachbereichen „auf gleicher Augenhöhe" argumentieren zu können (Akzeptanz).

- Es ist zwingend notwendig, bereits zum Projektstart interne Mitarbeiter in das Kernteam zu rekrutieren, die die erarbeiteten Ergebnisse später im eigenen Bereich umsetzen werden. Am Projektende ist ab einem gewissen Ergebnisumfang ein nachhaltiger *Knowledge-Transfer* vom Projektteam zum den späteren Betreibern kaum noch möglich.

Wie bei den meisten Projekten waren letztlich zwei Faktoren entscheidend: intensive Kommunikation nach innen und außen und ein „gesunder" Pragmatismus der Projektmanager.

- *Kommunikation* ist nicht etwa eine zusätzliche Aktivität der Projektmitarbeiter, sondern vielmehr einer der wesentlichen Bestandteile der täglichen Projektarbeit. Ein weiteres Mal zeigte sich, dass der persönliche Dialog, zusammen mit persönlicher Überzeugung und persönlichem Engagement der handelnden Personen, die wirksamste Form der Kommunikation darstellt, insbesondere in einem von Ängsten, Unsicherheit und Vorbehalten geprägten Umfeld.

- *Pragmatismus* bedeutet nichts anderes als die Kunst, das Mögliche und Machbare in den verschiedenen Situationen zu erkennen und dementsprechend zu handeln. Dies bezieht sich zu gleichen Teilen auf die drei Dimensionen Inhalt, Organisation und Ablauf. Die *Vereinfachung des Projektmodells*, das richtige *Andocken des Projektes an die Linienorganisation* und konsequentes *Einklammern des Projektes* durch kleine Realisierungsschritte sind hier die wesentlichen Erfolgsfaktoren (vgl. Schmid, 2005).

Fachliche Kompetenz in den inhaltlichen Themen und professionelles Projektmanagement mit den entsprechenden Methoden, Verfahren und Tools sind selbstverständlich und absolut notwendig für den Projekterfolg – aber nicht hinreichend!

6.3 Fazit

Wenn man die Definition „Leistung = Arbeit / Zeit" zugrunde legt, dann war das Projekt „Geschäftsprozesse HR Business Services" sehr erfolgreich. Von den drei klassischen Steuerungshebeln des Projektmanagements „Qualität, Kosten und Zeit" ließen die Dimensionen „Zeit" und „Kosten" kaum Spielraum.

Bezüglich der Leistungstiefe und des Projekt-Scopes gab es während des Projektverlaufes einigen Diskussionsbedarf. Die „eigentliche" Arbeit für die HR BS-Fachbereiche – nämlich Prozessmanagement, Produktentwicklung, Pricing, kontinuierliche Verbesserung und Change Management – hat erst *nach* dem Projekt begonnen und hörte nicht etwa mit dem Ende des Projektes auf. Diese „Botschaft" war nicht immer einfach zu vermitteln.

Die erarbeiteten Projektergebnisse müssen im Lauf der folgenden Phasen erweitert, verfeinert und kontinuierlich qualitätsgesichert werden. Hierfür wurden bereits während der Projektlaufzeit die Grundlagen gelegt und die ersten Schritte definiert. In jedem Fachbereich wurden Prozess-Coaches (s. Abschnitt 3) benannt, welche mit den Projektergebnissen aus ihrem Bereich sowie einer umfassenden Liste für nächste Schritte ausgestattet wurden, mit dem Auftrag, die Umsetzung in ihren Bereichen voranzutreiben. Weiterhin werden abteilungsübergreifende Prozess-Meetings durchgeführt und die vorgestellte Prozesskostenrechnung für die Budgetplanung angewendet.

Über den eigentlichen Erfolg, über Qualität und Güte des Projektes entscheidet allein, inwiefern die erarbeiteten Ergebnisse im HR-Bereich der Deutschen Lufthansa AG künftig umgesetzt und weitergeführt werden. Werden die Ergebnisse genutzt, dann war das Projekt erfolgreich; werden sie nicht genutzt, dann hat das Projekt lediglich „Hitze und Papier" produziert. Die ersten Schritte in Richtung einer sukzessiven Implementierung sind bereits sehr vielversprechend.

Literatur

Blume, P., Gontard, M.: Einführung eines Shared Service Centers für standardisierte HR-Produkte, S. 57–75, erschienen in Scheer et al. (Hg.): Innovation durch Geschäftsprozessmanagement, 2004, Springer Verlag, Heidelberg

Fels, H., Heinen-Konschak, E.: Case Study Lufthansa Human Resources, erscheint in Oertig, M. (Hg.): HR Transformation, geplant 05/2006, Luchterhand Verlag

Furck, K.: Shared Services am Beispiel der Deutschen Lufthansa AG, S. 64–71, in Zeitschrift für Controlling und Management (ZfCM), 49.Jg. 2005, H.1

Gontard, M.: Personalprozesse optimieren – aber richtig!, S. 42–43, in Computer+Personal, 8/2004, Datakontext Verlag, Frechen-Königsdorf

Gontard, M.: HR-Shared Service Center – Antworten auf die häufigsten Fragestellungen, S. 21–24, in Lohn-Gehalt, 5/2005, Datakontext Verlag, Frechen-Königsdorf

Jaschok, H., Jaschik, G.: Die Zukunft hat längst begonnen, S. 10–14, in HR Services 01/2003, Datakontext Verlag, Frechen-Königsdorf

Lufthanseat, Konzern und Luftfahrt, 23. September 2005

Otter, T.: Shared Service and HR, S. 1–11, in The International Association for Human Resource Information (IHRIM) Journal, September / October 2003

Schmid, T.: Strategie als Kunst des Möglichen, 2005, Dissertation, Universität St. Gallen

Personalbedarfsplanung als Produkt werkzeuggestützter Geschäftsprozessoptimierung – Stellenbewertung und -bemessung am Beispiel Public Sector

Claus Hüsselmann
IDS Scheer AG
Claus.Huesselmann@ids-scheer.com

Zusammenfassung

Seit Beginn der Business-Process-Reengineering-Welle vor ca. fünfzehn Jahren sind Projekte mit dem Ziel der Geschäftsprozessoptimierung insbesondere im Bereich des Dienstleistungssektors an der Tagesordnung. Dabei sind auch zunehmend Institutionen des öffentlichen Dienstes interessiert, ihre behördeninternen Abläufe möglichst effizient zu gestalten – nicht zuletzt durch den immanenten Druck leerer Haushaltskassen, in denen die Personalkosten den gewichtigsten Teil (ca. 85 %) ausmachen. In diesem Zusammenhang hat die Entwicklung und Etablierung zielgerichteter Beschreibungsmethoden zur Geschäftsprozessmodellierung – besonders seit es geeignete, DV-gestützte Werkzeuge dafür gibt – einen Durchbruch in der Anwendbarkeit auch für Fachabteilungen gebracht.

Der vorliegende Artikel stellt ein Modell zur Geschäftsprozessoptimierung vor, bei dem sowohl die qualitative als auch die quantitative Personalbedarfsplanung (Stellenbewertung bzw. Stellenbemessung) als Sekundärziel systematisch integriert und ableitbar wird. Tarifrechtliche Basis hierfür ist das Lohngruppenverfahren nach Bundes-Angestelltentarifvertrag (BAT)[1] sowie auf Seiten der Geschäftsprozessmodellierung die Methode der „Ereignisgesteuerten Prozesskette" der Architektur integrierter Informationssysteme.

Schlüsselwörter

Stellenbemessung, Stellenbewertung, öffentlicher Sektor, quantitative und qualitative Personalbedarfsplanung, Tarifrecht, TVöD, BAT, Geschäftsprozessoptimierung, ARIS, EPK, Prozesshierarchie, neues Steuerungsmodell, leistungsbezogene Entgeltdifferenzierung

---

[1] Ab 01.10.2005 abgelöst durch den TVöD, siehe Abschnitt 3.

1   Grundlagen

1.1   Geschäftsprozessmanagement

Charakteristik der Geschäftsprozessoptimierung

Der Ansatz der Geschäftsprozessoptimierung (GPO) verfolgt das Ziel, die Probleme der klassischen, funktionsorientierten und stark arbeitsteiligen Organisationsstrukturen zu überwinden. Im Vordergrund steht die effiziente Gestaltung der Abläufe und deren Ausrichtung auf den Prozesskunden. Eng verbunden mit der Optimierung der Geschäftsprozesse ist der Einsatz moderner Informationsverarbeitungstechniken, z. B. von Enterprise-Resource-Planning- (ERP) oder E-Business-Systemen.

Ausgangssituation einer GPO sind oftmals unbefriedigende Geschäftsprozesse, gekennzeichnet durch hohe Durchlaufzeiten und Kosten, schlechte Termintreue, unzureichende Fehlerquote und Qualität sowie eine unzureichende Abstimmung zwischen den Prozessen, aber auch zwischen Aufbau-/Ablauforganisation einerseits und IV-Systemen andererseits. Diese Mängel begründen sich i. d. R. durch historisch gewachsene (tayloristische) Ablauf- und Aufbaustrukturen, gepaart mit einer heterogenen, zerstückelten DV-Landschaft, und führen zu den in Abb. 1 aufgezeigten Zielen der Geschäftprozessoptimierung.

Dabei lassen sich typische Tätigkeitsfelder erkennen, in deren Rahmen GPO ein wichtiger Bestandteil ist, wie z. B.:

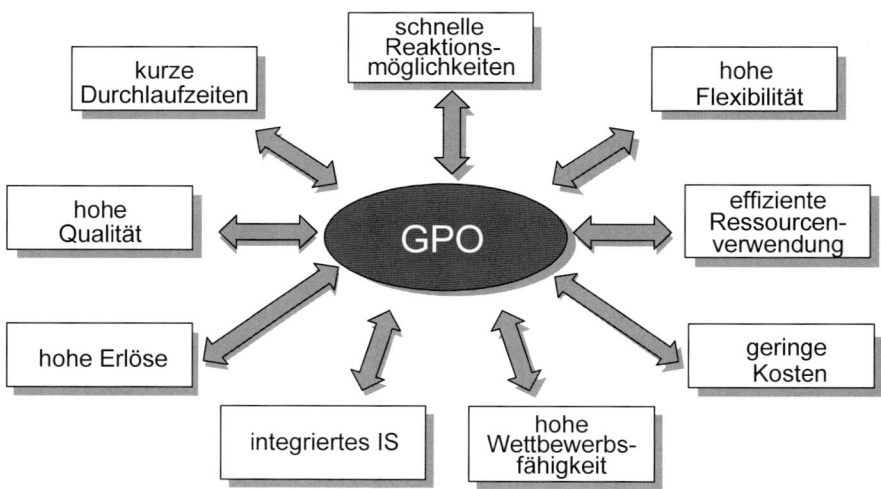

Abb. 1. Ziele der GPO

- Einführung von *Standardsoftware*,

- Einführung eines *Workflowsystems*,

- *Business (Process) Reengineering*-Projekte,

- *Pflichtenheft-Erstellung* zur Systemauswahl,

- *ISO-Zertifizierung / TQM*,

- *Prozesskostenrechnung*,

- *Benchmarking*,

- *Software-Dokumentation* oder

- *Personalbedarfsplanung.*

Obwohl es nahe liegt, Geschäftsprozesse zur Personalbedarfsplanung zu verwenden (insbesondere, wenn sie schon in einem anderen Zusammenhang erhoben worden sind), zeigt die Praxis, dass dies relativ selten geschieht. Grund hierfür ist u. a. der relativ hohe Aufwand, der mit der Erhebung der benötigten Daten verbunden ist (vgl. KGSt-Gutachten 1982), aber auch ein fehlendes operationalisiertes Vorgehensmodell.

Methode der Geschäftsprozessmodellierung

Das in diesem Zusammenhang vorgestellte werkzeuggestützte Vorgehen im Rahmen der Geschäftsprozessmodellierung basiert auf der Erstellung zielgerichteter, standardisierter Modelle, die es erlauben, in einer semi-formalen Beschreibungssprache die komplexen Zusammenhänge einer Organisation zu erfassen und zu analysieren.

Dabei schaffen die sogenannten *Grundsätze ordnungsmäßiger Modellierung* (GoM) – in begrifflicher Anlehnung an die 'Grundsätze ordnungsmäßiger Buchführung' – eine methodenunabhängige Grundlage für die Darstellung von Informationsstrukturen in Form von Modellen, wie sie z. B. bei der Unternehmensmodellierung – zu der auch die Geschäftsprozessmodellierung gehört – benötigt wird (vgl. Becker, Rosemann, Schütte).

Diese Grundsätze liefern naturgemäß keine konkreten, einsetzbaren Beschreibungsmittel, sondern bilden vielmehr den Ordnungsrahmen, in dem sich eine Beschreibungsmethode bewegen sollte.

Ein solches Beschreibungsmittel ist die *Architektur integrierter Informationssysteme* (ARIS)[2], ein Methodenrahmen zur Unternehmensmodellierung, der am Institut

---

[2] ARIS: Architektur integrierter Informationssysteme, vgl. Scheer, A.-W.: ARIS – Modellierungsmethoden, Metamodelle, Anwendungen. 1998.

für Wirtschaftsinformatik der Universität des Saarlandes entwickelt worden ist. ARIS hat mittlerweile – zumindest im deutschsprachigen Raum – mit der Methode der *Ereignisgesteuerten Prozesskette* einen De-Facto-Standard geschaffen (vgl. MobIS '98).

Kerngedanke des ARIS ist die Zerlegung der darzustellenden Organisation nach verschiedenen *Sichten* und *Ebenen* und die zielgerechte (Re-)Integration der Information.

Dadurch wird einerseits die Handhabbarkeit komplexer Sachverhalte erreicht, andererseits aber auch ein systematisches Vorgehen in (GPO-)Projekten. Je nach Darstellungsfokus kommen dabei unterschiedliche Modell-, d. h. Diagrammtypen zum Einsatz. Im Rahmen einer GPO i. e. S., die die betriebswirtschaftlichen Abläufe fokussiert, wird nur die Ebene des Fachkonzeptes betrachtet.

In der ARIS-Prozesssicht werden dabei die Prozesse beschrieben, beispielsweise die Vorgangsbearbeitung in ihrem zeitlich-logischen Ablauf. Sie ist damit von grundlegender Bedeutung für ein Projekt zur Geschäftsprozessmodellierung und - optimierung. Im Gegensatz zu den rein statischen (Struktur-)Beschreibungen der anderen Sichten werden hier – unter Verwendung der in eben diesen Sichten definierten Organisationseinheiten, Funktionen und Daten – Prozesse in ihrer dynamischen Folge dargestellt. Wesentlicher Modelltyp ist die (um Informationsobjekte) *Ereignisgesteuerte Prozesskette* (EPK), wie sie beispielhaft in Abb. 2 gezeigt ist.

Weder die GoMs als Ordnungsrahmen zur Unternehmensmodellierung noch die Methode der EPK als semi-formales Beschreibungsmittel für Geschäftsprozesse im Rahmen der ARIS-Architektur gewährleisten letztlich die speziellen, mit einem Projektziel verbundenen Inhalte und die Qualität der Modellierung. Dies führt zu der Feststellung, dass zur effektiven und effizienten Durchführung eines Projektes spezifische *Konventionen* aufgestellt werden müssen, die sich an den Zielen des Projektes – beispielsweise eine Personalplanung durchzuführen (vgl. Abb. 3) – orientiert.

Im Abschnitt 2.1 „Modellierungstechnische Voraussetzungen" werden genau diese Konventionen, die für eine werkzeuggestützte Personalbedarfsplanung notwendig sind definiert.

1.2   Stellenbewertung im öffentlichen Dienst

Differenzierung nach Beschäftigungsgruppen

Die Beschäftigten des öffentlichen Dienstes lassen sich in die Beschäftigungsgruppen Beamte, Angestellte und Arbeiter unterteilen. Dabei richtet sich die Bewertung der Stellen von Angestellten und Arbeitern grundsätzlich nach Tarifverträgen (Bundes-Angestelltentarifvertrag (BAT) bzw. Manteltarifvertrag für Arbei-

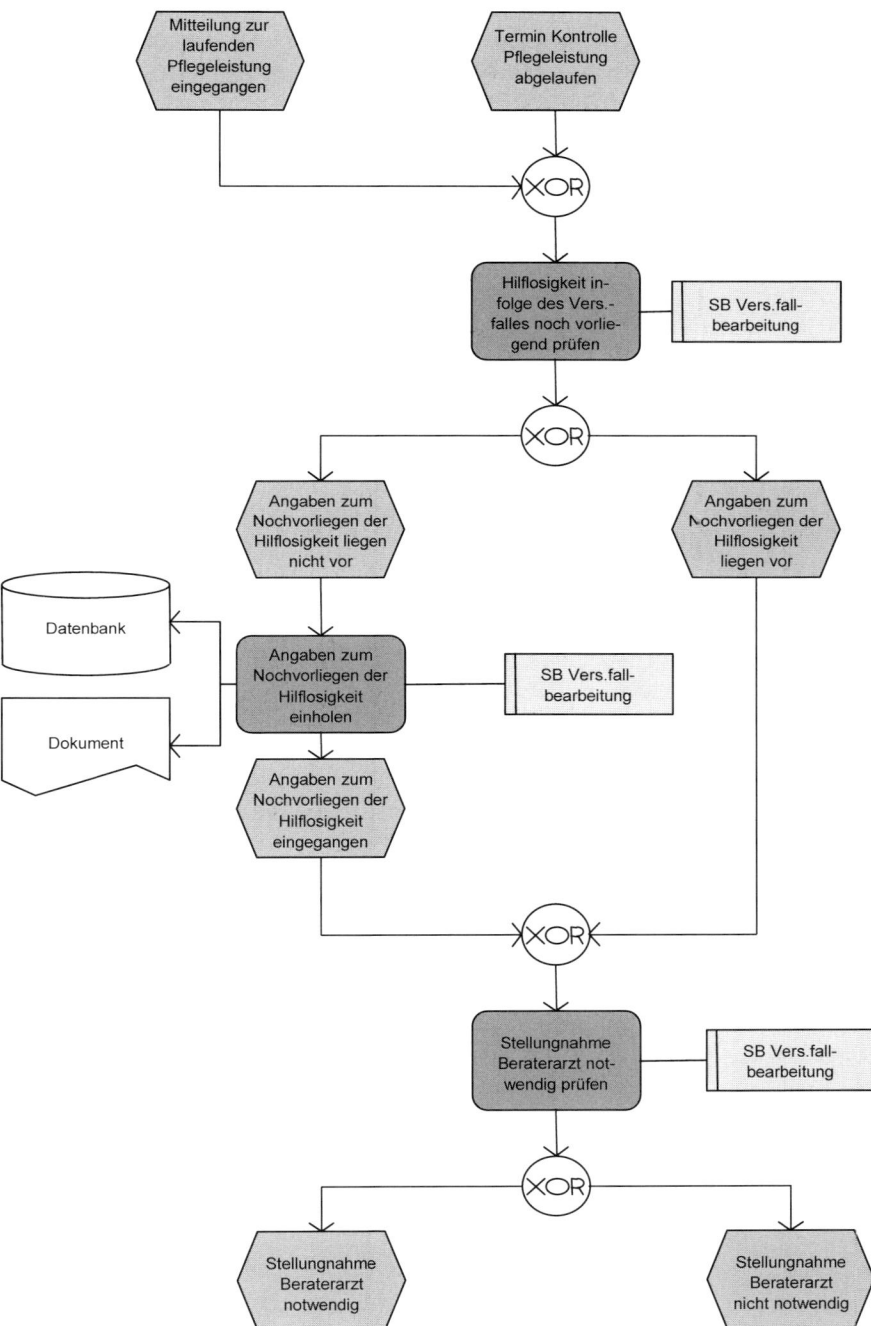

Abb. 2. Ausschnitt einer EPK

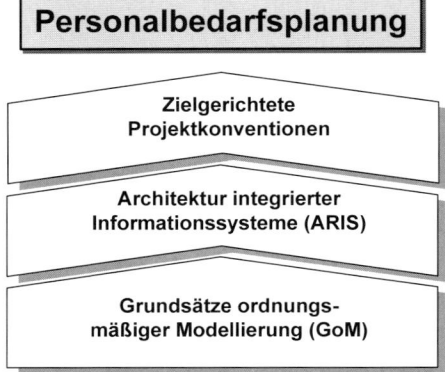

Abb. 3. Bestandteile der Methodik zur zielgerichteten Modellierung

terinnen und Arbeiter des Bundes und der Länder (MTArb)). Diese Tarifverträge sind das Ergebnis von Verhandlungen zwischen Arbeitgebern (Bund, Länder, Gemeinden) und Gewerkschaften.

Demgegenüber werden die besoldungsrechtlichen Aspekte der Beamten in bundes- und landesrechtlichen Bestimmungen geregelt, etwa der Laufbahnverordnung und dem Bundesbesoldungsgesetz (BBesG). Insbesondere in Bezug auf die Beamten stellt der öffentliche Dienst insofern eine Besonderheit gegenüber dem privatwirtschaftlichen Bereich dar.

Während die Bewertung von Stellen der Angestellten und Arbeiter tarifrechtlich eindeutig und verbindlich geregelt ist, existiert im Bereich des Besoldungsrechtes keine verbindliche operationalisierte Vorgehensweise zur Stellenbewertung. Hier wird vielmehr i. d. R. der Empfehlung der Kommunalen Gemeinschaftsstelle für Verwaltungsvereinfachung (KGSt) gefolgt, die diese in einem Gutachten zur Bewertung von Beamtenstellen entwickelt hat (KGSt 1982). Hierbei handelt es sich um ein (analytisches) Stufenwertzahlverfahren (vgl. Scholz).

Der öffentliche Dienst unterscheidet begrifflich zwischen *Dienstposten* und *Stellen* (bei Beamten sog. *Planstellen*), wobei die Stellen den haushaltstechnischen und die Dienstposten den tätigkeitsbezogenen Aspekt eines Arbeitsplatzes kennzeichnen. Genaugenommen werden also Dienstposten und nicht Stellen bewertet. Aufgrund der umgangssprachlichen Gewohnheit wird in dieser Arbeit dennoch allgemein von *Stellenbewertung* gesprochen.

Die unterschiedliche Regelungskompetenz für die Bezahlung der Beamten einerseits sowie der Angestellten und Arbeiter andererseits kann somit zu unterschiedlichen Bewertungen führen, selbst wenn inhaltlich gleiche Stellen (Dienstposten) teilweise mit Beamten und teilweise mit Angestellten besetzt sind.

Aufgrund des tarifrechtlichen Hintergrundes sowie insbesondere der verbindliche-
ren Regelung wird im folgenden die Bewertung von Angestelltenstellen detailliert
betrachtet und auf die besoldungsrechtlichen Aspekte der Beamten sowie die Ar-
beiterlöhne nicht weiter eingegangen.

Stellenbewertung nach BAT

Die Vergütung der Angestellten des öffentlichen Dienstes wird bis dato durch den
BAT als verbindliche Rechtsgrundlage geregelt.[3] Die Ermittlung der Vergütungsgruppe einer Stelle wird durch ein sog. *Lohngruppenverfahren* durchgeführt und
ist somit als summarisches, anforderungsabhängiges Entlohnungssystem zu klassifizieren (vgl. Scholz).

An dieser Stelle seien die bzgl. des Fokus dieser Arbeit relevanten Rechtsgrundla-
gen des BAT aufgeführt (§ 22 Eingruppierung):

> *(1) Die Eingruppierung der Angestellten richtet sich nach den Tätig-
> keitsmerkmalen der Vergütungsordnung ... (§ 22 Abs. 1 Satz 1 BAT)*

> *(2) Die gesamte auszuübende Tätigkeit entspricht den Tätigkeitsmerk-
> malen, wenn zeitlich mindestens zur Hälfte Arbeitsvorgänge anfallen,
> die für sich genommen die Anforderungen eines Tätigkeitsmerkmals
> oder mehrerer Tätigkeitsmerkmale dieser Vergütungsgruppe erfüllen.
> (§ 22 Abs. 2 Unterabsatz 2 Satz 1 BAT)*

> *Kann die Erfüllung einer Anforderung in der Regel erst bei der Be-
> trachtung mehrerer Arbeitsvorgänge festgestellt werden (z. B. vielsei-
> tige Fachkenntnisse), sind diese Arbeitsvorgänge für die Feststel-
> lung, ob diese Anforderung erfüllt ist, insoweit zusammen zu beur-
> teilen. (§ 22 Abs. 2 Unterabsatz 2 Satz 2 BAT)*

Der letztgenannte Punkt fordert die *Gesamtbetrachtung* der Arbeitsvorgänge einer
Stelle. Darüber hinaus wird in ergänzenden Protokollen ein *Aufspaltungsverbot*
der Arbeitsvorgänge gefordert:

> *Arbeitsvorgänge sind Arbeitsleistungen (einschließlich Zusammen-
> hangsarbeiten), die, bezogen auf den Aufgabenkreis des Angestell-
> ten, zu einem bei natürlicher Betrachtung abgrenzbaren Arbeitser-
> gebnis führen ... (Protokollnotiz Nr. 1 Satz 1 zu § 22 Abs. 2 BAT)*

> *Jeder einzelne Arbeitsvorgang ist als solcher zu bewerten und darf
> dabei hinsichtlich der Anforderungen zeitlich nicht aufgespalten
> werden. (Protokollnotiz Nr. 1 Satz 2 zu § 22 Abs. 2 BAT)*

---

[3] Mit Wirkung zum 01.10.2005 tritt der neue Tarifvertrag für den öffentlichen Dienst in
   Kraft, siehe Abschnitt 3.

Die in Abschnitt 2.1 vorgestellte Prozesshierarchie liefert u. a. Beispiele für Arbeitsvorgänge und definiert damit den Begriff „Zusammenhangsarbeit" als „Arbeitsschritt", der Prozesshierarchie.

Die im Rahmen der Vergütungsordnung (VergO) aufgestellten Tätigkeitskataloge existieren in verschiedenen Varianten: Allgemein muss nach den Verwaltungsebenen Bund und Land (B / L) einerseits und Gemeinden (Verband Kommunaler Arbeitgeber (VKA)) andererseits unterschieden werden; darüber hinaus existieren besondere Eingruppierungstarifverträge für bestimmte Angestelltengruppen, beispielsweise im Sozialdienst.

Die Unterschiede sind jedoch – insbesondere hinsichtlich des Fokus dieser Arbeit – nicht von Bedeutung, so dass für die weitere Betrachtung die Tätigkeitsmerkmale und Vergütungs-/Fallgruppen (in Tabelle 1 schematisch ausschnittsweise dargestellt) der Vergütungsordnung VKA betrachtet werden.

Tabelle 1. Fallgruppen nach VergO VKA (Ausschnitt)

Fallgruppe	Charakteristik
Verg. Gr. X / Fg. 1	*(50 % (Bund)) vorw. mechanische Tätigkeiten*
Verg. Gr. IX / Fg. 1	*50 % einfache Arbeiten*
Verg. Gr. VII / Fg. 1a	*50 % Tätigkeiten, die gründliche Fachkenntnisse (und vielseitige (Bund)) erfordern*
Verg. Gr. VII / Fg. 1b	*50 % Tätigkeiten., die gründliche Fachkenntnisse (und vielseitige (VKA)) erfordern*
Verg. Gr. VII / Fg. 1c	*25 % Tätigkeiten, die gründliche Fachkenntnisse erfordern, nach 2-jähriger Bewährung in Verg.-Gr. VIII Fg. 1b*
Verg. Gr. VIb / Fg. 1a	*50 % Tätigkeiten, die gründliche und vielseitige Fachkenntnisse u. 20 % selbst. Leistungen erfordern*
Verg. Gr. VIb / Fg. 1b	*50 % Tätigkeiten, die gründliche und vielseitige Fachkenntnisse erfordern, nach 6-jähriger Bewährung in Verg.-Gr. VII Fg.1b (1a(Bund))*
Verg. Gr. III / Fg. 1a	*50 % Tätigkeiten, die sich durch Maß der Verantwortung erheblich aus VerGr. IVa Fg. 1b (1a(Bund)) herausheben.*
Verg. Gr. III / Fg. 1b	*50 % Tätigkeiten, die sich durch besondere Schwierigkeiten und Bedeutungen a. VerGr. IVb Fg. 1a herausheben, nach 4-jähriger Bewährung in IVa Fg. 1b (1a(Bund))*
Verg. Gr. II / Fg. 1e	*50 % Tätigkeiten, die sich durch das Maß der Verantwortung erheblich aus der Verg-Gr. IVa Fg. 1b herausheben, nach 5-jähriger Bew. in Verg.-Gr.III Fg. 1a*

Zur Beschreibung der Anforderungen werden grundsätzlich folgende Tätigkeitsmerkmale, die in der VergO VKA detailliert erläutert sind, verwendet:

- einfachere Arbeiten (e),

- schwierigere Tätigkeiten (sch),

- gründliche Fachkenntnisse (g),

- (gründliche und) vielseitige Fachkenntnisse (v),

- gründliche, umfassende Fachkenntnisse (gu),

- selbständige Leistungen (S),

- besondere Verantwortung (V) sowie

- besondere Schwierigkeit und Bedeutung (B).

Tabelle 2 zeigt am Beispiel der Funktionsstelle „Wohngeld-Sachbearbeitung" die
Bewertung nach BAT. Im Ergebnis liefert sie die Vergütungsgruppe VII, Fall-
gruppe 1a (50 % Tätigkeiten, die gründliche Fachkenntnisse erfordern (VKA)).
Die Abkürzungen der Spaltenüberschriften wurden in der vorangegangen Auflis-
tung der Tätigkeitsmerkmale eingeführt.

Ein solches Bewertungstableau ist Ziel der werkzeuggestützten GPO mit Fokus
Stellenbewertung.

2 Ableitung des Personalbedarfs aus Geschäftsprozessen

2.1 Modellierungstechnische Voraussetzungen

Prozesshierarchie

Zum Zwecke der Personalbedarfsplanung im Rahmen einer Geschäftsprozessoptimierung ist es erforderlich, die der GPO zugrunde liegende Prozesshierarchie und
die Systematik der öffentlichen Verwaltung – insbesondere der Tarifbedingungen –
zu integrieren. Die öffentliche Verwaltung dient der Verwirklichung politischer und
gesellschaftlicher Zielvorgaben, deren Erfüllung als strategische Ausrichtung für das
gesamte Handeln gilt. Die Ziele sind in *Aufgaben* konkretisiert, die die Basis aller
Überlegungen zur Gestaltung der Aufbau- und Ablauforganisation der Verwaltung
bilden.

Im Zentrum der Betrachtung stehen daher die von einer Institution wahrgenommenen
Aufgaben, Teilaufgaben und Arbeitsvorgänge, wie in Abb.4 als „Drei-Ebenen-
Architektur" der Aufgabenstruktur in der öffentlichen Verwaltung ausgeführt (vgl.
Bürmann, 1998).

Tabelle 2. Bewertungsbeispiel nach BAT

Stelle: Wohngeld-SB											
Nr.	**Arbeitsvorgänge**	**Zeitanteil [%]**		**Fach-kenntnisse**			**sonstige Anforderungen**				
1	**2**	**3**	**4**	**5**			**6**				
			sch	g	v	gu	S	V	B	G
1	Mietzuschuss bearbeiten (Erstanträge)	50		50							
2	Lastenzuschuss bearbeiten (Erstanträge)	20			20		20				
3	Mietzuschuss bearbeiten (Folgeanträge)	10		10							
4	Lastenzuschuss bearbeiten (Folgeanträge)	5		5							
5	Wohngeld-Rechtsbehelfsverf. durchführen	15			15		15				
		100	65	35	35						

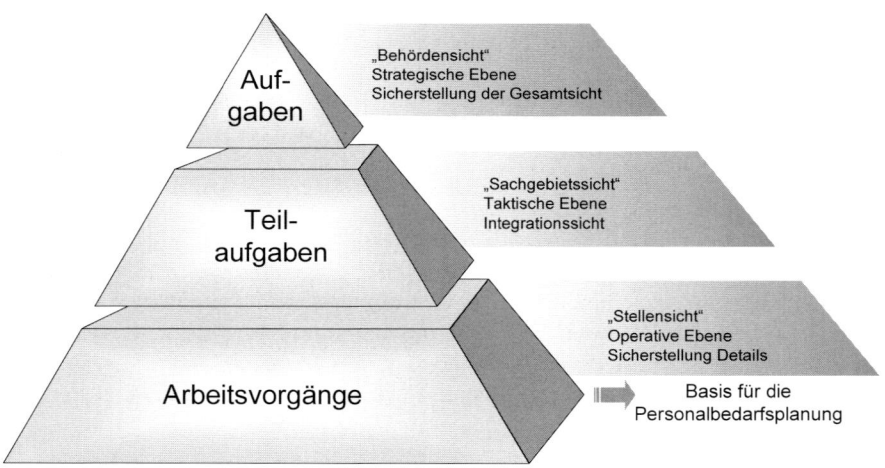

Abb. 4. Drei-Ebenen-Architektur der Aufgabenstrukturierung

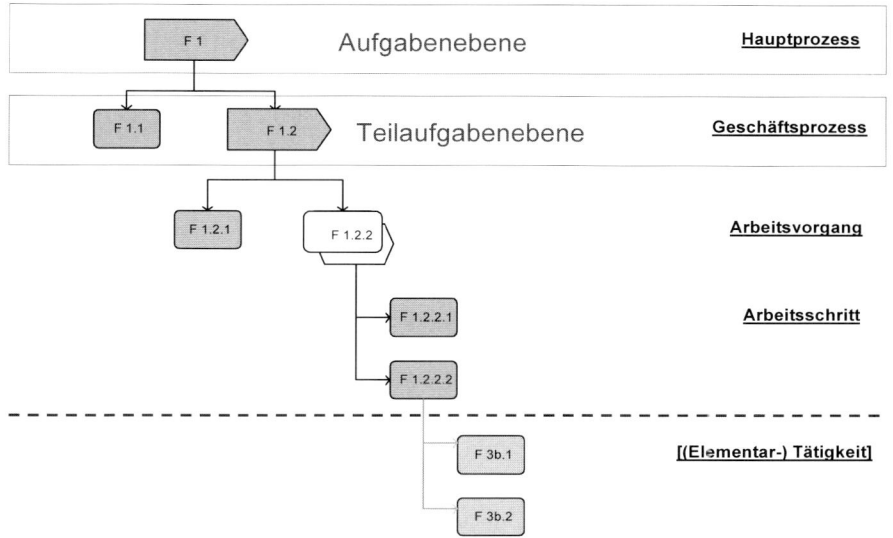

Abb. 5. Integration behördlicher Aufgaben- und Prozessarchitektur

Die Arbeitsvorgänge dienen dabei als Grundlage für die Stellenbewertung nach BAT (vgl. Abschnitt 1.2).

Die Integration in den fünfstufigen Aufbau der Geschäftsprozessarchitektur wird anhand des „Konventionen-Baums" in Abb. 5 verdeutlicht (vgl. Hüsselmann, Hemmann).[4] Die Grafik veranschaulicht, wie die Begrifflichkeiten der öffentlichen Verwaltung mit der Methodik der Geschäftprozessoptimierung in Einklang gebracht werden können. Die Ebene der Arbeitsschritte wird i. d. R. nicht mit Modellen detailliert, d. h. die Ebene der Elementartätigkeiten wird bewusst ausgespart.

Abb. 6 konkretisiert die Begriffe „Arbeitsvorgang" und „Arbeitsschritt" in einem Beispiel.

Legt man die beschriebene Prozessarchitektur der GPO strikt zugrunde (was in der Praxis nicht selbstverständlich ist), so wird die tarifrechtliche Voraussetzung für eine Stellenbewertung geschaffen, wobei die hierbei geforderten Kriterien *Sicherheit*, *Objektivität*, *Nachvollziehbarkeit*, *Nachprüfbarkeit* und *Fortschreibungsfähigkeit* durch den Einsatz einer werkzeuggestützten Modellierungsmethode im besonderen Maße gefördert werden.[5]

---

[4] Zum Aufbau der Geschäftsprozessarchitektur vgl. Hüsselmann,C. / Hemmann, T.: Prozessorientierte Einführung von SAP R/3 HR in einer Bundesverwaltung – Das Personalverwaltungssystem der Bundesverwaltung für Verkehr, Bau- und Wohnungswesen

[5] Zu den Kriterien vgl. Kommunale Gemeinschaftsstelle für Verwaltungsvereinfachung (KGSt): Möglichkeiten einer vereinfachten Personalbemessung, Bericht Nr. 6. Köln, 1984.

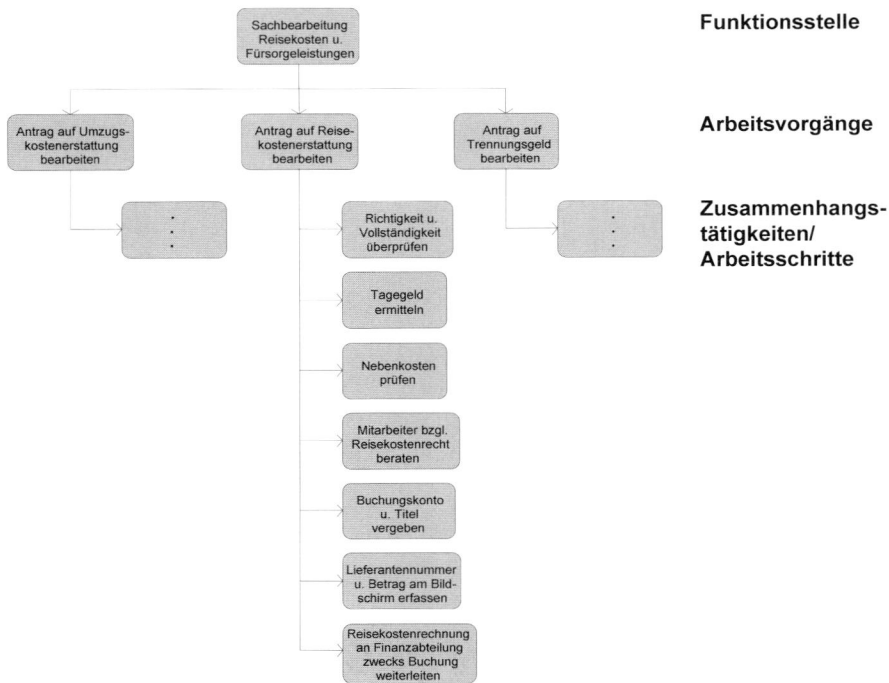

Abb. 6. Beispiel für Arbeitsvorgänge

Bildung von Stellentypen

Bei der Stellenbewertung wird grundsätzlich zwischen der Bewertung einer einzelnen Stelle (Einzelbewertung) und der Bewertung sog. Funktionsstellen unterschieden, bei der typisierte Stellen gebildet werden. Obwohl letzteres u. a. aus Gründen der Effizienz anzustreben ist, findet es in der Praxis i. d. R. keine systematische Anwendung, sondern beschränkt sich oftmals auf Stellen wie etwa Schreibkräfte oder gleichartige Stellen innerhalb eines Sachgebiets.

Demgegenüber werden im Rahmen der GPO im Regelfall Abläufe auf der Ebene von Stellen- oder Personentypen abgebildet, bzw. noch höher aggregiert (vgl. Abschnitt *Prozesshierarchie*).

Eine Konvention zur Modellierung lautet daher, typisierte Stellen in den Abläufen zu verwenden, um so die Bewertung von Funktionsstellen zu ermöglichen:

- In den Prozessmodellen werden Organisationseinheiten auf Stellentyp-Ebene verwendet. Hierzu wird der ARIS-Objekttyp „Personentyp" verwendet.
- Die Stellentypen werden so allgemein wie möglich gebildet.

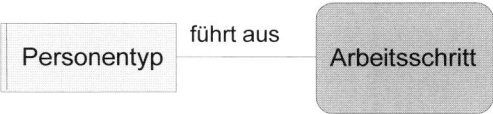

Abb. 7. Konvention Stellentypen

Beispiel: „SGL Unfallbearbeitung"[6] und „SGL Berufskrankheitenbearbeitung" werden zusammengefasst zum „SGL Versicherungsfallbearbeitung", da die Tätigkeiten auf dem verwendeten Detaillierungsgrad (keine Elementartätigkeiten) nahezu identisch sind.

- Sollte es vereinzelt notwendig sein, den Stellentyp, der bei der Ausführung der Funktion beteiligt ist, näher zu bestimmen, so wird dies durch einen Hinweis an der Kante vermerkt, z. B. „Unfall" oder „BK".

Erforderliche Daten

Für die Stellenbewertung ist es wichtig, unmittelbar aus den Geschäftsprozessen ein Tableau, wie in Tab. 2 gezeigt, abzuleiten. Deshalb sind weitere Konventionen bzgl. zu erhebender und in die Prozessmodelle einzupflegender Daten erforderlich (1). Darüber hinaus beinhaltet das Eingruppierungsverfahren eine Klassifizierung der Arbeitsvorgänge hinsichtlich eines Katalogs von Tätigkeitsmerkmalen, die insofern auch in die Modellierung einfließen muss (2).

ad 1. Erforderlich sind Angaben zur prozentualen Verteilung der Arbeitszeit, die bei einer Stelle auf die einzelnen Arbeitsvorgänge fällt.

Dazu wird zunächst bei jedem Arbeitsvorgang für jeden seiner Arbeitsschritte / Zusammenhangsarbeiten die *mittlere Bearbeitungszeit* eingepflegt.

Die Frage, wie diese mittlere Bearbeitungszeit ermittelt werden kann, wird in der Literatur u. a. in Form verschiedener analytischer, heuristischer oder Benchmarking-Methoden beantwortet (vgl. Scholz 1994; KGSt 1984 etc.).

Abb. 8. Pflege der Bearbeitungszeit

---

[6] SGL: Sachgebietsleiter; hierbei handelt es sich um Stellentypen eines Sozialversicherungsträgers.

Abb. 9. Pflege der Häufigkeit[7]

Mit Hilfe des ARIS-Analysewerkzeugs kann nun anhand des Prozessmodells die Berechnung der auf den Arbeitsvorgang aggregierten mittleren Bearbeitungszeit erfolgen.

Die gesamte Bindung personeller Kapazitäten durch einen Arbeitsvorgang errechnet sich naturgemäß als Produkt aus (mittlerer) Bearbeitungszeit und Häufigkeit, bezogen auf einen Zeitraum. Daher ist es erforderlich, zu jedem Arbeitsvorgang seine *Häufigkeit/[Zeitraum]* (z. B. pro Jahr) einzupflegen:

Mit diesen Informationen lässt sich aus den Prozessmodellen ein Kalkulationsschema erstellen, das Voraussetzung ist für die Ermittlung der Vergütungsgruppenzugehörigkeit (vgl. Abschnitt *Ermittlung der Arbeitscharakteristik*).

ad 2. Im durch den BAT vorgeschriebenen Lohngruppenverfahren erfolgt die Stufung der Wertigkeit der Arbeit anhand des in Tabelle 1 vorgestellten Vergütungsgruppenschemas. Für jede Vergütungsgruppe wird dabei eine Beschreibung der Arbeit anhand von Tätigkeitsmerkmalen vorgenommen.

Es ist daher erforderlich, diese *Tätigkeitsmerkmale* auch in den Prozessmodellen zuzuordnen. Dazu müssen sie zunächst einmal als eigene, beschreibende Objekte in der Projektdatenbank erfasst werden, was beispielsweise in Form des ARIS-Objekttyps „Fachbegriff" erfolgen kann. Das entsprechend seines summarischen Charakters geltende Aufspaltungsverbot der Arbeitsvorgänge (vgl. Abschnitt 1.2) impliziert, dass dies auf Ebene der Arbeitsvorgänge geschehen muss (und nicht auf Arbeitsschrittebene). Daher ergibt sich die in Abb. 10 dargestellte Modellierungstechnik:

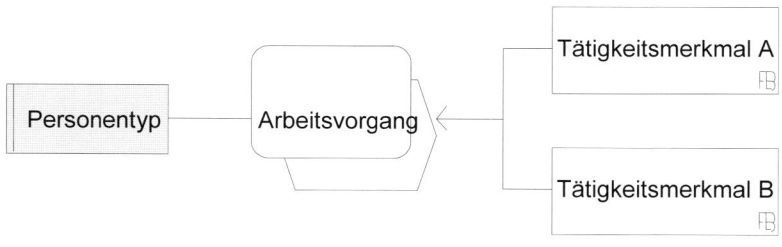

Abb. 10. Tätigkeitsmerkmale im Modell

---

[7]   Das Symbol „⬚"ist das in der EPK-Notation typische für Prozesse.

Die in diesem Abschnitt vorgestellte Modellierungstechnik ermöglicht es, bei Umsetzung mit dem datenbankgestützten ARIS-Werkzeug nahezu beliebige Arten von Auswertungen zu fahren. Diejenigen mit dem Ziel der Personalbedarfsplanung werden in den folgenden Abschnitten vorgestellt.

2.2 Werkzeuggestützte Stellenbewertung

Die Auswertung der Geschäftsprozessmodelle mit dem Ziel der Ermittlung der Vergütungsgruppenzugehörigkeit erfolgt zweistufig.

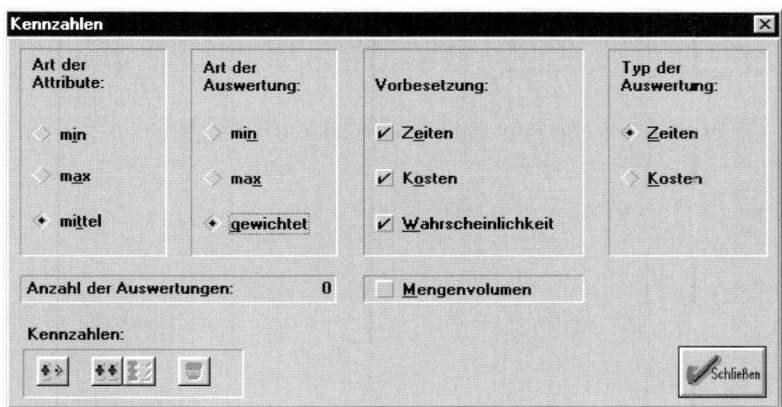

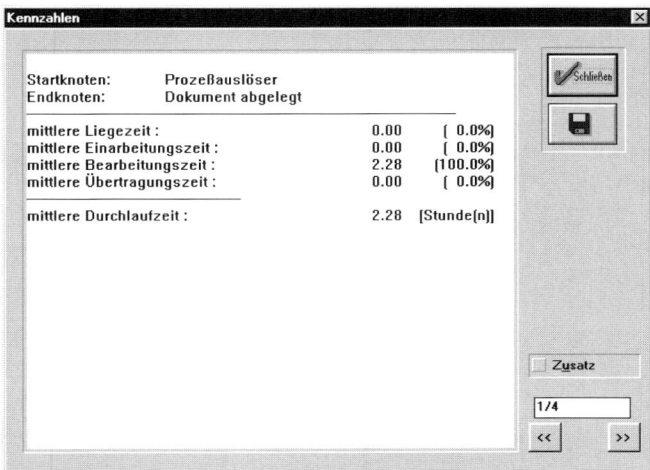

Abb. 11. ARIS-gestützte Ermittlung der durchschnittlichen Bearbeitungszeit[8]

---

[8]   Bildschirmausschnitt des ARIS-Toolsets

Ermittlung der Arbeitszeitverteilung

Zunächst werden die Modelle der Arbeitsvorgänge, die vom untersuchten Personentyp ausgeführt werden, hinsichtlich der (durchschnittlichen) Bearbeitungszeit ausgewertet. Die Datenbasis hierfür sind die Bearbeitungszeiten der einzelnen Arbeitsschritte. Da es sich um ein graphentheoretisches Problem handelt, ist eine Rechnerunterstützung hilfreich, wie sie etwa in Abb. 11 illustriert ist.

In der oberen Maske sind hier die Optionen der Auswertung gezeigt, auf der unteren das Ergebnis (die neben der Bearbeitungszeit weiteren Bestandteile der Durchlaufzeit sind unberücksichtigt).

Mit den nach Abschnitt *Erforderliche Daten* in die Modellierung einbezogenen Informationen bzgl. Bearbeitungszeiten und Häufigkeiten lässt sich somit eine personentypspezifische Tabelle auf der Ebene der Arbeitsvorgänge generieren (Tabelle 3, hier beispielhaft mit konkreten Werten angeführt):

Tabelle 3. Bindung personeller Kapazitäten aus Prozessmodellen

Arbeits-vorgang (AV)	Mittlere Bear-beitungszeit [h]	Häufig-keit / Jahr	Absolute Kapazitä-tenbindung [h/Jahr]	Relative Kapazitä-tenbindung [%]
AV 1	1 h	900	900 h	64%
AV 2	3 h	100	300 h	21%
AV 3	2 h	100	200 h	14%
			1.400 h	100%[9]

Die in diesem Beispiel verwendete Stundenzahl von 1.400 h entspricht einem in der Praxis üblichen Wert für die jährliche Netto-Arbeitszeit.

Ermittlung der Arbeitscharakteristik

Zur systematischen Ermittlung der Arbeitscharakteristik lassen sich die mit Abb. 10 definierten Tätigkeitsmerkmale auswerten, etwa in Form von Tabelle 4.

Hierbei werden sämtliche Geschäftsprozessmodelle stellentypspezifisch ausgewertet. Insgesamt lässt sich also ein Tableau, wie in Tabelle 2 gefordert, werkzeuggestützt mit ARIS erzeugen.

---

[9]   Differenz durch Rundung

Tabelle 4. Arbeitsvorgänge und Tätigkeitsmerkmale

Arbeitsvorgang	*ist charakterisiert durch*	Tätigkeitsmerkmal
AV 1		Tätigkeitsmerkmal A
		Tätigkeitsmerkmal B
AV 2		Tätigkeitsmerkmal A
AV 3		Tätigkeitsmerkmal B
		Tätigkeitsmerkmal C

2.3 Werkzeuggestützte Stellenbemessung

Zusammenhang mit der Stellenbewertung

Während die eher gegenwartsbezogene Stellenbewertung der *operativen* Ebene des Personal- (Kosten-)Managements zuzuordnen ist, fällt die quantitative Personalbedarfsplanung in den Aufgabenbereich der *taktischen* Ebene (vgl. Scholz 1994, S. 544). Da sie stark zukunftsgerichtet ist, wird in diesem Abschnitt die mengen- und damit kostenmäßige Entwicklung des Personalbestands in den Vordergrund gestellt.

Durch die Bildung von dienstpostenspezifischen Personentypen und deren Verwendung in den Geschäftsprozessmodellen ist es möglich zu ermitteln, wieviel personelle Kapazität ein und desselben Typs in einer Organisation benötigt wird. Legt man für eine sog. *Fulltime Equivalence* (FE) 1.400 Netto-Arbeitsstunden pro Jahr zugrunde, ergibt sich beispielsweise bei einem Bedarf von ca. 3.700 Mitarbeiterstunden im Jahr für eine betrachtete Sachbearbeitung rechnerisch ein Bedarf von 2,64 FE.

Dies zeigt, dass die im Zusammenhang mit der Stellenbewertung ermittelten und verwendeten Daten ausreichen, den *quantitativen Ist-Personalbedarf* zu ermitteln. Dementsprechend ergeben sich analoge Modellierungskonventionen.

Planung des quantitativen Personalbedarfs

In der öffentlichen Verwaltung stellen die Personalkosten mit Abstand den größten Teil (teilweise über 85 %) der Gesamtkosten dar (vgl. Zimmermann, Grundmann). Will man anhand von Geschäftsprozessen den Personalbedarf für die Zukunft ermitteln, so liegt es daher nahe, Techniken aus dem Bereich der Prozesskostenrechnung zu adaptieren.

Die in Abschnitt 2.1 benutzten Häufigkeiten der Arbeitsvorgänge werden im Kontext der Prozesskostenrechnung als sog. *Cost Driver* bezeichnet. Beispiele für

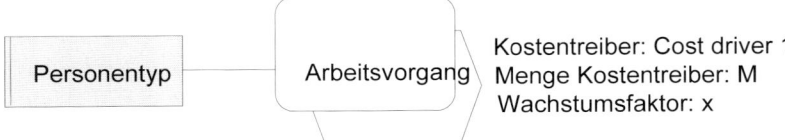

Abb. 12. Pflege der Attribute zur Stellenbemessung

Cost Driver sind z. B. Anzahl der Bestellungen für den Prozess „Bestellungen aufgeben" oder Anzahl der Anträge für den Prozess „Wohnungshilfe bearbeiten". Cost Driver können nur für solche Funktionen bestimmt werden, deren Kosten auch von einer Leistungsmenge abhängen, sog. leistungsmengeninduzierten Funktionen. Ein Beispiel für eine leistungsmengenneutrale Funktion (die somit keinen Cost Driver hat) ist die Funktion „Leiten der Abteilung X".

Die Cost Driver stellen per definitionem operationale Bezugsgrößen dar, deren zeitliche (zukünftige) Entwicklung i. d. R. recht gut prognostiziert und in Form eines Wachstumsfaktors ausgedrückt werden kann.

Es ergibt sich also die in Abb. 12 dargestellte Konvention zur Datenpflege in den Geschäftsprozessmodellen, genauer auf Ebene der Arbeitsvorgänge.

Mit dieser Vorbereitung kann die Information der Tabelle 5 aus den Modellen heraus erzeugt werden.

Tabelle 5. Kostentreiber als Mittel zur Personalbedarfsplanung

Arbeits-vorgang	Kostentreiber	Ist-Menge Kostentrei-ber / Jahr	Wachstums-faktor	Menge Ko-stentreiber Jahr 1	• • •	Menge Ko-stentreiber Jahr N
AV 1	Cost driver 1	M_1	x_1	$x_1 \cdot M_1$	• • •	$x_1^N \cdot M_1$
•						
•						
•						
AV n	Cost driver n	M_n	x_n	$x_n \cdot M_n$	• • •	$x_n^N \cdot M_n$

Die Kapazitätenbindung ergibt sich – analog zur Stellenbewertung – als Produkt aus der Menge des Kostentreibers und der durchschnittlichen Bearbeitungszeit.

In konkreten Beispielen wird deutlich, dass eine unsymmetrische Entwicklung des Volumens der Arbeitsvorgänge zu einer Neubewertung der Stellentypen führen kann. Dies ist insbesondere im Bereich des BAT von Interesse, da hier eine sog. Tarifautomatik besteht, die den rechtlichen Anspruch des Stelleninhabers auf Eingruppierung nach Bewertung des Dienstpostens impliziert. Dies ist jedoch für die Stellenbewirtschaftung eines Haushaltskapitels im öffentlichen Dienst stets problematisch, da hier im Grunde kaum Spielräume – etwa für Höherbewertungen – eingeräumt werden. Das Ergebnis kann ein neuer Zuschnitt der betroffenen Dienstposten sein, was wiederum durch die in dieser Arbeit vorgestellten Vorgehensweisen erheblich erleichtert wird: Eine werkzeuggestützte *Simulation* von Veränderung wird möglich.

2.4 Auswirkungen veränderter Geschäftsprozesse (Soll-Ist-Vergleich)

Inhärentes Ziel einer jeden Geschäftsprozessoptimierung ist die organisatorische Verbesserung der betrieblichen Abläufe, häufig unter Einbeziehung neuer Anwendungssysteme. Damit ergeben sich zwangsweise Änderungen in der Beschreibung von Arbeitsplätzen: Arbeitsschritte fallen weg oder verändern ihren Charakter, Bearbeitungszeiten werden verkürzt usw. In Business-Reengineering-Projekten werden sogar ganze Prozessbereiche in Frage gestellt oder neu konzipiert.

Dies alles hat natürlich Auswirkungen auf die zeitlich-inhaltliche Gestaltung eines Arbeitsplatzes und somit sowohl auf den qualitativen als auch auf den quantitativen Personalbedarf.

Grundsätzlich verhält sich die Ermittlung des neuen Personalbedarfs simpel: Es müssen lediglich dieselben Methoden – wie zuvor beschrieben – auf die neu gestalteten Prozesse angewendet werden. In der Praxis erweist sich dies jedoch häufig als schwierig bis unmöglich. Zur Ermittlung des Personalbedarfs nach BAT (sicher auch in anderen Bereichen) ist ein relativ hoher Detaillierungsgrad der Prozesse (bis auf Ebene der Arbeitsschritte) sowie eine nicht unerhebliche Datenbasis vonnöten. Aus Gründen der Wirtschaftlichkeit wird in den Projekten der Praxis jedoch oftmals auf eine umfangreiche Ist-Analyse verzichtet, was zu einer Unvergleichbarkeit (bzgl. der Stellenbewertung) zwischen Ist-Modellen einerseits und Soll-Modellen andererseits führt. Soll diese dennoch herbeigeführt werden, so ist eine entsprechende Modellierung in die expliziten Ziele der GPO mit aufzunehmen.

Da i. d. R. im Dienstleistungssektor – also auch im öffentlichen Dienst – die Personalkosten den bedeutendsten Kostenfaktor bilden, liefert ein solcher Soll-Ist-Vergleich einen gewichtigen Beitrag zum Nachweis der Wirtschaftlichkeit eines GPO-Projektes im Sinne einer Kosten-Nutzen-Analyse.

Dabei lassen sich oftmals zwei gegenläufige Tendenzen beobachten: Zum einen werden durch die effektivere Ausgestaltung der Arbeitsabläufe nach einer organisatorischen Optimierung bei gleichem Aufgabenumfang tendenziell weniger personelle Kapazitäten benötigt. Dies hat zur Folge, dass die Personalkosten sinken, bzw. dass bei gleichem Personalumfang neue Aufgaben wahrgenommen werden können („Job-Enlargement").

Zum anderen führt die Erhöhung der Effizienz, etwa durch den mit einer erhöhten DV-Unterstützung verbundenen Wegfall nicht-wertschöpfender Tätigkeiten, dazu, dass die Aufgaben einer Stelle höherwertiger und somit teurer werden („Job-Enrichement"). Abb. 13 gibt einen nach Qualifizierungsstufen differenzierten quantitativen Eindruck, welchen Anteil nicht-wertschöpfende Tätigkeiten an verschiedenen Stellentypen haben. Die Grafik beruht auf einer Veröffentlichung von Hansen / Janko (vgl. Hansen, Janko 1988).

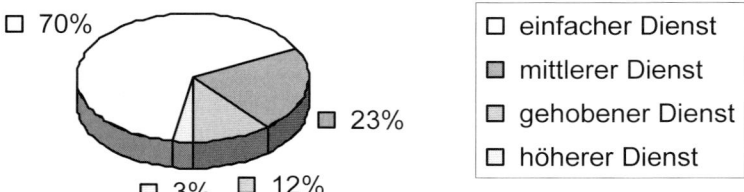

Abb. 13. Anteil nicht-wertschöpfender Tätigkeiten

Die in Hansen / Janko zusammengefassten diversen Studien betrachten den Dienstleistungssektor im Allgemeinen. Für den öffentlichen Dienst erscheint diese Statistik trotz ihres Erscheinungsjahres relevant, da die wesentliche Voraussetzung – der Umstieg von einer überwiegend papierbasierten (oder zumindest nur durch Office-Produkte unterstützte) zu einer integrierten, dv-gestützten Vorgangsbearbeitung – dort oftmals nach wie vor anzutreffen ist.

Aufgrund der Tarifautomatik des BAT (vgl. Abschnitt *Stellenbewertung nach BAT*) lässt sich in der Praxis oftmals beobachten, dass – insbesondere vor dem Hintergrund einer angespannten Situation der öffentlichen Haushalte und damit des Personalbudgets – die mit Job-Enlargement und -Enrichement ggf. verbundene Höherbewertung vermieden werden soll und daher die tarifrechtlichen Konsequenzen einer GPO nicht vernachlässigt werden dürfen.

3   Die Tarifreform und die Möglichkeiten leistungsbezogener Entgeltdifferenzierung

„Wir wollen die Leistungselemente bei der Bezahlung verbessern und das Bezahlungssystem insgesamt nach den Gesichtspunkten Attraktivität und Flexibilität neu gestalten." (Manfred Kanther)

Diese im Zusammenhang des sog. „Perspektivberichts öffentlicher Dienst 1994" vom damaligen Bundesinnenminister Manfred Kanther getätigte Aussage zur Fortentwicklung des Dienstrechts (vgl. Kanther 1996) zeigt, dass die Diskussion zur Entbürokratisierung des Staates, die unter dem Schlagwort ‚Schlanker Staat" geführt wird, u. a. eine leistungsbezogenere Entlohnung der Verwaltungsmitarbeiter fordert.

Im Januar 2005 haben sich die Tarifparteien des öffentlichen Dienstes (öD) auf eine umfassende Neugestaltung des Tarifrechts für den öffentlichen Dienst geeinigt. Dazu vereinbarten der Bund und die VKA für den Geltungsbereich des BAT, BAT-O, MTArb, MTArb-O, BMT-G und BMT-G-O die In-Kraft-Setzung des neuen, einheitlichen Tarifvertrags für den öffentlichen Dienst (TVöD) zum 01.10.2005. Der TVöD enthält – neben anderen zentralen Änderungen, z. B. der Zusammenfassung der Arbeiter- und der Angestelltengruppe – nicht zuletzt auch Elemente einer leistungsorientierten Bezahlung.

3.1 Tarifrechtlicher und systematischer Rahmen

Tarifliche Anreizsysteme

Die Leistungskomponente war bei der Entlohnung im öffentlichen Dienst bis dato nicht sehr ausgeprägt. Dennoch wurden in der tariflichen Realität bereits Leistungszulagen- und Prämienkonzepte zur Steigerung der Anreize verwendet, was nun (mit Wirkung ab 2007) auch im TVöD formell vorgesehen ist. Eine auch im Bereich des Dienstrechts für Beamte praktizierte, immaterielle Leistungs-„Zulage" ist die Durchführung von Regel- und Anlassbeurteilungen, die in die Personalakte aufgenommen werden und der Karriereförderung dienen. Eine Leistungsbelohnung in Form einer monetären Zulage findet man vor allem in Unternehmen, die beispielsweise von Kommunen „outgesourced" wurden, sich trotzdem tariflich weiterhin an den BAT binden, aber zusätzliche Entlohnungsmöglichkeiten schaffen wollen. In Behörden ist dies verstärkt erst mit Einführung einer allgemeinen Budgetierung als sinnvoll zu erachten.

Zwei weitere Formen leistungsbezogener Anreize seien am Beispiel der Landeshauptstadt Saarbrücken geschildert (vgl. Hirschfelder). Hier wurden im Rahmen eines Total-Quality-Management-Programms (TQM) – neben der zuvor geschilderten Karriereförderung – weitere sowohl gruppen- als auch mitarbeiterbezogene Anreize geschaffen.

Zum einen wird die erfolgreiche Mitwirkung an TQM-Maßnahmen mit Hilfe eines (Projekt-)Gruppenreihungsverfahrens belohnt, bei dem die besten Teams eine fixdefinierte Prämie erhalten. Zum anderen wurde ein Tarifvertrag zwischen der Gewerkschaft (damals ÖTV des Saarlandes) und der Stadt Saarbrücken abgeschlossen, der leistungsbezogene Entgeltbestandteile definiert. Elemente dieses Konzeptes sind die Belohnung erheblich überdurchschnittlicher Leistungen hinsichtlich der Arbeitsqualität, außerdem Zielvereinbarungen sowie die Messung der Arbeitsqualität anhand spezifischer Kriterien einer sog. Kriterienkommission.

Diese Ausführungen zeigen, dass leistungsbezogene Komponenten auch im öffentlichen Dienst gewünscht und machbar sind, ja teilweise sogar schon umgesetzt wurden.

Personalwirtschaftliche Grundsystematik

Die Systematik leistungsbezogener Entgeltdifferenzierung unterscheidet die Grundformen Zeitlohn plus Leistungszulage, Prämienlohn, Akkordlohn sowie Pensumlohn (vgl. Scholz 1994). Der *Akkordlohn* kann dabei im Zusammenhang mit Verwaltungstätigkeiten des öffentlichen Dienstes vernachlässigt werden.

Die anderen Grundformen sind dagegen grundsätzlich geeignet, hier als Anreizsystem zu dienen, und werden daher im Folgenden hinsichtlich ihrer Verbindung zur Geschäftsprozessmodellierung betrachtet.

Beim *Zeitlohn plus Leistungszulage* wird zusätzlich zur anforderungsabhängigen Komponente eine leistungsbezogene Beurteilung vorgenommen, wobei letztlich in einem Beurteilungsgespräch die i. d. R. nicht kardinal meßbaren Bewertungskriterien festgelegt werden. Diese Form ist daher nicht auf sinnvolle Weise mit einer Geschäftsprozessmodellierung zu koppeln.

Bezugsgrößen von Prämien- oder von Pensumlöhnen können Mengenleistungen sein, die als Stückzahlen oder Zeitwerte operablen Charakter haben und somit grundsätzlich mit (leistungserzeugenden) Prozessen in Verbindung gebracht werden können.

Geschäftsprozesse und Leistung

Leistung ist definiert als tatsächlich erbrachtes Arbeitsergebnis pro Zeiteinheit. Sie kann daher nur a posteriori ermittelt werden und bedarf auswertbarer operativer (Ist-)Daten. Dadurch ergibt sich eine grundsätzliche Problematik im Zusammenhang mit der Geschäftsprozessmodellierung:

Geschäftsprozessmodelle, die im Rahmen eines GPO-Projektes definiert werden, stellen grundsätzlich *typisierte und standardisierte Abläufe* dar. Dies gilt sowohl für Soll- als auch für Ist-Modelle. Sie sind damit zunächst nur – dafür aber sehr gut – geeignet, die *Anforderung* an die betrachteten Organisationseinheiten und damit auch Stellen abzubilden. Exakte, personenspezifische Ist-Daten stehen in dieser konzeptionellen Methode nicht unmittelbar zur Verfügung.

Zur Ermittlung einer individuellen Leistung ist daher ein Controlling der Geschäftsprozesse zur Gewinnung der benötigten Mengen- oder Zeitdaten erforderlich (Process Performance Management, PPM). Dabei werden die Prozessmodelle über das Werkzeug ARIS PPM analysiert, das die operativen Anwendungssysteme auswertet und die gewünschten Kennzahlen zur Analyse liefert. Auf diese Weise lassen sich leistungsbezogene Auswertungen durchführen (wenn es der Personal- bzw. Betriebsrat zulässt!). Ein solches Konzept wird jedoch in der Praxis der öffentlichen Verwaltung bisher nur sehr vereinzelt umgesetzt (z. B. in den administrativen Bereichen der Bundeswehr).

Modellierungstechnisch ist es hierzu erforderlich, konkrete Mitarbeiter als Ausprägungen der bisher definierten Personentypen in den Prozessmodellen zu verwenden sowie Instanzen der Prozessmodelle zu bilden (die mittlere Bearbeitungszeit wird zur tatsächlichen etc.).

Produkte als Leistungsindikatoren

In der öffentlichen Verwaltung wird seit einigen Jahren der Definition von Produkten – besonders auf kommunaler Ebene – im Rahmen des sog. „Neuen Steuerungsmodells" großes Augenmerk geschenkt:

„Eine Verwaltung, die sich mehr und mehr als Dienstleister für die ... Bürger versteht, muss ... sich fortwährend fragen, ob für die ... Bürger das Richtige getan wird, welche Ziele verfolgt werden und in welchem Maße sie erreicht werden, ob die Qualität der Arbeit stimmt, wie hoch die Kosten der Arbeit sind, etc. Dazu gehören auch Fragen nach der optimalen Organisation der Verwaltung, nach dem optimalen Mitteleinsatz u. ä. Das Zentrum für diese Fragen bilden die Produkte der Verwaltung ... Unter Produkten können ... die Arbeitsergebnisse des Verwaltungshandelns verstanden werden." (KGSt 1995)

Diese Passage zeigt, wie stark die Begriffe Ablaufoptimierung, Leistungen und Arbeitskosten etc. bei einer dienstleistungs- und damit output-orientierten Steuerung durch Produkte als Controlling-Größen vereint werden.

Es liegt daher nahe, den Arbeitsvorgängen die Produkte zuzuordnen, die durch sie erstellt wurden (in Abb. 14 in ARIS-typischer Notation illustriert). Dies erscheint auch deshalb notwendig, weil die Arbeitsvorgänge, die zur Arbeitsbewertung erforderlich sind, als leistungserbringende, unabhängige Prozesse definiert sind (vgl. Abschnitt *Prozesshierarchie*).

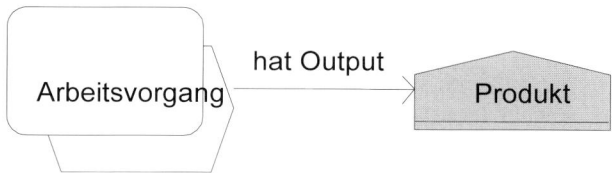

Abb. 14. Produkte im Geschäftsprozessmodell

Produkte haben darüber hinaus eine enge Beziehung zu dem im Abschnitt *Planung des quantitativen Personalbedarf*s verwendeten Kostentreiber (Cost Driver). So könnte etwa ein *Führerschein* ein Produkt sein und die *Anzahl der Führerscheinanträge* der dazugehörige Kostentreiber.

Konzipiert man nun die Prozessarchitektur einschließlich der zur Stellenbewertung erforderlichen Arbeitsvorgänge anhand eines bereits im Rahmen des Finanzmanagements einer Behörde existierenden Produktkatalogs (wobei im Idealfall eine 1:1-Zuordnung zwischen Produkt und Arbeitsvorgang entsteht), so können die Kennzahlen des Finanzmanagements als Basis für eine leistungsbezogene Entlohnung herangezogen werden.

Personalwirtschaftliche Grundlage hierfür könnte dabei z. B. ein *Pensumlohn* sein, der den Produkt-Output des Mitarbeiters einer Vorperiode als Vorgabe verwendet. Dabei wird ein Anteil von x % als Zuschlag bei Erfüllung des Pensums zugerechnet und ein höherer Output entsprechend vergütet. Die besonders in der Sachbearbeitung typischen, kurzfristigen Output-Schwankungen (komplizierte und einfache Sachverhalte) haben hier keine unmittelbaren Auswirkungen auf die Bezüge (vgl. Scholz 1994).

Zur Erreichung einer unmittelbaren automatisierten Kopplung mit den Prozessmodellen sind jedoch die Überlegungen aus dem Abschnitt *Geschäftsprozesse und Leistungen* zu berücksichtigen, bzw. ein Management-Informationssystem (PPM) technisch anzubinden.

4   Fazit

Die modellgestützte Darstellung betrieblicher Geschäftsprozesse bildet typisierte (Soll-)Abläufe, beispielsweise einer Behörde, ab. Sie ist damit prädestiniert, das anforderungsbezogene, summarische Lohngruppenverfahren des Tarifvertrags des öffentlichen Dienstes zur tarifrechtliche Bewertung von Stellen zu unterstützen.

Da im Allgemeinen die Personalbedarfsplanung jedoch nicht Hauptaugenmerk von Projekten zur Geschäftsprozessoptimierung ist, sind spezielle Konventionen zur Modellierung entwickelt worden, die es ermöglichen, die Prozessmodelle in diesem Sinne konform zu gestalten und – durch die Unterstützung eines datenbank-basierten Werkzeuges – die erforderlichen Informationen generieren zu können.

Für die Personalbereiche ergibt sich damit die Möglichkeit, die insbesondere im Angestelltenbereich des öffentlichen Dienstes aufgrund der Tarifautomatik erforderliche Neubewertung und -bemessung von Dienstposten nach einer umgesetzten Geschäftsprozessoptimierung, z. B. im Rahmen der Einführung eines ERP-Systems, datenbankgestützt durchzuführen. Daher sollten bei der methodischen und inhaltlichen Planung von GPO-Projekten diese Sekundärziele von vornherein geprüft und ggf. berücksichtigt werden.

Darüber hinaus wurden leistungsbezogene Entlohnungskomponenten diskutiert und in die Charakteristik der Geschäftsprozessmodellierung eingeordnet. Dabei konnte festgestellt werden, dass leistungsbezogene Informationen zwar grundsätzlich auch im Zusammenhang mit Geschäftsprozessen existieren und etwa in Form eines Pensumlohns berücksichtigt werden können, dies aber erst nach Rückkopplung der Prozessmodelle mit einem operativen System, beispielsweise einem Workflow-System, realisiert werden kann. Dies stellt einen interessanten Ausblick dar, der technisch bereits realisiert werden kann, aber in der betrieblichen und insbesondere behördlichen Praxis als Folgeaktivität eines GPO-Projektes derzeit wohl eher selten umgesetzt wird.

Das In-Kraft-Treten des neuen Tarifvertrags für den öffentlichen Dienst lässt nicht erwarten, dass die vorgestellte Systematik der Stellenbewertung grundlegend geändert wird. Vielmehr vereinen sich MTArb- und BAT-Systematiken primär im TvöD, analog zum geschilderten Beispiel des BAT.

Literatur

Becker, J.; Rosemann, M.; Schütte, R. (1995): Grundsätze ordnungsmäßiger Modellierung. In: Wirtschaftsinformatik 37, S. 435–445

Bürmann, R. (1998): Aufgabenanalyse als Basis der Neuen Steuerung In: Verwaltung – Organisation – Personal (VOP) 98

Bundesministerium des Innern (Hg.) (2005): Einigung der Tarifparteien des TVöD über eine umfassende Neugestaltung des Tarifrechts für den öffentlichen Dienst, Online: www.bmi.bund.de

Ferstl, O.K.; Sinz, E.J. (1995): Der Ansatz des Semantischen Objektmodells (SOM) zur Modellierung von Geschäftsprozessen. In: Wirtschaftsinformatik 37

GI-Fachgruppe 5.2.1 Modellierung betrieblicher Informationssysteme (MobIS) (1998): Tagungsband MobIS `98. Koblenz

Hansen, H.R.; Janko, W.H. (Hg.) (1988): Diskussionspapiere zum Tätigkeitsfeld Informationsverarbeitung und Informationswirtschaft, Nr. 5. Wien

Hirschfelder, R. (1996): Das Total Quality Management-Programm der LH Saarbrücken. In: Scheer, A.-W./Friedrichs, J.: Innovative Verwaltungen 2000, Schriften zur Unternehmensführung. Gabler, Wiesbaden

Hüsselmann, C.; Hemmann, T. (2006): Prozessorientierte Einführung von SAP R/3 HR in einer Bundesverwaltung – Das Personalverwaltungssystem der Bundesverwaltung für Verkehr, Bau- und Wohnungswesen. In: Human Capital Management – Personalprozesse erfolgreich managen. Springer, Berlin Heidelberg New York

Kanther, M. (1996): Innovationen in Verwaltungen. In: Scheer, A.-W./Friedrichs, J.: Innovative Verwaltungen 2000, Schriften zur Unternehmensführung. Gabler, Wiesbaden

Kommunale Gemeinschaftsstelle für Verwaltungsvereinfachung (KGSt) (1995): Aufgaben und Produkte der Gemeinden und Kreise in den Bereichen Soziales, Jugend, Sport, Gesundheit und Lastenausgleich, Bericht Nr. 11. Köln

Kommunale Gemeinschaftsstelle für Verwaltungsvereinfachung (KGSt) (1984): Möglichkeiten einer vereinfachten Personalbemessung, Bericht Nr. 6. Köln

Kommunale Gemeinschaftsstelle für Verwaltungsvereinfachung (KGSt) (1982): Stellenplan – Stellenbewertung, Gutachten. Köln

Rehkopp, A. (Hg.) (1976): Dienstleistungsbetrieb Öffentliche Verwaltung. Kohlhammer, Köln

Scheer, A.-W. (1998): ARIS – Modellierungsmethoden, Metamodelle, Anwendungen. 3. Aufl. Springer, Berlin u. a.

Scheer, A.-W. (1998): ARIS – Vom Geschäftsprozess zum Anwendungssystem. 3. Aufl. Springer, Berlin u. a.

Scholz, C. (1994): Personalmanagement – Informationsorientierte und verhaltenstheoretische Grundlagen. 4. Aufl. Vahlen, München

Zimmermann, G.; Grundmann, R. (1996): Die Prozesskostenrechnung als Instrument zur Wirtschaftlichkeitskontrolle und Preisbegründung in der Öffentlichen Verwaltung. In: Scheer, A.-W./Friedrichs, J.: Innovative Verwaltungen 2000, Schriften zur Unternehmensführung. Gabler, Wiesbaden

TEIL IV:

HR Business Process Implementation

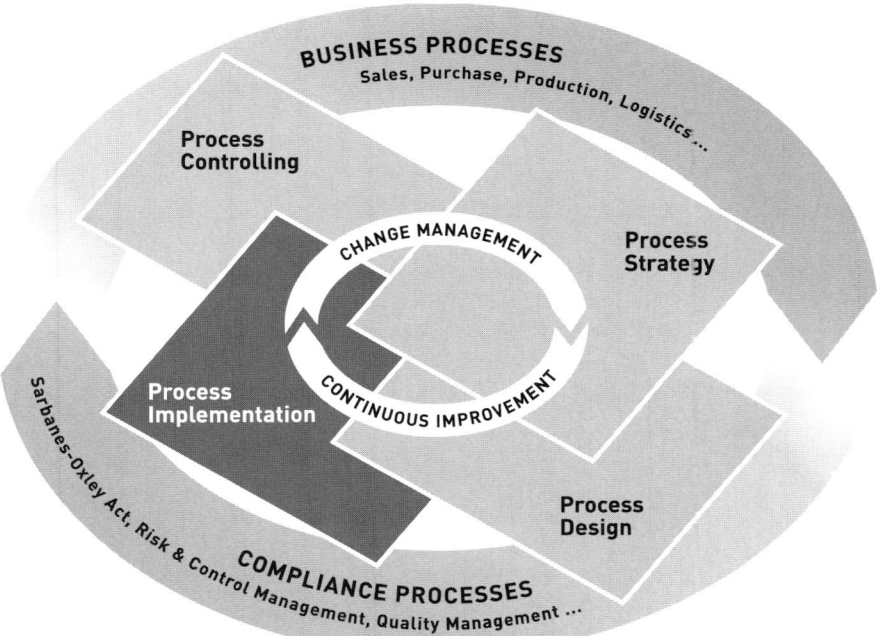

Prozessorientierte Einführung von SAP R/3 HR in einer Bundesverwaltung

Das Personalverwaltungssystem der Bundesverwaltung für Verkehr, Bau- und Wohnungswesen

Claus Hüsselmann
IDS Scheer AG
Claus.Huesselmann@ids-scheer.com

Thomas Hemmann
Bundesministerium für Verkehr, Bau- und Wohnungswesen
hemmann@bmvbw.bund.de

Zusammenfassung

Die Bundesverwaltung für Verkehr, Bau- und Wohnungswesen hat in den letzten Jahren mit Unterstützung der IDS Scheer AG ein standardisiertes und optimiertes Geschäftsprozessmodell für die Personal-, Dienstposten- und Stellenverwaltung in fast 70 Behörden entwickelt. Dieses Prozessmodell ist wiederum die Grundlage für die Einführung der integrierten betriebswirtschaftlichen Software SAP R/3 HR. Das Vorgehen soll in den Grundzügen vorgestellt und über einige Aspekte der Einführung und Nutzung des Geschäftsprozessmodells als Ordnungsrahmen berichtet werden (Projektstrukturierung, -vorgehen, -kalkulation, -dokumentation etc.).

Schlüsselwörter

Prozessmodell, Personalverwaltung, E-Government-Prozesse, Best-Practice-Beispiele, Wirtschaftlichkeit, ARIS, SAP

1   Ausgangslage und Zielsetzung

Die Bundesverwaltung für Verkehr, Bau- und Wohnungswesen (BVBW) ist in der Bundesrepublik Deutschland u. a. für die Verkehrssicherheit, Mobilität, Infrastruktur und Wohnwertförderung zuständig. Zum Ressort gehören fast 70 Behörden. Vor einigen Jahren hat die BVBW ein Programm zur Modernisierung administrativer Aufgaben durch Geschäftsprozessoptimierung und IT-Einsatz (MaAGIE) gestartet. Teil dieses Programms ist das Projekt zur Einführung eines einheitlichen Personalverwaltungssystems (PVS) in der gesamten BVBW. Das Projekt PVS verfolgt ganz allgemein das Ziel, die zukünftige Arbeit der Personalverwaltungen in allen Ressortbehörden „besser, schneller und günstiger" zu gestalten. Dies soll durch zwei Maßnahmen erreicht werden: Standardisierung / Optimierung aller personalwirtschaftlichen Geschäftsprozesse und Einsatz eines integrierten, für möglichst viele personalwirtschaftliche Aufgaben einsetzbaren ERP-Systems (SAP R/3).[1]

Die Einführung der SAP R/3 HR-Standardsoftware kann nur dann erfolgreich sein, wenn eine zielgerichtete Abstimmung zwischen den relevanten Geschäftsprozessen der BVBW und der Standardsoftware erfolgt. So werden die Geschäftsprozesse der BVBW analysiert, optimiert und im Hinblick auf den Einsatz der Standardsoftware ausgestaltet. Die Geschäftsprozessoptimierung erfolgt mit dem Werkzeug ARIS Toolset.

2   Einführungstrategie PVS

Die Erfahrungen zeigen, dass für eine bestmögliche Realisierung des erreichbaren Optimierungspotenzials und eine breite Akzeptanz bei den Anwendern eine prozessorientierte Einführung auf Basis von im Projekt definierten SAP-Soll-Prozessen unabdingbar ist.

In dem beschriebenen Projektvorhaben wurden daher zunächst die fachlichen, organisatorischen, aber auch wirtschaftlichen Anforderungen und Voraussetzungen für den Standardsoftwareeinsatz in der BVBW im Bereich der Personalwirtschaft analysiert und dargestellt sowie die Einführungsstrategie festgelegt.

Das Vorgehen hierzu gliederte sich in vier Phasen (vgl. Abb. 1): Im Rahmen der Ist-Analyse wurden die wesentlichen gegenwärtigen Kernprozesse der Personalverwaltung erhoben und einer kritischen Analyse unterzogen. Verbesserungspotenziale wurden gemeinsam mit den Fachanwendern identifiziert und in der anschließenden Phase des organisatorischen Soll-Konzeptes in Form von neuen Soll-Prozessen umgesetzt. Mit dem SAP-basierten Soll-Konzept wurden Lösungen zur

---

[1]   ERP: Enterprise Resource Planning

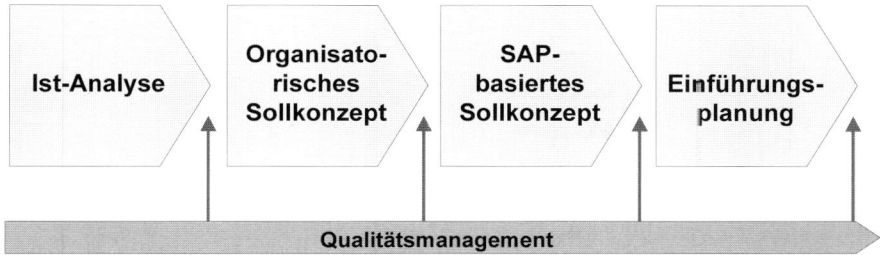

Abb. 1. Phasenmodell der Machbarkeitsanalyse und Konzeption

Umsetzung der organisatorischen Soll-Abläufe mit der SAP R/3-Standardsoftware erarbeitet. Abschließend ließen sich im Sinne einer Einführungs- und Migrationsplanung die wesentlichen Schritte zur Einführung des SAP R/3-Systems festlegen.

Ergänzt wurde das konzeptionelle Vorgehen durch den Aufbau eines Prototypen, der es erlaubte, sich in einer relativ frühen Projektphase ein praktisches Bild vom künftigen Ablauf der Geschäftsprozesse zu machen.

Als Einführungsstrategie wird ein ARIS-gestützter, prozessorientierter Ansatz verfolgt (vgl. Scheer, 1998). Dieser umfasst alle erforderlichen Aktivitäten, um die Geschäftsprozesse mit Hilfe der Software so zu realisieren, dass die Ziele der BVBW optimal umgesetzt werden können. Entscheidungsparameter für die Einführungsplanung der PVS-Lösung waren einerseits der einzuführende Funktions- und andererseits der umzusetzende Roll-Out-Umfang.

Der Funktionsumfang bezieht sich auf die Anzahl der pro Dienststelle einzuführenden SAP-gestützten Geschäftsprozesse. Dabei wird die gleichzeitige Implementierung und Produktivsetzung aller personalwirtschaftlichen Geschäftsprozesse pro Dienststelle durchgeführt.

Die Implementierung der Geschäftsprozesse der Personalwirtschaft mit SAP R/3 basiert auf dem Modul HR. Das HR-Modul kann als eigenständige Komponente oder in Verbindung mit den weiteren Standardmodulen des R/3-Systems eingesetzt werden. Vor dem Hintergrund der besonderen Rahmenbedingungen des öffentlichen Sektors hat die SAP AG die Standardkomponente des Moduls HR um gesondert entwickelte Prozesse für den öffentlichen Sektor ergänzt und zu einer Gesamtlösung integriert.

Die Personalwirtschaftslösung von SAP für den öffentlichen Sektor umfasst die folgenden Bestandteile: Organisationsmanagement, Personalbeschaffung, Personalentwicklung, Veranstaltungsmanagement, Personaleinsatzplanung, Zeitwirtschaft (im Projekteinsatz negative Zeitwirtschaft), Personalverwaltung, Personalabrechnung (im Projekteinsatz derzeit nur Stammdatenverwaltung), Reisekosten (nicht im Projekteinsatz, Bestandteil des Moduls FI) sowie Stellenwirtschaft.

Der zweite Entscheidungsparameter, der Roll-Out-Umfang, bezieht sich auf die Anzahl der Dienststellen, in denen die Software SAP gleichzeitig eingeführt wird. Hierfür wird – aufgrund der Anzahl der Dienststellen – eine abgestufte Einführungsstrategie verfolgt. Im Rahmen einer Pilotphase wurden dabei zunächst in einer kleinen,
repräsentativen Auswahl von Dienststellen sowohl die administrativen als auch die
planerischen Prozesse umgesetzt. In dieser Phase wurde eine Systemplattform entwickelt, welche die Basis für den anschließenden Roll-Out bildet, der gestaffelt in
zwei Phasen erfolgt. Abb. 2 fasst das Vorgehen der Einführung zusammen.

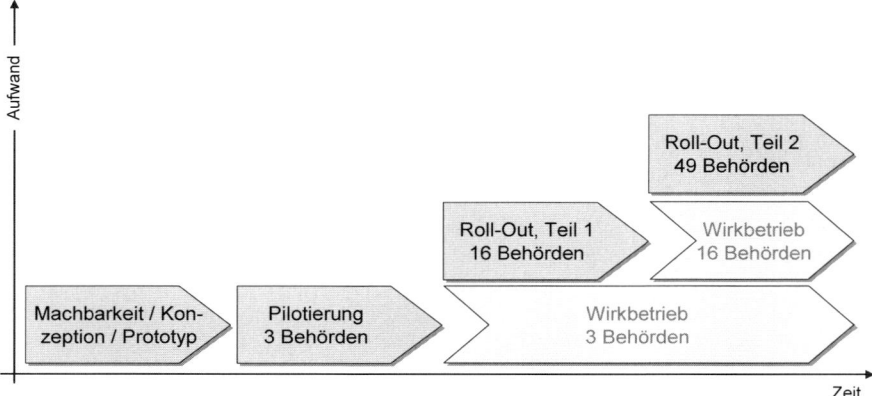

Abb. 2. Einführungsstrategie BVBW-PVS

3   Prozessmodell-orientierte Systemeinführung

Zur Strukturierung der Prozesse einer Organisation und insbesondere zur Beherr-
schung der Komplexität hat die IDS Scheer eine spezielle Prozessarchitektur entwickelt (vgl. Bürmann, Hüsselmann 2002). Die Abstraktionsebenen der Prozessarchitektur sind vergleichbar mit den verschiedenen Maßstäben von Landkarten.
Ausgehend von einer Überblicksperspektive erlaubt diese Darstellung je nach Er-
fordernis mit Hilfe des ARIS-Werkzeugs eine Navigation bis auf eine sehr detaillierte Ebene. Abb. 3 stellt diesen Zusammenhang im Überblick dar.

Mit der Prozessarchitektur wurde die wesentliche Grundlage für das BVBW-weite
Prozessmodell gelegt. Die Prozessarchitektur stellt darüber hinaus ein wirksames
Instrument zur Planung, Steuerung und Kontrolle des Einführungsprojektes dar.
Da gerade die semi-formale Beschreibung von Prozessen in ARIS, zum Beispiel
mit Hilfe der Methode der „Ereignisgesteuerten Prozesskette" (EPK),[2] davon pro-

---

[2]   Zur detaillierten Erläuterung der EPK-Methode vgl. z. B. Keller, G. et al.: SAP R/3 pro-
       zessorientiert anwenden.

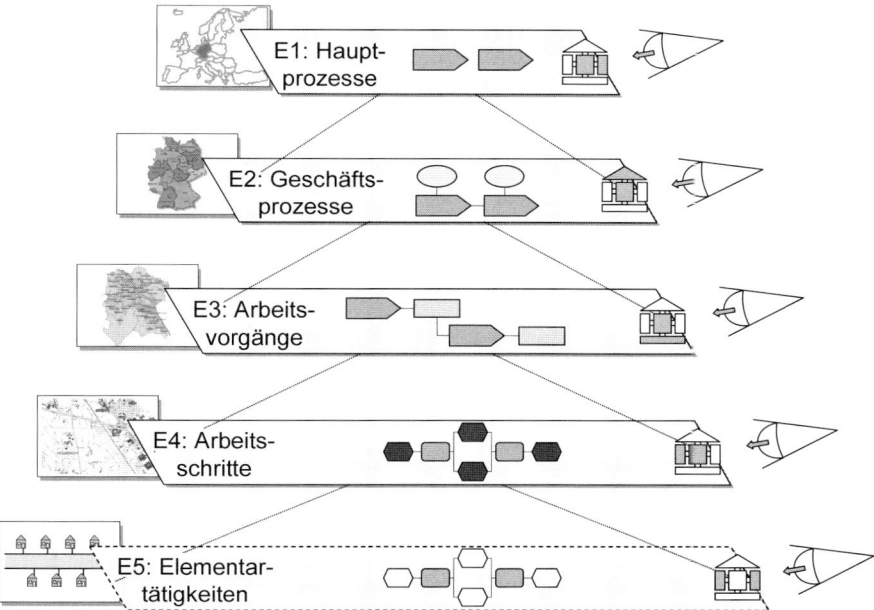

Abb. 3. Prozessarchitektur einer Organisation (vgl. Hüsselmann 2003)

fitiert, dass auch in den Fachbereichen die Mitarbeiter in der Lage sind, diese Modelle zu verstehen oder selbst zu gestalten, erscheint die Vorgabe eines Architekturleitfadens als Ordnungsrahmen für die Prozessgestaltung unabdingbar.

Insbesondere wurde zur Strukturierung der Prozesse in der Personalverwaltung der BVBW eine verdichtete Gesamtdarstellung aller zur Leistungserbringung erforderlichen Geschäftsprozesse definiert. Auf Basis dieser Geschäftsprozesse findet die Bildung der Arbeitsteams für die verschiedenen Projektphasen statt Für die Personalverwaltung der BVBW wurden beispielsweise die in Abb. 4 dargestellten Geschäftsprozesse festgelegt.

Die BVBW-PVS-Prozessarchitektur diente nicht zuletzt als Basis für die Fixierung der Einführungsstrategie von SAP R/3 HR in einem Projektplan (Vorgehensweise, Projektorganisation, Schulungs- u. Qualifizierungsplan). Ebenso konnte auf Basis der SAP-basierten Soll-Prozesse die notwendige IT-Infrastruktur zum Betrieb des SAP R/3-Systems ermittelt werden.

Neben den beschriebenen erfüllt die Prozessarchitektur weitere Aufgaben:

- Basis für die Abgrenzung bestehender und zukünftiger Projekte
- Fachliche Basis zur Integration der Ergebnisse weiterer Projekte

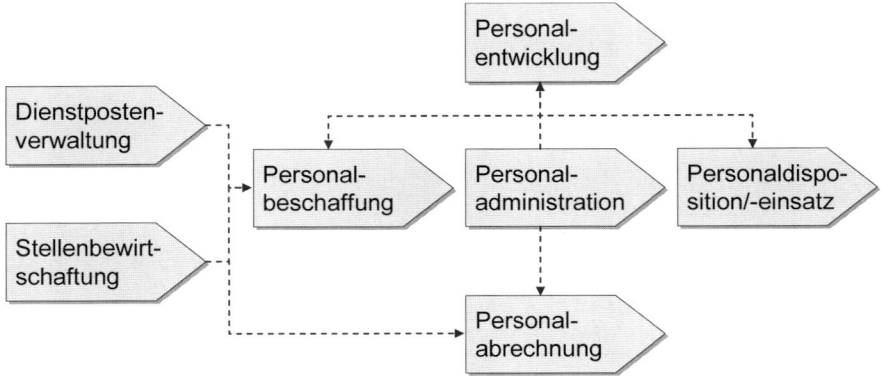

Abb. 4. Personalprozesse der BVBW im Überblick

- Grundlage für die Abstimmung mit anderen Bereichen

Im Projektabschnitt „Pilotierung" wurde auf Basis der Soll-Prozessmodelle sowie des vorhandenen HR-Prototypen eine SAP-Feinkonzeption für drei Behörden (Eisenbahn-Bundesamt, Wasser- und Schifffahrtsdirektion Nord in Kiel und Wasser- und Schifffahrtsamt Kiel-Holtenau) vorgenommen. Die standardisierten Sollprozesse und SAP-Soll-Konzepte wurden für diese Behörden konkretisiert. Im Ergebnis entstand ein Business Blueprint, welcher die konkrete Implementierung (Customizing und Programmierung) des SAP R/3 erlaubt. Bereits in der Pilotierungsphase wurden alle vorgesehenen Prozesse und Funktionen in BVBW-PVS implementiert.

Ziel der beiden Projektabschnitte Roll-Out 1 und Roll-Out 2 ist die Umsetzung der implementierten Standardprozesse in allen 68 Behörden. Dafür wird mit wachsender Gewichtung das Methodenrepertoire des Change Managements eingesetzt.

In allen Projektphasen wurde und wird die Projektorganisation anhand der definierten sieben Geschäftsprozesse ausgerichtet. Dadurch wird die Synergie zwischen der organisatorischen und der technischen Implementierung erhöht. Das Prinzip des Einführungskonzepts wird an dem Übersichtsbild in Abb. 5 deutlich.

Jeder Projektabschnitt lässt sich im Wesentlichen in vier Teilphasen gliedern: Fachkonzeption, Realisierung, Produktionsvorbereitung sowie Produktivsetzung / Produktion.

Unter Konzeption werden an dieser Stelle alle benötigten und in BVBW-PVS umzusetzenden Konzepte zu Prozessen, Funktionen, Daten, Auswertungen, Berechtigungen, Autorisierung, Technik (HW, SW, Netz), IT-Sicherheit u. a. m. verstanden. Diese Phase beinhaltet nicht zuletzt die Erstellung des DV-technischen Feinkonzeptes – des Business Blueprints.

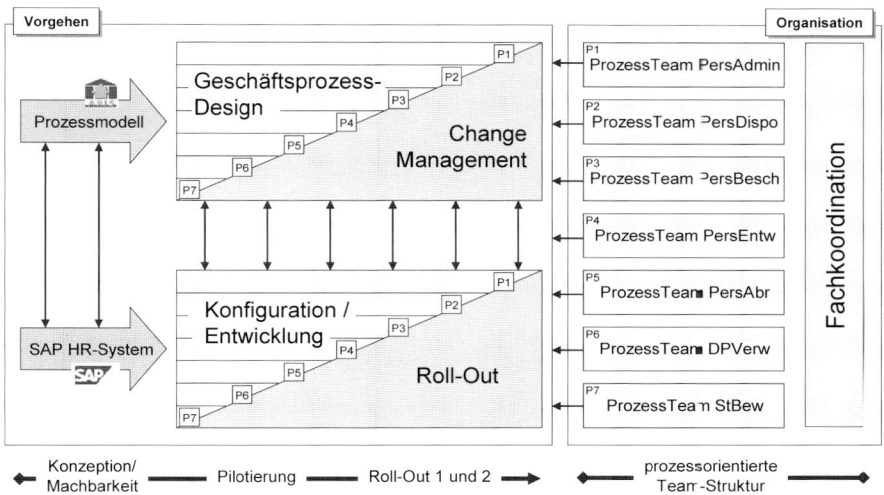

Abb. 5. Darstellung des Einführungsprozesses

Die Realisierungsphase beinhaltet die Implementierung und Dokumentation des Personalverwaltungssystems, d. h. Customizing, Programmierung (Schnittstellen, Datenmigration) sowie Entwicklertests. Auf Basis des Business Blueprints wird die Anwendungsentwicklung durchgeführt. Das Ergebnis der Realisierung ist ein getestetes und für den Produktivbetrieb freigegebenes Master-System.

Parallel zu den DV-technischen Aktivitäten werden im Change Management Maßnahmen zur Umsetzung und Einführung der BVBW-PVS-Prozesse entwickelt und durchgeführt.

Im Rahmen der Produktionsvorbereitung erfolgen u. a. die Schulungen sowie die technische und organisatorische Vorbereitung der Einführung. Des Weiteren werden die Altdaten in das neue System übernommen. Schließlich erfolgt die Bereitstellung zum Betrieb.[3]

In den Roll-Out-Phasen sind die Key-User der jeweilig betroffenen Behörden in das Projekt einzubinden. Dazu werden Check-Listen mit Fragen zu verschiedenen Themenkomplexen (Prozesse, Funktionen, Aufbau- und Ablauforganisation, Daten, Schnittstellen, Auswertungen / Bescheinigungen, Termine etc.) erstellt. Die Check-Listen der vorhergehenden Phase werden mit den gewonnenen Erkenntnissen weiterentwickelt und modifiziert eingesetzt.

---

[3] Vgl. Standardvorgehensmodell der SAP AG (ASAP / ValueSAP / Solution Manager).

Die Sollprozesse werden anhand der behördenspezifischen Anforderungen über-prüft und analysiert. Die erkannten Abweichungen und ggf. Ergänzungen sind sys-tematisch und strukturiert zu erfassen. Diese neuen bzw. veränderten Anforderun-gen sind nach Bedeutung zu priorisieren und nach Häufigkeit zu gewichten.

Analog den Pilotierungsaktivitäten werden im Change Management zunehmend Maßnahmen zur Umsetzung und Einführung der BVBW-PVS-Prozesse durchge-führt. Zentrale Aufgabe des Change Managements ist die Kommunikation und or-ganisatorische Umsetzung der standardisierten und neu-etablierten Sollprozesse.

4   Prozessmodell-orientierte Projektdokumentation

Im Projekt PVS bildet das ARIS-Geschäftsprozessmodell das „Skelett" für die ge-samte Projektdokumentation, und zwar sowohl für das methodische Vorgehen im Projekt (siehe voriger Abschnitt) als auch für die Ergebnisdokumentation, die nachfolgend detaillierter beschrieben wird.

Die Projektdokumentation bildet einen zentralen Bestandteil des Projektergebnis-ses. Daher wurde dieses Produkt in einem eigenen Arbeitspaket mit hoher Priorität bearbeitet. Die Dokumentation folgt einem Phasenmodell (vgl. Lasch / Nau et al.), das bei der Durchführung eines Vorhabens drei voneinander abgrenzbare Projekt-abschnitte vorsieht: I. Initialisierung, II. Realisierungsprojekt (im vorliegenden Fall inkl. Roll-Out) und III. Abschluss. Jedes Realisierungsprojekt wiederum glie-dert sich in die Teilphasen Fachkonzeption, Realisierungsphase, Produktionsvor-bereitung und Produktivsetzung.

Wie schon zuvor erwähnt, wurde dementsprechend im Rahmen der Initialisierung des Projektes eine detaillierte Machbarkeitsuntersuchung[4] durchgeführt, in der die sieben PVS-Geschäftsprozesse (über die Ebenen Hauptprozess, Geschäftsprozess, Arbeitsvorgang bis hin zum Arbeitsschritt) in Form eines organisatorischen, „idea-len" Sollmodells mittels ARIS-EPK beschrieben wurden. Von diesem organisato-rischen Sollmodell wurde ein SAP-basiertes ARIS-Prozessmodell abgeleitet, das bestimmte, welche Arbeitsvorgänge etc. in SAP durch Customizing bzw. Zusatz-entwicklungen umgesetzt und welche Arbeitsvorgänge weiterhin „manuell" oder mit anderer Software durchgeführt werden sollten (s. Abschnitt 5). Vertiefend wurden dazu die Anforderungen des Auftraggebers in einer Leistungsbeschrei-bung textlich festgehalten und technisch verknüpft. Das SAP-basierte ARIS-Prozessmodell ist konstituierender Teil des Fachkonzepts (Phase *Fachkonzeption*), siehe Abb. 6.

---

[4]   Aufwandsstudie zur Implementierung von SAP R/3 HR für die Bundesverwaltung für Verkehr, Bau- und Wohnungswesen: Verbesserungspotentiale und Maßnahmen. Saar-brücken, Bonn: BMVBW / IDS Scheer, 1999 (BVBW-interne Unterlage)

Das ARIS-Prozessmodell wurde dann in den Teilphasen *Realisierung* und *Produktionsvorbereitung* als Input und Gliederungshilfe für folgende Dokumentationsbestandteile verwendet (siehe ebenfalls Abb. 6):

- SAP-Feinkonzept mit Customizingdokumentation, Konzept für Zusatzentwicklungen, Berechtigungs- und Schnittstellenkonzept sowie Übersichten zu Outputmanagement, Auswertungen und Workflows

- Benutzerhandbuch

- Schulungsunterlagen

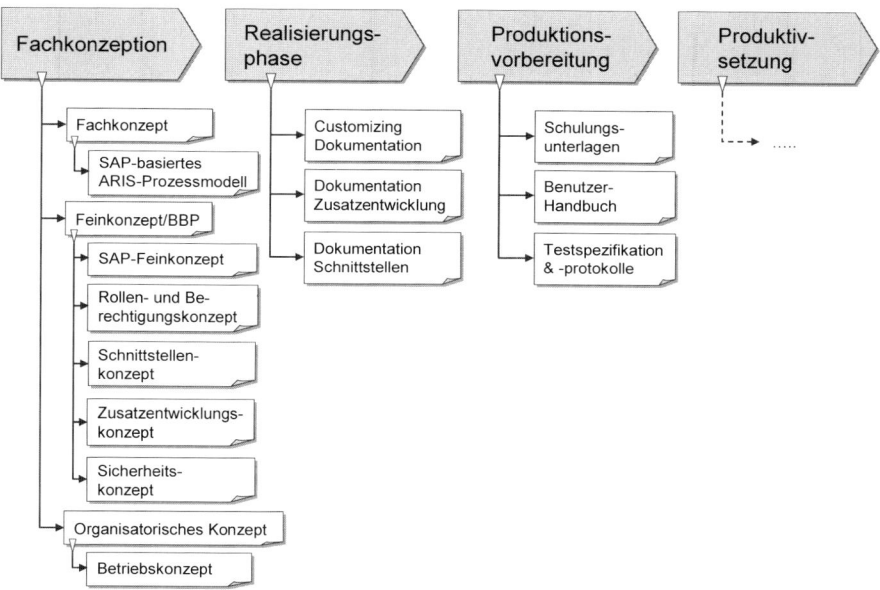

Abb. 6. Dokumententypen im PVS-Projekt, nach Projektphasen gegliedert (vgl. Lasch / Nau et al.)

Im Folgenden soll am Beispiel des Arbeitsvorganges „Plan-/Stelle schaffen" aus dem PVS-Prozess „Stellenbewirtschaftung" die Nutzung des Geschäftsprozessmodells in den drei genannten Dokumentationsbestandteilen aufgezeigt werden. Der Geschäftsprozess „Stellenbewirtschaftung" definiert die Tätigkeiten, die zur Finanzierung von Personen notwendig sind. Er besteht außer dem Arbeitsvorgang „Plan-/Stelle schaffen" aus den Vorgängen „Plan-/Stelle verlagern", „Plan-/Stelle streichen" und „Plan-/Stellennutzungsänderung freigeben". Teilweise sind die Arbeitsvorgänge, je nachdem, ob sie beim Ministerium, einer Ober-, Mittel- oder Unterbehörde durchgeführt werden, im Detail unterschiedlich modelliert.

Nachfolgend wird ein kleiner Ausschnitt aus der EPK zum Arbeitsvorgang „Plan-/
Stelle schaffen" gezeigt (Abb. 7), um einen Eindruck von der Komplexität des
Prozessmodells zu vermitteln:

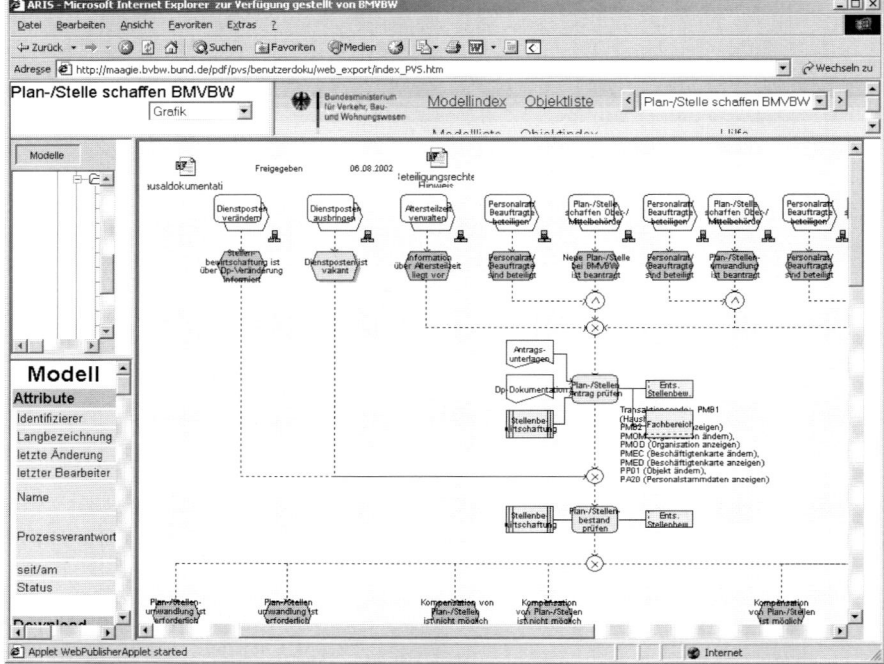

Abb. 7. Arbeitsvorgang „Plan-/Stelle schaffen" (Ausschnitt)

Das Geschäftsprozessmodell wird außer zur Aufnahme der Anforderungen im
Soll-Konzept (vgl. Abb. 8, A) auch als Input für das **Feinkonzept** – als nächste
Verfeinerungsebene in der Teilphase *Fachkonzeption* – benutzt (vgl. Abb. 8, B).

Bei der Erzeugung der **Customizing-Dokumentation** – in der *Realisierungsphase*
– wird beispielsweise der Arbeitsvorgang „Plan-/Stelle schaffen" aus dem ARIS-
Geschäftsprozessmodell wiederum als Gliederungselement verwendet und detailliert (vgl. Abb. 8, D). Gleiches gilt für die **Dokumentation der Zusatzentwick-
lung** und die **Dokumentation der Schnittstellen**.

Für die in der Teilphase *Produktionsvorbereitung* erzeugte, online zugreifbare
Benutzerdokumentation sowie die **Schulungsunterlagen** wird ebenfalls die
Struktur der Geschäftsprozesse zugrunde gelegt und als Navigationshilfe für den
Benutzer eingesetzt (vgl. Abb. 8, D).

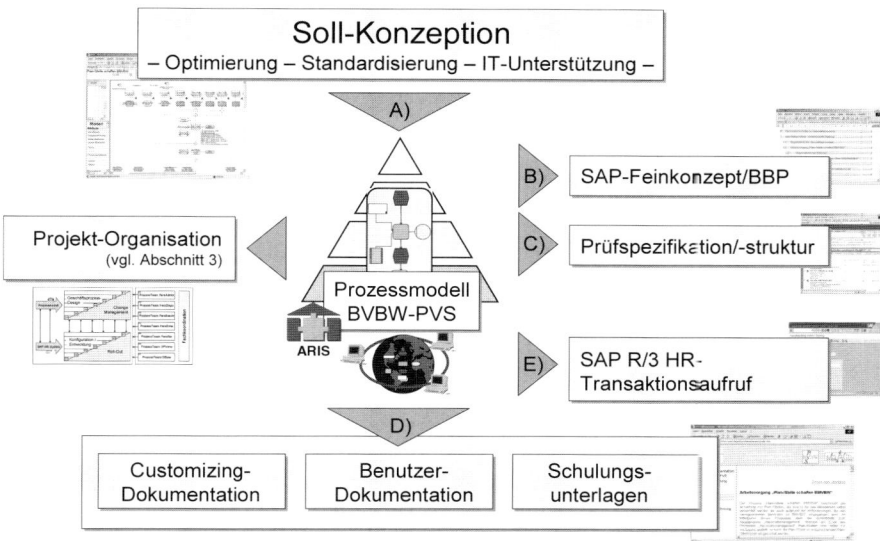

Abb. 8. Prozessmodell-zentrierte Projektdokumentation

In der Phase der *Produktionsvorbereitung* wurde aus pragmatischen Gründen e-benfalls die Struktur der Geschäftsprozesse genutzt und, beispielsweise beim Er-zeugen der Testfälle bzw. **Testprotokolle** sowie beim Managen der Testfälle im Gesamtintegrationstest (GIT), die Prozessstruktur unterlegt (vgl. Abb. 8, C). Ver-waltet werden die Dokumente im Dokumentenverwaltungssystem BSCW.[5]

Abb. 8 zeigt die Architektur der Projektdokumentation im Überblick.

Die Vorteile dieser Nutzung des Geschäftsprozessmodells als strukturbildendes Element bei der Erzeugung bzw. Nutzung des Systems und seiner Dokumentation liegen auf der Hand:

- der Verantwortliche für die Dokumentation hat einen geringeren Erstellungs- und Pflegeaufwand, da bei Änderungen im Modell oder im System alle da- von betroffenen Teile der Dokumentation leicht identifiziert werden können,

- der Benutzer muss nur eine Nomenklatur lernen,

- der Benutzer kann sich in allen Teilen der Dokumentation schnell orientieren.

Abschließend soll noch die Verwendung der ARIS-EPK zur Verbindung der ein-zelnen Systemteile untereinander erwähnt werden. Der Benutzer kann online aus

---

[5]   BSCW: Basic Support for Co-operative Work (siehe bscw.fit.fraunhofer.de).

einer ARIS-EPK in die zu einem Arbeitsvorgang gehörende Maske im SAP R/3 HR-System verzweigen (vgl. Abb. 8, E) – über Mausklick-Kontextmenü erreichbar. Zum Arbeitsvorgang der EPK kann auch ein Link zur Benutzerdokumentation vorhanden sein (s. o.).

Ferner ist geplant, auch den Rücksprung aus dem SAP R/3 HR-System in die ARIS-EPK umzusetzen. Weitere Verlinkungen, beispielsweise zu Dokumenten auf einem BSCW-Server der BVBW, sollen folgen. Das ARIS-Modell, der so genannte ARIS-Online Guide (vgl. Lasch / Nau et al.), fungiert dann aus Sicht des Anwenders als „Schaltzentrale" zwischen den verschiedenen Bestandteilen des PVS-Gesamtsystems: SAP R/3 HR, ARIS-Modell und Dokumentation.

5   Weitere Aspekte der Prozessmodellnutzung

5.1   Ermittlung von Verbesserungspotenzialen

Auf Basis der Erhebung der Aufbauorganisation und der Prozesse der Personalverwaltung wurden im Rahmen der Ist-Analyse zum Zwecke der Implementierung von SAP R/3 HR Abweichungen und Varianten im Personalbereich der BVBW untersucht, Stärken und Schwächen identifiziert sowie Verbesserungspotenziale aufgezeigt. Dazu wurden die wesentlichen Geschäftsprozesse der Personalverwaltung erhoben und einer kritischen Analyse unterzogen.

Anhand zuvor festgelegter Kriterien wurden auf Basis der Prozessmodelle Verbesserungspotenziale gemeinsam mit den Fachanwendern identifiziert, die in der anschließenden Phase des organisatorischen Soll-Konzeptes in Form von neuen Soll-Prozessen umgesetzt wurden. Dabei konnten nicht zuletzt auch solche Prozessverbesserungen realisiert werden, die unabhängig vom Softwareeinsatz mit organisatorischen Maßnahmen umgesetzt werden können. Grundsätzliche Ansatzpunkte für Verbesserungspotenziale der Arbeitsvorgänge sind beispielhaft in Abb. 9 illustriert.

Mit der Detaildokumentation der Prozesse wurde die angestrebte Transparenz der Ablauf- und Aufbauorganisation in der Personalverwaltung der BVBW erreicht und die Analyse von Schwachstellen sowie die Identifikation von Verbesserungspotenzialen ermöglicht. Daher konnten Aussagen bezüglich der Einheitlichkeit der Prozesse gemacht und Erkenntnisse hinsichtlich der Anzahl der Medienbrüche, der Anzahl organisatorischer Brüche und des Grades bzw. der Qualität der DV-Unterstützung abgeleitet werden.

5.2   Analyse des SAP-Unterstützungsgrads

In der Phase des SAP-basierten Soll-Konzeptes, in deren Rahmen die Umsetzung der Soll-Prozesse mit der SAP-Software festgelegt wurde, konkretisiert sich das Gesamtprojektziel: Hier wurde eine Aussage getroffen über die Eignung des Pro-

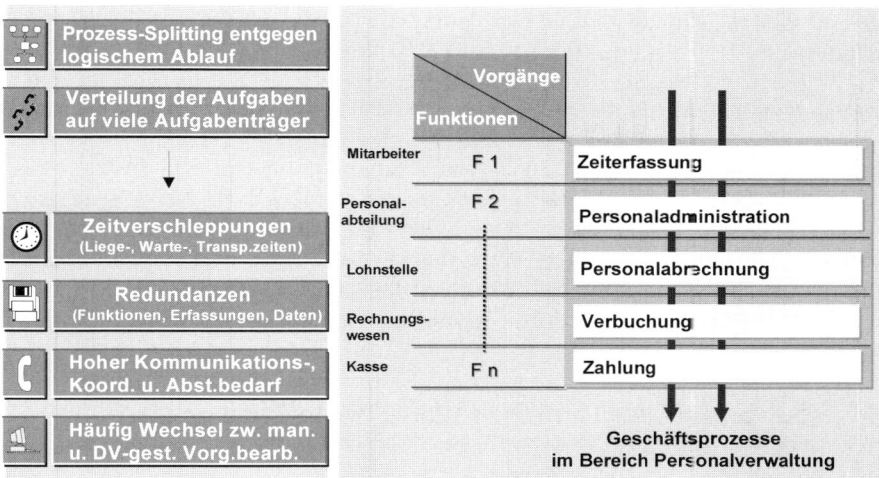

Abb. 9. Mögliche Verbesserungspotenziale eines Verwaltungsprozesses

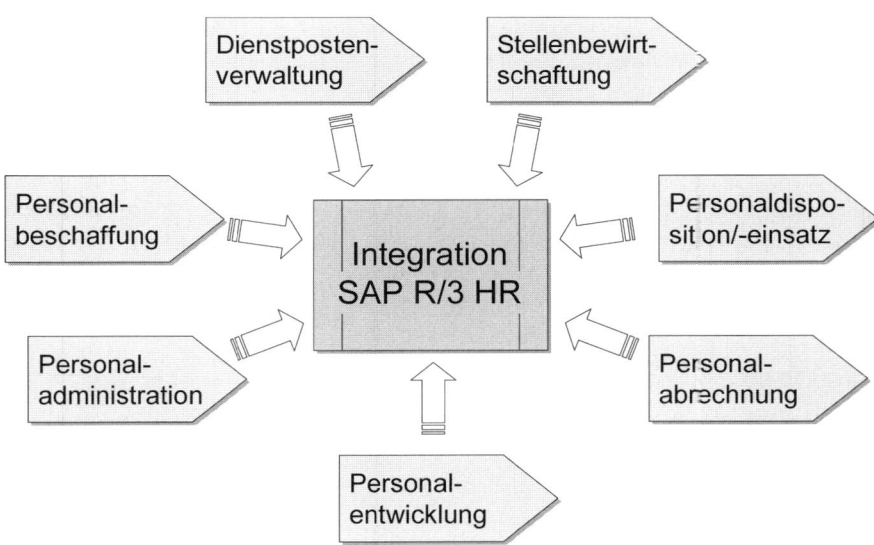

Abb. 10. Integration der Personalverwaltungsprozesse in SAP R/3 HR

duktes SAP R/3 HR, die fachlichen Anforderungen an ein Personal-, Dienstpos-
ten- und Stellenverwaltungssystem in der BVBW zu erfüllen.

Hierzu wurden SAP-Referenzmodelle verwendet. Diese bilden die vom SAP R/3-
System unterstützten Prozesse ab und sind ebenfalls in der ARIS-Methodik beschrieben.

Mit Festlegung der SAP R/3-basierten Soll-Prozesse wurde definiert, welche Prozesse speziell durch das SAP R/3 HR-Modul unterstützt werden, in welchen Bereichen die SAP R/3-Funktionalität durch Zusatzentwicklungen auf die vorliegenden Bedürfnisse angepasst werden muss und welche bestehenden Systeme durch
Schnittstellen anzubinden sind.

Bei der Konzeption der SAP-basierten Soll-Prozesse wurden innerhalb der Arbeitsvorgänge alle Arbeitsschritte bzw. Funktionen auf ihre Abbildbarkeit in
SAP R/3 HR untersucht. Dabei wurde jede Funktion dahingehend betrachtet, ob
sie im Standard des SAP-Systems durchführbar ist, ob eine Erweiterung des SAP-
Systems, z. B. durch zusätzliche Programmierung, notwendig ist oder ob der Einsatz von Non-SAP Produkten, z. B. Office-Software, als sinnvolle Ergänzung angesehen wird. Einige Funktionen werden stets manuell bleiben. Dies sind Funktionen, z. B. *Jubiläumsurkunde überreichen* oder *Bewerbungsunterlagen inhaltlich
prüfen*, bei denen die Umsetzung im SAP-System nicht sinnvoll ist, bzw. bei denen es sich um rein manuelle Tätigkeiten handelt, die nicht durch ein System unterstützt werden können.

Die folgende Tabelle dokumentiert die Ergebnisse der durchgeführten Untersuchung am Beispiel eines Prozesses aus der Stellenbewirtschaftung. Die Skala
reicht dabei von vollständiger Abbildung (●●●●) über teilweise Abbildbarkeit
(●●) bis hin zur Nicht-Berücksichtigung (ohne Markierung).

Tabelle 6. SAP-Abbildbarkeit Arbeitsvorgang *Plan-/Stelle schaffen*[6]

Funktion	Standard	Zusatz	Non-SAP	manuell
Plan-/Stellenbestand prüfen	●●●			●
Plan-/Stellenumwandlung mit BMF abstimmen		●●		●●
Neue Plan-/Stelle beim BMF beantragen	●●	●●		
HH-Plan an Stellenbewirtschafter wei-terleiten	●●●		●	
Plan-/Stelle einrichten / verändern	●●●●			

---

[6]   Schemadarstellung, Inhalt verändert.

Somit wurden die SAP-Lösungsvarianten der zu untersuchenden Prozesse insgesamt nach wie folgt klassifiziert:

SAP-Standard: Abbildung der Geschäftsprozesse durch Systemeinstellungen (Customizing) und SAP-Workflow.

SAP-Erweiterungen: Abbildung der Geschäftsprozesse durch Ergänzung des SAP-Standards, ggf. Modifikation des SAP-Standards, kundenspezifische Formulargestaltung sowie Programmierung von Schnittstellen zu Non-SAP-Systemen.

Aggregiert auf Ebene der übergeordneten Geschäftsprozesse ergab sich das in Abb. 11 dargestellte Bild. Dabei wurde die durch die organisatorische Soll-Konzeption gegebene maximal sinnvolle DV-Unterstützung entsprechend der oben angeführten Gliederung aufgesplittet.

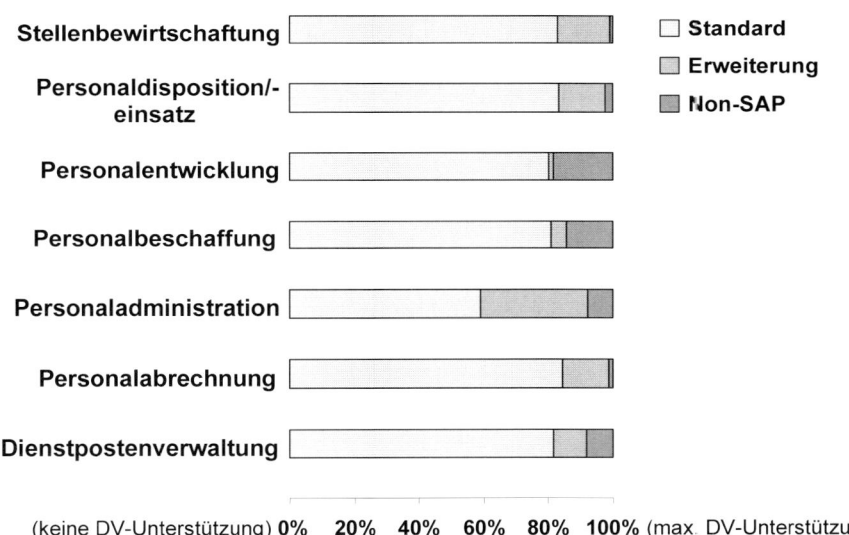

Abb. 11. SAP-Unterstützung der Personalververwaltung der BVBW nach Machbarkeitsanalyse

Der ermittelte SAP-DV-Unterstützungsgrad ließ sich dem im Rahmen der Ist-Analyse ermittelten Ist-DV-Unterstützungsgrad zur quantitativen Bewertung gegenüberstellen.

Mit den Prozessmodellen wurde die Konzeption der organisatorischen Einbettung von SAP R/3 HR in die Abläufe der Personalverwaltung der Organisation erreicht. Neben dieser eher qualitativen Bewertung wurde eine differenzierte, quantitative Beurteilung der Abbildbarkeit in SAP R/3 HR vorgenommen.

5.3   Personalbemessung und Wirtschaftlichkeitsbetrachtung

Im Rahmen der Wirtschaftlichkeitsbetrachtung zur Einführung der Software SAP R/3 HR wurden die wesentlichen einmaligen und laufenden Investitionskosten (Lizenzen, Personal, Beratung, Hardware etc.) geschätzt und den erwarteten Nutzenpotenzialen gegenübergestellt. Die Betrachtung führt zur Ermittlung des Amortisationszeitpunktes.[7]

Die Ermittlung eines mit der Einführung des SAP R/3-Moduls HR zu erzielenden Nutzens erfordert die Differenzierung nach den zwei wesentlichen Aspekten:

- Zeitersparnis in der Sachbearbeitung und

- Qualitätsverbesserung der Personalarbeit.

Zum einen besteht ein quantitativer Nutzen, der es den Mitarbeitern der BVBW ermöglicht, dieselbe bisherige Tätigkeit in kürzerer Zeit zu erledigen, um so die gewonnene Zeit in andere, insbesondere wertschöpfende Tätigkeiten zu investieren (Effektivität) bzw. in derselben Zeiteinheit ein höheres Arbeitspensum zu leisten (Effizienz).

Zum anderen ergibt sich ein qualitativer Nutzen, der sich beispielsweise aus der Vereinfachung von Arbeitsabläufen und insbesondere auch aus dem Wegfall monotoner Tätigkeiten ableitet. Der qualitative Nutzen hat u. a. eine höhere Motivation

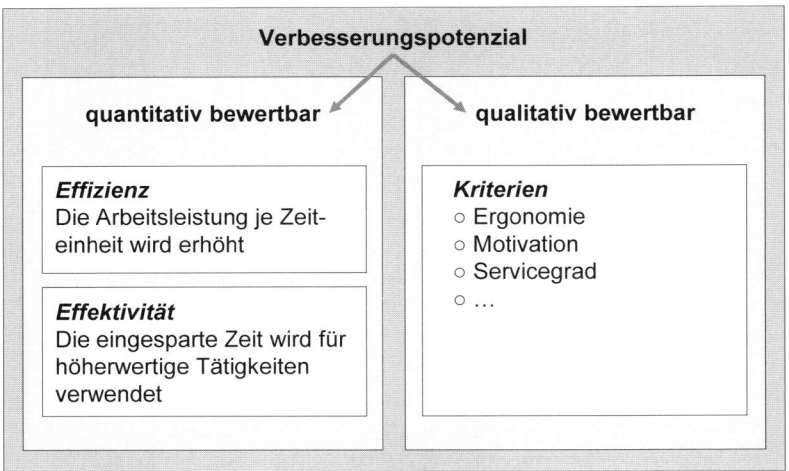

Abb. 12. Bewertbarkeit des Verbesserungspotenzials

---

[7]   Die vollständige, detaillierte investitionstechnische Berechnung wurde mit der Methode und dem Werkzeug" IT-WiBe" durchgeführt (siehe www.kbst.bund.de).

und einen höheren Einsatz der Mitarbeiter zu Folge und lässt sich in erster Linie aus den allgemeinen Zielen des Projektes herleiten (integrierte, redundanzfreie Datenbasis, einheitliches, homogenes DV-System, bessere Auswertungsmöglichkeiten, keine Mehrfachdatenerfassung, verbesserter Informationsfluss). Die Bewertungsmöglichkeiten des zu erzielenden Nutzens eines PVS werden schematisch in Abb. 12 dargestellt.

Im vorliegenden Projekt bildete die Bewertung der Effizienzsteigerung den Schwerpunkt. Die hiermit i. d. R. einhergehende Erhöhung der Effektivität wird in der einschlägigen Literatur in der gleichen Höhe wie die eigentlich erzielten Einsparungen angesetzt.

Bei der exakten Herleitung des quantitativen Nutzens – der Verringerung des benötigten Arbeitsaufwandes – war die Tatsache, dass die Wirtschaftlichkeit eines neuen PVS auf Basis einer SAP-Lösung insbesondere in Abhängigkeit von der Umsetzung der optimierten Geschäftsprozesse zu betrachten ist, maßgeblich. So erschließen sich die Nutzenpotenziale der Standardsoftware erst dann in vollem Umfang, wenn mit der Einführung nicht nur eine Automatisierung, sondern auch die Standardisierung und Optimierung der in dieser Studie definierten Prozesse realisiert wird!

Basis für die Ermittlung des Einsparpotenzials bildete die Anzahl der Stellen in der Personalverwaltung und im Organisationsbereich der BVBW. Bei Betrachtung der spezifischen Ausgangsituation in der BVBW und der Berücksichtigung der konzipierten SAP-gestützten Prozesse der Personalverwaltung sowie unter Heranziehung von vergleichbaren Studien (vgl. beispielsweise auch Hansen / Janko) ergibt sich das (Brutto-)Einsparpotenzial der Personalkapazitäten.[8]

Aufgrund der unterschiedlichen Tätigkeitsschwerpunkte der Mitarbeiter wurde bei der Bewertung des Einsparpotenzials eine Differenzierung entsprechend der Laufbahngruppen vorgenommen und ein Indikator zur Verteilung des Nutzenpotenzials entsprechend der verschiedenen Laufbahngruppen herangezogen.

Zur Berechnung des zu erwartenden Amortisationszeitpunkts (Break-Even-Point) wurden die Kosten, die sich aus den einmaligen Investitionen und den laufenden Betriebskosten ergeben, den Einsparpotenzialen gegenübergestellt. Dabei ist zu beachten, dass sich eine stufenweise Erreichung des Nutzenpotenzials aus der Tatsache ergibt, dass Einsparungseffekte nicht sofort mit der Produktivsetzung des Systems realisiert werden können, sondern sich über einen entsprechenden Zeitraum der Systemeinarbeitung und -nutzung aufbauen.

---

[8]   Beim „Brutto-Einsparpotenzial" muss das benötigte Personal zur Betreuung des Systems (Mitarbeiter-Rechenzentrum, User Help Desk) noch berücksichtigt werden.

6   Fazit

Das BVBW-PVS-Prozessmodell und die damit einhergehende Dokumentation bzw. Spezifikation bilden eine wesentliche Grundlage für die Modernisierung der Personalverwaltung in der Bundesverkehrsverwaltung im Sinne der Definition der notwendigen fachlichen und technischen Anforderungen an eine standardisierte SAP-Systemumgebung für den Hauptprozess Personalverwaltung im Gesamtrahmen von MaAGIE. Dabei beschränkt sich der Nutzen (vgl. Abb. 13) nicht nur auf die konzeptionelle Phase, sondern insbesondere auf die Phase der Realisierung und den laufenden Betrieb des SAP-Systems.

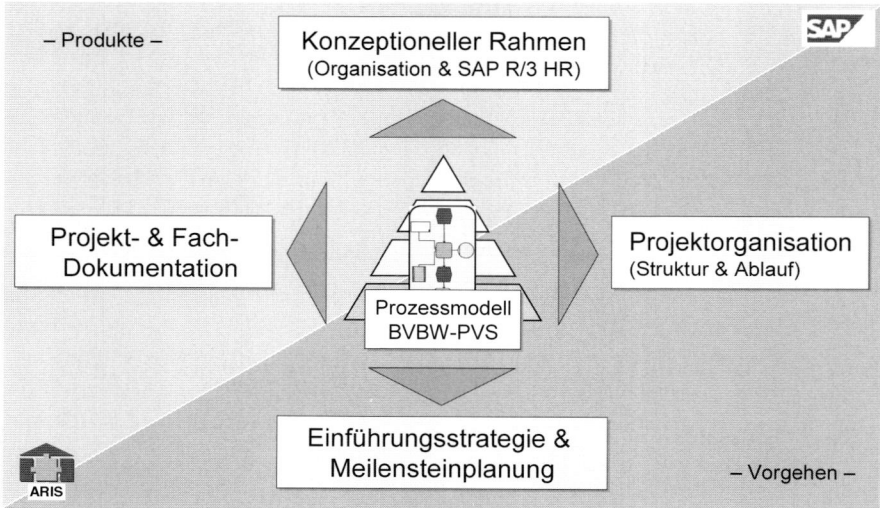

Abb. 13. Nutzen und Anwendung des Prozessmodells BVBW-PVS

Im PVS-Projekt wurde auch insofern ein Beitrag zur Weiterentwicklung von Referenzmodellen geleistet, als die bis zum Jahr 1997 vorliegenden Modelle für den Bereich Personalverwaltung (im öffentlichen Dienst) wesentlich erweitert, verfeinert und qualitativ verbessert wurden. Damit liegt ein für andere öffentliche Verwaltungen im Rahmen der Kieler Verträge nachnutzbares Ergebnis vor, das – mit vertretbarem Anpassungsaufwand – auch von anderen Verwaltungszweigen und -ebenen wiederwendet werden kann.

Die Nutzeneffekte einer prozessorientierten Vorgehensweise lassen sich wie folgt abschließend umreißen:

- Ausschöpfung des vollen Optimierungspotenzials
- Enge Abstimmung zwischen Organisation und IT

- Enge Integration von Modell, Customizing und Anwendung
- Frühzeitig lauffähige Prozesse
- Frühzeitiges Erkennen von Umsetzungsproblemen
- Prozessorientierte Dokumentation des implementierten SAP-Systems

7   Danksagung

Wir danken den Kolleginnen und Kollegen der Bundesverwaltung für Verkehr, Bau- und Wohnungswesen sowie der Fa. IDS Scheer AG, die in den Projekten „BVBW-PVS" und „MaAGIE-Dokumentationskonzept für SAP-Fachprojekte" die oben beschriebenen Ergebnisse mit erarbeitet haben.

Literatur

Bürmann, R.; Hüsselmann, C.: Vom Geschäftsprozess zur SAP-Lösung – Prozessorientierte Standardsoftware-Einführung in der Bundeswehr. In: e-Verwaltung 3/2002, S. 33f

Hüsselmann, C.: Fuzzy-Geschäftsprozessmanagement. Eul-Verlag, Lohmar – Köln 2003, S. 97

Hansen, H.R.; Janko W.H. (Hg.): Diskussionspapiere zum Tätigkeitsfeld Informationsverarbeitung und Informationswirtschaft, Nr. 5. Wirtschaftsuniversität Wien 1988, Kap. 5.7.

Keller, G. et al.: SAP R/3 prozessorientiert anwenden. 3. erw. Auflage, Verlag Addison-Wesley, Bonn 1999, S. 158–175

Lasch, S.; Nau, D. et al.: MaAGIE-Dokumentationskonzept für SAP-Fachprojekte. MaAGIE Fachzentrum der Bundesverwaltung für Verkehr, Bau- und Wohnungswesen, Ilmenau 2004 (BVBW-interne Unterlage).

Scheer, A.-W.: ARIS – Modellierungsmethoden, Metamodelle, Anwendungen. 3. Aufl., Springer, Berlin u.a. 1998

Scheer, A.-W.: Wirtschaftsinformatik – Referenzmodelle für industrielle Geschäftsprozesse. 7. Aufl., Springer, Berlin u.a. 1997, S. 485–511

TEIL V:

HR Business Process Controlling

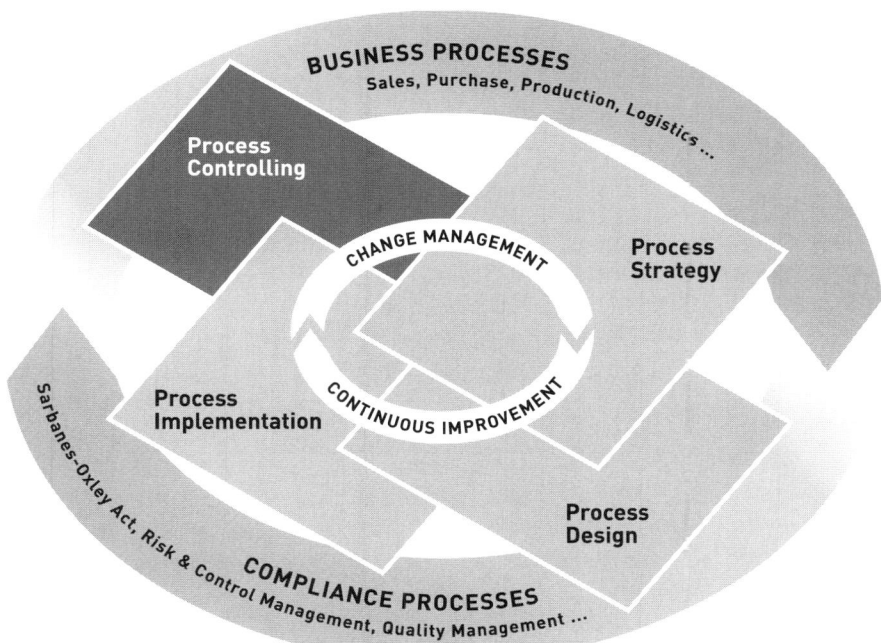

Prozesskostenrechnung mit ARIS am Beispiel eines HR-Outsourcing-Dienstleisters

Daniel Misof
IDS Scheer AG
Daniel.Misof@ids-scheer.com

Zusammenfassung

Die Prozesskostenrechnung ist ein Managementinstrument, dessen Bereitstellung zwar einen gewissen Aufwand bedeutet, das bei überlegter und zielgerichteter Verwendung jedoch einen sehr hohen Nutzen für die Steuerung, Planung, Koordination und Kontrolle von Unternehmensprozessen bietet. Ein zeitgemäßes, leistungsstarkes Controlling bekommt hierdurch Möglichkeiten, die über die klassischen, passiven Berichtsfunktionen hinausgehen: Es kann die Gestaltung der Aufbau- und Ablauforganisation beratend und proaktiv beeinflussen.

Der folgende Artikel beschreibt am Beispiel eines HR-Outsourcing-Dienstleisters, wie mit der Prozessmanagement-Software ARIS die Aufgabe „Prozesskostenrechnung" mit all ihren Facetten umfassend gelöst werden kann. Das Aufgabenspektrum reicht hierbei von der reinen Berechnung von Prozesskosten unter Berücksichtigung verschiedener Kostenarten über die Kapazitätssteuerung von Ressourcen bis hin zur Unterstützung der Geschäftsprozessoptimierung.

Schlüsselwörter

Prozesskostenrechnung, Personalkosten, Anwendungssystemkosten, Maschinenkosten, Materialkosten, Benchmarking, Kapazitätssteuerung, Service Level Agreement, Preisgestaltung, Geschäftsprozessoptimierung, ARIS Business Designer, ARIS Business Optimizer

1   Ausgangssituation und Ziele

Gegenstand der vorliegenden Betrachtung ist ein Outsourcing-Dienstleister, der für seine Kunden Dienstleistungen im Bereich der Personaladministration erbringt. Den Anstoß zur Beauftragung eines solchen Dienstleisters gibt sehr oft eine im Rahmen einer Business-Case-Analyse durchgeführte Prozesskostenbetrachtung des Support-prozesses „Personalverwaltung", die zum Ergebnis hatte, dass ein externer, auf diesen Bereich spezialisierter Anbieter die gleichen Leistungen bei gleicher Qualität mit einer höheren Effizienz hinsichtlich Kosten und Zeiten erbringen kann. Als Alternative zu einer solchen Outsourcing-Entscheidung wäre auch eine Optimierung der bestehenden Prozesse denkbar, wobei es allerdings gerade für kleine und mittlere Unternehmen oft sehr schwierig ist, Prozesskosten zu realisieren, die ein Outsourcing-Dienstleister aufgrund von Skaleneffekten problemlos erreichen kann (vgl. Kaplan, Cooper, 1999, S. 317ff). Im vorliegenden Beispiel hat sich der Outsourcing-Dienstleister für die Implementierung einer Prozesskostenrechnung entschieden, um unter anderem die folgenden Ziele zu erreichen:

- Ermittlung von Prozesszeiten als Grundlage für die Vereinbarung von Service Levels

- Schaffung einer validen Basis für die SLA[1]-spezifische Preisgestaltung mittels Prozesskosten

- Steuerung der Kapazitätsbedarfe der zur Prozessdurchführung erforderlichen Ressourcen

- Benchmarking von Prozesskennzahlen mittels ressourcenbezogener Prozess-kostenanteile

- Unterstützung strategischer Entscheidungen

- Identifizierung und Bewertung von Prozessverbesserungen

In die Prozesskostenrechnung werden hierbei alle wesentlichen Geschäftspro-zesse einbezogen, wobei der Fokus dieser Betrachtung auf repetitiven Kernge-schäftsprozessen liegt, welche in direktem Zusammenhang mit Dienstleistungs-produkten und Kunden stehen (vgl. Avy, Kauferstein, 2004, S. 42). Diese Prozesse, deren Durchführung in Form von kundengruppenspezifischen SLA-Typen vereinbart wird, werden unter anderem zum Zweck der Prozesskosten-rechnung unter Berücksichtigung aller kostenrelevanten Faktoren mit *ARIS Business Designer* modelliert und mittels *ARIS Business Optimizer* quantitativ aus-gewertet und analysiert.

---

[1]   Service Level Agreement (Dienstleistungsvereinbarung)

2   Wesen der Prozesskostenrechnung

Die Prozesskostenrechnung gewinnt gerade im Dienstleistungssektor zunehmend an Bedeutung, denn mit traditionellen Kostenrechnungsmethoden lassen sich einige Fragen, die für die Unternehmenssteuerung wichtig sind, nur unzureichend oder überhaupt nicht mehr beantworten, seit sich die Kostenstrukturen im Zuge des technischen Fortschritts verändert haben. Die Prozesskostenrechnung versetzt Unternehmen in die Lage, kostenorientierte Kennzahlen zu ermitteln, die zusammen mit Qualitäts- und Durchlaufzeitenkennzahlen drei wichtige Parameter für die Beschreibung interner Prozesse liefern (vgl. Norton, Kaplan, 1997, S. 118).

Der wesentliche Grundsatz der Prozesskostenrechnung besagt: Kosten entstehen erst bei der Nutzung von Ressourcen im Rahmen der zur Leistungserstellung erforderlichen Prozessdurchführung. Außerdem sind Kostenträger grundsätzlich nur mit den Kosten zu belasten, die sie auch wirklich verursachen. Hierin liegt der wohl deutlichste Unterschied zu traditionellen Kostenrechnungsmethoden, da dort die Kosten bereits bei der Vorhaltung von Ressourcen entstehen, und zwar unabhängig davon, ob sie vollständig genutzt werden oder ggfs. Überkapazitäten aufweisen. Während die Kostenträgerkosten bei der Prozesskostenrechnung also weitgehend stabil sind und sich aufgrund von Prozessoptimierungen tendenziell eher nach unten bewegen sollten, verhalten sich die Kostenträgerkosten bei traditionellen Kostenrechnungsverfahren eher instabil, da Kosten, die nicht direkt mit der Kostenträgererstellung zusammenhängen, je nach Auftragslage mal auf mehr und mal auf weniger Kostenträger verteilt werden.

Die Quantifizierung des Ressourcenverbrauchs bzw. der Ressourcennutzung im Rahmen der Durchführung von Prozessen erfolgt sowohl bei traditionellen Kostenrechnungsarten als auch bei der Prozesskostenrechnung mittels Kostentreibern. Im Gegensatz zur traditionellen Kostenrechnung, wo eher statische Kostentreiber verwendet werden, wie z. B. „Geleistete Arbeitsstunden je Kostenstelle", werden in der Prozesskostenrechnung eher dynamische Kostentreiber, wie z. B. „Absatzmenge je Kostenträger", verwendet (vgl. Kaplan, Cooper, 1999, S. 58).

3   Vorgehensweise

Der nachfolgend beschriebene Ablauf verdeutlicht, wie die Prozesskostenrechnung mit *ARIS* im vorliegenden Fall durchgeführt wird.

Aufgrund der Tatsache, dass Unternehmen unterschiedliche Anforderungen an Prozesskostenrechnungslösungen stellen, bietet *ARIS Business Optimizer* die Möglichkeit einer flexiblen, an die jeweiligen unternehmens- bzw. branchenspezifischen Erfordernisse angepasste Konfiguration. Die im vorliegenden Fall beschriebene Prozesskostenrechnungsmethode basiert auf den Anforderungen des

HR-Outsourcing-Dienstleisters hinsichtlich einer *ARIS-Business-Optimizer*-Lösung, die es ermöglicht, auf Basis von bewerteten ARIS-Prozessmodellen sowohl Prozess- und Durchlaufzeiten, Prozesskosten und ressourcenbezogene Prozesskostenanteile als auch ressourcenbezogene Kapazitätsbedarfe und Auslastungsgrade nach definierten Berechnungsalgorithmen zu ermitteln.

4   Strukturerhebung

Die Erhebung von Strukturinformationen in Form von ARIS-Modellen bildet die Basis für die Prozesskostenrechnung mit *ARIS Business Optimizer*. Hierbei werden die Zusammenhänge zwischen den für einen Servicenehmer gemäß SLA bereitzustellenden HR Dienstleistungsprodukten, den damit verbundenen Prozessen und den zur Durchführung der Prozesse benötigten Ressourcen identifiziert und modelliert. Die Modellierung der Strukturen und Zusammenhänge bzgl. der Dienstleistungsprodukte, Prozesse und Ressourcen erfolgt durch die für das Prozessmanagement verantwortliche Zentralabteilung in Kooperation mit den jeweiligen Fach- oder Zentralbereichen unter Verwendung von *ARIS Business Designer*. Um die Aktualität der Modellstrukturen stets zu gewährleisten, werden diese ständig auf ihre Gültigkeit hin überprüft und mindestens einmal jährlich sowie bei Auftreten konkreter Veränderungen angepasst.

4.1 Hauptprozesse

Hinsichtlich der grafischen Darstellung von Hauptprozessen in *ARIS* wurde die Methode der „Prozessauswahlmatrix" gewählt. Für einen Hauptprozess werden hierbei die dafür benötigten Teilprozesse in der Reihenfolge ihres zeitlichen Ablaufs abgebildet (vgl. Abb. 1). Je SLA-Typ wird für jeden im Rahmen einer Outsourcing-Vereinbarung zu leistenden Hauptprozess-Typ eine separate Prozessauswahlmatrix erstellt, die gewissermaßen eine Übersetzung eines mit einem Outsourcing-Kunden vereinbarten SLA-Typs, bezogen auf einen Hauptprozess-Typ, darstellt. Der in dem Modell darzustellende Ablauf hat dabei nur generischen Charakter und stellt lediglich den groben Ablauf eines Hauptprozesses dar, unabhängig von produkt- bzw. kundenbezogenen Besonderheiten.

Grundsätzlich kann ein Hauptprozess zwei verschiedene Arten von Teilprozessen enthalten, die sich bezüglich der Häufigkeit ihres Auftretens unterscheiden: leistungsmengeninduzierte und leistungsmengenneutrale Teilprozesse. Während die Häufigkeit der Durchführung von leistungsmengeninduzierten Teilprozessen vom Geschäftsvolumen abhängt, ist die Häufigkeit der Durchführung der leistungsmengenneutralen Teilprozesse im Bezug auf einen Zeitraum konstant. Leistungsmengeninduzierte Teilprozesse werden direkt durch seitens des Servicenehmers beauftragte Geschäftsvorfälle ausgelöst, weswegen sie auch als direkte Prozesse bezeichnet werden, wohingegen sich die leistungsmengenneutralen Teilprozesse eher auf indirekte Prozesse, wie z. B. Abstimmungsarbeiten, beziehen.

4.2   Produkte

Die Modellierung der bereitzustellenden Dienstleistungsprodukte, wie sie im Rahmen eines mit einem Kunden vereinbarten SLA festgelegt wurden, erfolgt im selben Modell, in welchem auch die Haupt- und Teilprozesse abgebildet werden. Hierbei werden die strukturellen Zusammenhänge zwischen den für einen Kunden zu leistenden Dienstleistungsprodukten und den dafür auszuführenden Haupt- und Teilprozessen dargestellt.

Während die vertikale Sicht der Prozessauswahlmatrix den generischen Ablauf des Hauptprozesses über die darin enthaltenen Teilprozesse aufzeigt, stellt die horizontale Sicht die verschiedenen Szenarien dar, für die der Hauptprozess ausgeführt wird. Die Kombination aus Hauptprozess und Szenarien ergibt die sog. Hauptprozess-Szenarien, die für die einzelnen Dienstleistungsprodukte innerhalb eines Hauptprozesses stehen. So ist das Hauptprozess-Szenario „Personalabrechnung Gehalt tariflich" gleichzeitig ein Dienstleistungsprodukt, wie es im SLA mit einem Kunden vereinbart wurde. An den Schnittpunkten der horizontalen und der vertikalen Sicht sind die sog. Teilprozess-Szenarien abgebildet. Sie stellen die Verbindung zwischen einem Szenario bzw. Dienstleistungsprodukt, wie z.B. „Personalabrechnung Gehalt tariflich", und einem Teilprozess, wie z.B. „Bearbeitung Mitarbeitereintritte", dar (vgl. Abb. 1).

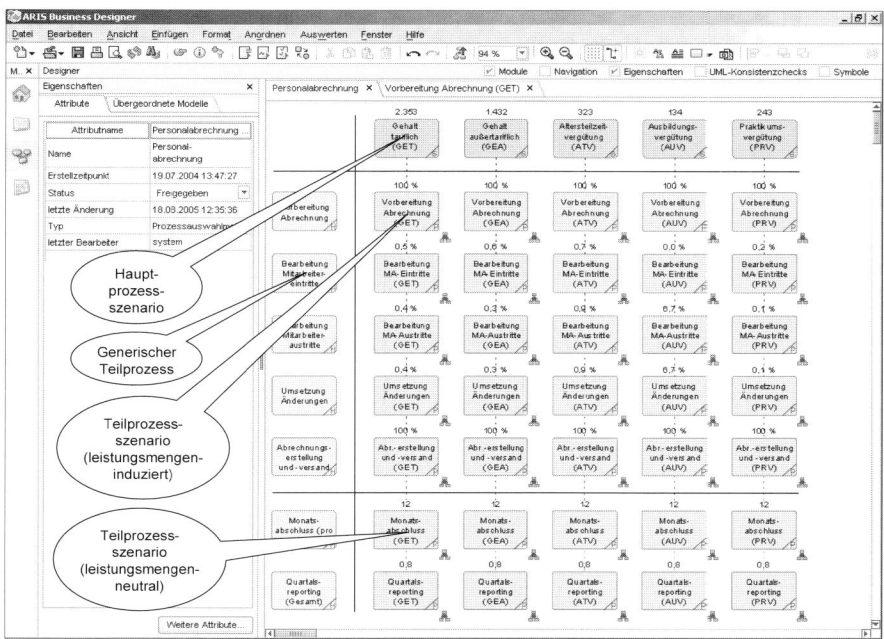

Abb. 1. Hauptprozess „Personalabrechnung" mit Dienstleistungsprodukten als Prozessauswahlmatrix

4.3 Ressourcen

Die Modellierung von Ressourcen ist erforderlich, um einerseits deren Kosten den Funktionen zuordnen und andererseits deren Kapazitätsbedarfe feststellen zu können. Während die originäre Modellierung von Ressourcenobjekten in zentralen Übersichtsmodellen wie z. B. Organigrammen und Anwendungssystemdiagrammen erfolgt, werden zur Modellierung der Teilprozess-Szenarien lediglich Ausprägungen dieser Objekte verwendet.

Ein wesentliches Merkmal zur Charakterisierung von Ressourcen im Bezug auf die Prozesskostenrechnung ist die Flexibilität ihres Einsatzes. Da hierbei sowohl die Kosten der zur Prozessdurchführung bereitgestellten Ressourcen als auch deren tatsächliche Inanspruchnahme relevant sind, werden die im Folgenden beschriebenen Ressourcenarten unterschieden (vgl. Kaplan, Cooper, 1999, S. 384).

Flexible Ressourcen

Bei den flexiblen Ressourcen, die im vorliegenden Fall externe Personalressourcen und Materialressourcen umfassen, ist der Zusammenhang zwischen Bereitstellung und Inanspruchnahme linear, d. h. es werden Kapazitäten in gleichem Umfang bereitgestellt, wie sie auch verbraucht werden.

Externe Personalressourcen werden nur dann Funktionen zugeordnet, wenn die Durchführung dieser Funktionen auf Dauer durch externe Mitarbeiter erfolgt, wie z. B. die Unterstützung einer Lohnsteuer-Außenprüfung durch einen externen Steuerberater. Diejenigen externen Personalressourcen, die lediglich zur Bewältigung von Beschäftigungsspitzen eingesetzt werden, finden keinen Eingang in die Modellierung, da sie sich nicht einzelnen Funktionen zuordnen lassen. Wie die Kosten dieser temporären externen Personalressourcen dennoch den Prozessen zugeordnet werden können, wird im Abschnitt „Flexible Personalressourcen" erläutert.

Die in den Prozessmodellen zuzuordnenden flexiblen Materialressourcen umfassen unter anderem Formularvordrucke, die im Rahmen des Outputmanagements benötigt werden, wie z. B. der Formularvordruck für eine Arbeitsbescheinigung.

Phasengebundene Ressourcen

Phasengebundene Ressourcen haben die Eigenschaft, dass sich die Ausgaben für ihre Bereitstellung nur in festen Schritten an veränderte Beschäftigungssituationen anpassen lassen. Dieses trifft im vorliegenden Fall sowohl auf Personal- und Anwendungssystem- als auch auf Maschinenressourcen zu. Das Ausmaß der Ressourcenbereitstellung wird bei diesen Ressourcenarten in aller Regel erst dann verändert, wenn deren Auslastungsgrade bestimmte Grenzen über- oder unterschreiten. Man spricht in diesem Zusammenhang auch von sprungfixen Kosten, da eine Veränderung der Kapazität einer Ressource eine sprunghafte Auswirkung auf deren Kosten hat.

Für Personalressourcen gilt, dass deren Kapazitäten innerhalb bestimmter Beschäftigungsgrenzen fix sind und Überauslastungen innerhalb dieser Grenzen mittels Überstunden und temporärer externer Personalressourcen bewältigt werden. Die modellierungstechnische Darstellung der Personalressourcen, deren aufbauorganisatorische Gliederung im vorliegenden Fall weder funktionalen noch feldorientierten, sondern produkt- bzw. kundenorientierten Charakter aufweist, erfolgt mittels der Objekte „Typ Organisationseinheit" und „Typ Stelle". Hierbei unterscheiden sich die verschiedenen Organisationseinheiten bzw. Stellen eines bestimmten Typs lediglich bzgl. der Branchen bzw. Kundengruppen, die sie betreuen.

Die sowohl zur Unterstützung als auch zur Durchführung von Funktionen erforderlichen Anwendungssystemressourcen sind innerhalb von Beschäftigungsgrenzen ebenfalls fix. Überauslastungen der Anwendungssystemkapazitäten können im Gegensatz zu Personalressourcen allerdings nicht kurzfristig bewältigt werden, und die mit verlängerten Antwortzeiten oder Ablehnungen von Dienstanfragen einhergehenden verlängerten Durchlaufzeiten können zu Vertragsstrafen aufgrund der Verletzung von Service-Level-Vereinbarungen führen (vgl. Avy, Kauferstein, 2004, S. 42).

Ebenfalls zu den phasengebundenen Ressourcen zählen die vor allem im Rahmen des Outputmanagements eingesetzten Maschinenressourcen, wie z. B. Poststraßen, da deren Kapazitäten bei Über- oder Unterschreitung der Beschäftigungsgrenzen durch Erhöhung oder Verringerung der Anzahl der zur Verfügung stehenden Maschinen sprunghaft verändert werden.

Gebunden-fixe Ressourcen

Nahezu resistent gegenüber Veränderungen des Beschäftigungsvolumens verhalten sich die gebunden-fixen Ressourcen, zu denen in erster Linie Raum- und Infrastrukturressourcen zählen. Solange keine deutliche Über- oder Unterschreitung der Kapazitätsgrenzen vorliegt, werden in der Regel auch keine Anpassungen der Kapazitäten vorgenommen. In der Konsequenz bedeutet dies, dass Veränderungen des Beschäftigungsvolumens keine unmittelbaren Auswirkungen auf die diesbezüglichen Kosten haben.

Da die Zuordnung von gebunden-fixen Ressourcen zu einzelnen Funktionen weder möglich noch sinnvoll ist, finden diese auch keinen Eingang in die Modellierung. Um die Kosten dieser Ressourcen dennoch in die Prozesskostenrechnung zu integrieren, werden die im Rahmen des Facility Managements entstehenden Kosten mittels geeigneter Kostentreiber in die Kosten der flexiblen und phasengebundenen Ressourcen integriert (vgl. Abschnitt 5.2).

4.4 Teilprozesse

Im Gegensatz zu Hauptprozessen, bei welchen lediglich der generische Ablauf der jeweils beinhalteten Teilprozesse aufgezeigt wird, erfordert die Modellierung der Teilprozesse bzw. Teilprozess-Szenarien selbst eine genaue Betrachtung sowohl der zeitlich-logischen Abläufe von Ereignissen und Funktionen als auch der beteiligten Ressourcen, was durch die Verwendung des Modelltyps EPK[2] gewährleistet wird. Die Zuordnung der flexiblen und phasengebundenen Ressourcen zu den Funktionen erfolgt hierbei durch die Modellierung der in den Zentralmodellen originär erstellten Ressourcenobjekte und der Verbindung mit den Funktionen mittels Kanten.

Die verschiedenen Szenarien eines Teilprozesses, die sog. Teilprozess-Szenarien, können bezüglich ihres zeitlich-logischen Ablaufs und ihrer Basisdaten (z. B. Bearbeitungszeiten der Funktionen) Dienstleistungsprodukt-spezifische Unterschiede aufweisen, können aber auch über verschiedene Dienstleistungsprodukte hinweg identisch sein. Um eine mehrfache Modellierung des gleichen Teilprozesses für verschiedene Szenarien bzw. Dienstleistungsprodukte und den damit verbundenen Modellierungsaufwand zu vermeiden, werden die Teilprozesse in einer Weise modelliert, die sie für alle Szenarien bzw. Dienstleistungsprodukte und möglichst auch für verschiedene Kundengruppen- bzw. Branchen-spezifische SLA-Typen anwendbar macht. Modellierungstechnisch bedeutet dies, dass den verschiedenen Dienstleistungsprodukt-spezifischen Szenarien eines Teilprozesses ein und dasselbe Modell vom Typ EPK hinterlegt wird. Eine einmal modellierte EPK kann damit also nicht nur innerhalb eines SLA-Typs, d. h. einer Prozessauswahlmatrix, mehrfach verwendet werden, sondern auch übergreifend über mehrere SLA-Typen und damit Prozessauswahlmatrizen hinweg. Die Berücksichtigung von Unterschieden zwischen Dienstleistungsprodukten oder SLA-Typen, wie z. B. abweichende Bearbeitungszeiten von Funktionen, erfolgt im Rahmen der Basisdatenerhebung (vgl. Abschnitt 5). Diese, den Modellierungsaufwand deutlich reduzierende Vorgehensweise, wird durch das in *ARIS Business Optimizer* verankerte Instanzierungskonzept ermöglicht, durch welches einmal modellierte Objekte zum Zwecke der Prozesskostenrechnung für unterschiedliche Dienstleistungsprodukte und SLA-Typen kopiert werden.

5   Basisdatenerhebung

Einen weiteren wichtigen Baustein der Prozesskostenrechnung stellen die sog. Basisdaten dar. Sie werden auf Grundlage der im Rahmen der Strukturerhebung erstellten Modelle ermittelt und in die entsprechenden Datenfelder des *ARIS Business Designer*s bzw. des *ARIS Business Optimizer*s überführt. Um auch hier den

---

[2]   Ereignisgesteuerte Prozesskette

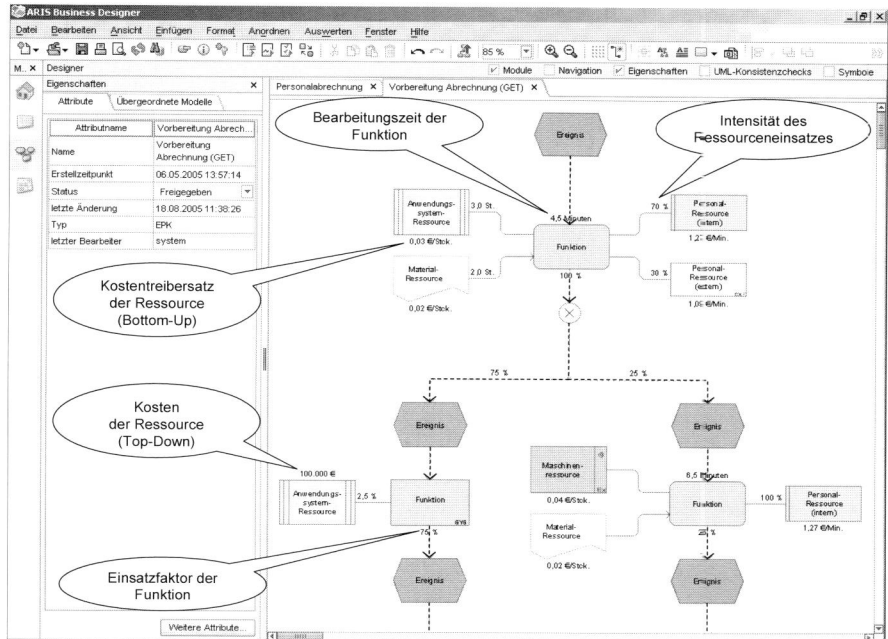

Abb. 2. Teilprozess-Szenario als EPK

Aufwand auf das Notwendigste zu beschränken, werden für Datenfelder, die im Rahmen der Basisdatenerhebung keine Werte erhalten, automatisch „null", „eins" oder andere vordefinierte Werte als Defaultwerte übernommen. Wenn also beispielsweise eine Funktion den Wert „null" als Bearbeitungszeit aufweist, weil sie automatisiert durch ein Anwendungssystem durchgeführt wird, so muss dieser Wert nicht zugeordnet werden, sondern es wird automatisch der Wert „null" übernommen.

5.1 Kostentreiber

Wie die Bezeichnung bereits vermuten lässt, handelt es sich bei Kostentreibern um die für die Prozesskostenrechnung wesentlichen ergebnisbestimmenden Faktoren. Hinsichtlich ihrer Funktion lassen sich grundsätzlich die drei verschiedenen Kostentreiberarten Transaktions-, Zeit- und Intensitätstreiber unterscheiden (vgl. Kaplan, Cooper, 1999, S. 130 ff).

Transaktionstreiber

Zur Beschreibung, wie oft einzelne Hauptprozess-Szenarien, d. h. Dienstleistungsprodukte, bezogen auf einen Zeitraum für einen Outsourcing-Kunden im Rahmen eines SLAs geleistet werden, sind die entsprechenden Werte den betreffenden

Hauptprozess-Szenarien zuzuordnen (vgl. Avy, Kauferstein, 2004, S. 29). Da sich die Transaktionstreiber der Hauptprozess-Szenarien im Zeitablauf dynamisch verhalten und eine manuelle Überführung der Daten aufwändig und fehleranfällig wäre, werden diese über einen xml-Datenimport aus einem Planungs- und Controlling-System entnommen, das die entsprechenden zukunftsbezogenen Daten bereithält.

Bei den Teilprozess-Szenarien stehen bzgl. ihrer mengenmäßigen Gewichtung alternativ zwei verschiedene Arten von Transaktionstreibern zur Verfügung: Steht ein Teilprozess-Szenario in direkter Mengenabhängigkeit zu dem ihm übergeordneten Hauptprozess-Szenario, handelt es sich also um ein sog. leistungsmengeninduziertes Teilprozess-Szenario, so wird diese mengenmäßige Abhängigkeit mittels des Attributs „Einsatzfaktor pro Teilprozess-Szenario" beschrieben. Besteht ein solcher mengenmäßiger Zusammenhang zwischen einem Teilprozess-Szenario und dem ihm übergeordneten Hauptprozess-Szenario nicht, weil das Teilprozess-Szenario z. B. mit einer festgelegten Häufigkeit pro Zeitraum durchgeführt wird, dann handelt es sich um ein sog. leistungsmengenneutrales Teilprozess-Szenario, dem eine eigenständige Menge mittels des Attributs „Menge pro Teilprozess-Szenario" direkt zugeordnet wird. Aufgrund der Tatsache, dass sich die Transaktionstreiber der Teilprozess-Szenarien lediglich aufgrund von SLA- oder Prozessanpassungen verändern, ist eine automatisierte Übernahme der Werte nicht erforderlich, und die Pflege erfolgt durch die jeweiligen Prozessverantwortlichen mittels Dateneingabe im *ARIS Business Designer*.

Die mengenmäßige Gewichtung von Funktionen bezogen auf den einmaligen Durchlauf eines Teilprozess-Szenarios erfolgt mittels des Attributs „Einsatzfaktor" und steht in direkter Abhängigkeit zum zeitlich-logischen Ablauf innerhalb einer EPK. Befindet sich eine Funktion beispielsweise in einem Prozesspfad, der bezogen auf das gesamte Modell mit einer Wahrscheinlichkeit von 15 % auftritt, so wird dieser Wert der Funktion als Einsatzfaktor zugewiesen. Da die Einsatzfaktoren bezogen auf die verschiedenen Hauptprozess-Szenarien Unterschiede aufweisen können, wird an dieser Stelle das Instanzierungsverfahren genutzt, welches ermöglicht, dass pro Teilprozess nur eine EPK erstellt werden muss, die dann den verschiedenen Dienstleistungsprodukt-bezogenen Teilprozess-Szenarien mittels Objekthinterlegungen zugeordnet wird. Die Einsatzfaktoren der Funktionen in den einzelnen Teilprozess-Szenarien können nun bei Bedarf an ggf. vorhandene, spezielle Anforderungen einzelner Dienstleistungsprodukte innerhalb eines Hauptprozesses angepasst werden. Hierbei ist es auch möglich, Funktionen vollständig zu aktivieren oder zu deaktivieren, indem als Einsatzfaktor der Wert „0 %" bzw. „100 %" zugeordnet wird. Auf diese Weise können selbst Unterschiede im Prozessablauf unter Vermeidung der mehrfachen Modellierung von gleichen oder ähnlichen Sachverhalten dargestellt werden. So sind beispielsweise im Teilprozess „Bearbeitung Mitarbeiter-Eintritt" für das Dienstleistungsprodukt „Praktikums-Vergütung" einige Funktionen nicht durchzuführen, die für andere Dienstleistungsprodukte erforderlich sind. Den betreffenden Funktionen wird als Einsatzfaktor somit der Wert „0 %" zugeordnet.

Die Ermittlung der Wahrscheinlichkeiten und damit der Einsatzfaktoren erfolgt jeweils aufgrund von Prozessveränderungen sowie mindestens einmal pro Jahr mittels Systemauswertungen, Aktenumlaufverfahren und Schätzverfahren. Die Eingabe der so ermittelten Werte erfolgt durch die Prozessverantwortlichen mittels *ARIS Smart Input for Business Optimizer*.

Zeittreiber

Hinsichtlich der verursachungsgerechten Zuordnung von Personalkapazitäten zu manuell durchzuführenden Funktionen werden jeweils nach Prozessveränderungen und darüber hinaus mindestens einmal jährlich die jeweils benötigten Bearbeitungszeiten ermittelt. Hierfür erfolgen Schätzungen durch jeweils drei an der Durchführung eines Teilprozess-Szenarios beteiligte Mitarbeiter. Um der Realität möglichst nahe zu kommen, werden durch die befragten Personen jeweils der häufigste sowie der niedrigste und der höchste Wert geschätzt, wobei der häufigste Wert zu zwei Dritteln und die beiden Extremwerte zu jeweils einem Sechstel in die Ermittlung des Mittelwertes eingehen. Im Anschluss an die Mittelwertbildung erfolgen die Plausibilisierung sowie die Eingabe der Werte durch die Prozessverantwortlichen wiederum mittels *ARIS Smart Input for Business Optimizer*. Da auch Zeittreiber Dienstleistungsprodukt-bezogene Unterschiede aufweisen können, wird hier ebenfalls das im Abschnitt „Transaktionstreiber" beschriebene Instanzierungsverfahren genutzt.

Intensitätstreiber

Um zu beschreiben, in welchem Ausmaß Ressourcen zur Durchführung von Funktionen beansprucht werden, stehen sog. Intensitätstreiber zur Verfügung. Die entsprechenden Werte werden, wie bei den funktionsbezogenen Transaktions- und Zeitreibern, jeweils aufgrund von Prozessveränderungen, mindestens aber einmal jährlich ermittelt und durch die entsprechenden Prozessverantwortlichen unter Nutzung des Instanzierungsverfahrens gepflegt (vgl. Abschnitte „Transaktionstreiber" und „Zeittreiber"). Die Zuordnung von Intensitätstreibern erfolgt jeweils in der Verbindung (Kante) zwischen einer Funktion und der zu ihrer Durchführung benötigten Ressource.

Der Personalressourcen-bezogene Intensitätstreiber „Intensität pro Stellentyp" beschreibt, mit welcher prozentualen Wahrscheinlichkeit ein Stellentyp eine bestimmte Funktion bearbeitet. Wird eine Funktion alternativ durch verschiedene Stellentypen bearbeitet, so ergeben die verschiedenen Intensitätstreiber zusammen 100 %. Im Falle einer kumulativen Bearbeitung durch verschiedene Stellentypen oder mehrerer Personen des gleichen Stellentyps (z. B. Vier-Augen-Prinzip) kann die Summe aller Intensitätstreiber oder auch ein einzelner Intensitätstreiber über 100 % betragen.

Die Intensität des Einsatzes von Anwendungssystem-, Maschinen- und Material-
ressourcen wird in Form von direkten Mengen beschrieben. In diesen kommt
Ausdruck, wie viele Anwendungssystemaufträge, Maschinentransaktionen oder
Materialeinheiten zur einmaligen Durchführung einer Funktion benötigt werden.

Bei Anwendungssystem- und Maschinenressourcen, deren Nutzung sich nicht mittels Transaktionsmengen quantifizieren lässt, können die Kosten des Betrach-
tungszeitraums mittels entsprechender Intensitätstreiber auch „top-down" prozen-
tual auf die durch eine Ressource jeweils unterstützten Funktionen verteilt werden.

5.2   Kosten und Kapazitäten

Für die Berechnung von aussagekräftigen Prozesskennzahlen ist die Berücksichtigung der Kosten aller in Zusammenhang mit den Prozessen stehenden Ressourcen
eine wichtige Voraussetzung. Bezüglich der Kapazitäten der beteiligten Ressourcen ist eine Ermittlung der entsprechenden Daten hingegen nur für Ressourcen erforderlich, für die auch Kostentreibersätze und / oder Kennzahlen zur Kapazitätssteuerung zu berechnen sind. Die Zuordnung der Kosten- und Kapazitätsdaten
erfolgt durch die für die jeweiligen Ressourcen zuständigen Controlling-Bereiche
mittels *ARIS Smart Input for Business Optimizer* auf Basis der in den Ressourcen-
spezifischen Zentralmodellen dargestellten Ressourcen. Um die Aktualität der Daten zu gewährleisten, erfolgt die Anpassung dieser Basisdaten jeweils einmal jährlich für alle Ressourcen und darüber hinaus bei nachhaltigen Veränderungen der
Kosten- bzw. Kapazitätssituation einzelner Ressourcen.

Phasengebundene Personalressourcen

Die Kostenkomponenten der phasengebundenen Personalressourcen bilden zum einen die direkten Personalkosten, die aus den für einen Mitarbeiter unmittelbar entstehenden Kosten einschließlich der Kosten für die Arbeitsplatzausstattung resultieren, und zum anderen die indirekten Personalkosten, die sich aus anteiligen, mittels
geeigneter Kostentreiber ermittelter Kosten für die Personalführung, das HR-
Management, das Facility-Management und das IT-Management zusammensetzen.
Die jeweilige Kapazität von Personalressourcen wird aus der Summe der Arbeitsta-
ge eines Jahres unter Abzug der Urlaubstage sowie der durchschnittlichen durch
Krankheit und Weiterbildung bedingten Abwesenheitszeiten berechnet.

Phasengebundene Anwendungssystemressourcen

Die Kosten der phasengebundenen Anwendungssystemressourcen ergeben sich
aus den direkten Kosten für Hardware (AfA, Miete, Wartung), Software (AfA, Lizenzen, Wartung) und Implementierungsprojekte sowie den anteiligen indirekten
Kosten für das IT-Management und das Facility-Management, die mittels entsprechender Kostentreiber ermittelt werden (vgl. Abschnitt 6.2).

Im Gegensatz zu den Kostendaten sind die Kapazitätsdaten lediglich für diejenigen Anwendungssystemressourcen heranzuziehen, deren Kosten mittels Kostentreibersätzen den durch sie unterstützten Funktionen zugeordnet werden sollen. Die Kapazitätskomponente bildet in diesem Zusammenhang die auf Basis des geplanten Beschäftigungsvolumens erwartete Anzahl von Anwendungssystemaufträgen. Die tatsächlich leistbare Anzahl von Anwendungssystemaufträgen, die sog. praktische Anwendungssystemkapazität, ist hierbei nicht von Bedeutung, da weniger die Kapazität der Hardware als vielmehr der Funktionsumfang der Software den wesentlichen kostenbestimmenden Faktor eines Anwendungssystems darstellt.

Phasengebundene Maschinenressourcen

Als Kostenkomponenten der phasengebundenen Maschinenressourcen werden die direkten Kosten einer Maschine (AfA, Miete, Wartung) sowie über Kostentreiber ermittelte, indirekte Kosten für das Facility-Management herangezogen (vgl. Abschnitt 6.2). Die Kapazitätsdaten ergeben sich in diesem Zusammenhang aus der praktischen Kapazität, d. h. aus der Anzahl von Maschinentransaktionen, die durch die jeweilige Maschine im Rahmen der Betriebszeiten abzgl. wartungs- und reparaturbedingter Ausfallzeiten gemäß Herstellerangaben leistbar sind.

Flexible Personalressourcen

Bezüglich der Kosten und Kapazitäten der flexiblen Personalressourcen ist grundsätzlich zwischen dauerhaft und temporär eingesetztem Personal zu unterscheiden.

Bei dauerhaft eingesetzten externen Personalressourcen sind folgende Kosten zu berücksichtigen: zum einen die direkt in Rechnung gestellten Kosten und zum anderen die indirekten Kosten für das HR-Management, da die Administration der externen Mitarbeiter durch die Personalabteilung geleistet wird Weitere indirekte Kosten für Facility-Management und IT-Management werden nur dann einbezogen, wenn der betreffende Mitarbeitertyp Raum-, Infrastruktur- und IT-Ressourcen des Unternehmens nutzt (vgl. Abschnitt 6.2).

Bei den lediglich temporär eingesetzten externen Personalressourcen (Zeitarbeitskräfte) sowie den Zusatzkapazitäten interner Personalressourcen (Überstunden) bestehen die relevanten Kosten aus den direkten Personalkosten zzgl. der indirekten Personalkosten, die sich aus anteiligen Kosten für die Personalführung, das HR-Management, das Facility-Management und das IT-Management zusammensetzen (vgl. Abschnitt 6.2).

Sowohl die Kosten als auch die voraussichtlich erforderlichen Kapazitäten werden denjenigen phasenbezogenen Personalressourcen (Stellentypen) zugeordnet, für welche diese Zusatzkapazitäten benötigt werden.

Flexible Materialressourcen

Die zum Zwecke der Prozesskostenrechnung heranzuziehenden Kosten für den Verbrauch von Materialressourcen umfassen die entstehenden Kosten sowohl für deren Beschaffung als auch für deren Lagerung und werden jeweils im Bezug auf eine Materialeinheit, z. B. einen Formularvordruck, ermittelt.

5.3 Ressourcen-unabhängige Kosten

Für die Prozesskostenrechnung sind auch Kosten zu berücksichtigen, deren Entstehung nicht auf die Nutzung bzw. den Verbrauch von Ressourcen zurückzuführen ist. Diese Kosten beziehen sich im Wesentlichen auf Entgelte, die gegenüber externen Dienstleistern zu entrichten sind, wie z. B. Porto, und werden direkt den Funktionen innerhalb der Teilprozess-Szenarien zugeordnet.

6   Kennzahlenberechnung

Die Berechnung der Kennzahlen erfolgt automatisiert nach festgelegten Algorithmen im *ARIS Business Optimizer*. Die Basis dafür bilden die mit *ARIS Business Designer* modellierten Strukturen und Zusammenhänge sowie die auf deren Grundlage erhobenen Basisdaten. Hierfür werden die Struktur- und Basisdaten in einer *ARIS Business Optimizer* Datenbank zusammengeführt und zu den nachfolgend dargestellten Kennzahlen verdichtet.

6.1 Prozess- und Durchlaufzeiten

Die Prozesszeiten stellen den zur Prozessdurchführung erforderlichen Zeitbedarf dar und dienen in erster Linie als Grundlage zur Bestimmung der Durchlaufzeiten von Dienstleistungsprodukten. Des Weiteren werden Prozesszeiten benötigt, um festzustellen, wie die Prozessdurchführung erfolgen muss, um die seitens der Mandanten geforderten Service Levels im Bezug auf die Durchlaufzeit erfüllen zu können.

Zur Berechnung der Prozesszeiten von Dienstleistungsprodukten wird je Funktion zunächst der Zeittreiber „Mittlere Bearbeitungszeit" mit dem Transaktionstreiber „Einsatzfaktor" gewichtet, bevor die so ermittelte „Standardzeit" mit einem Aufschlag für sachliche und persönliche Verteilzeiten des jeweiligen Stellentyps versehen wird. Um zur Prozesszeit zu gelangen wird der errechnete Wert nun noch mit dem die Intensität des jeweiligen Ressourceneinsatzes beschreibenden Intensitätstreiber gewichtet (vgl. Abschnitt 5.2). Die Berechnung der Prozesszeiten für die übergeordneten Teilprozess- und Hauptprozess-Szenarien erfolgt schließlich durch die Aggregation der Prozesszeiten der jeweils enthaltenen Funktionen. Um von der Prozesszeit zur Durchlaufzeit zu gelangen, wird je Hauptprozess-Typ ein spezifischer Zuschlag definiert. Dessen Höhe ist abhängig von der Anzahl der organisatorischen Übergänge, dem Automatisierungsgrad, der Länge der Postlaufzeiten und dem Umfang der Parallelbearbeitung. Der Zuschlag wird mit Hilfe von stichprobenhaften Aktenumlaufanalysen plausibilisiert.

6.2 Kostentreibersätze

Für die monetäre Bewertung der mittels Kostentreibern beschriebenen, im Rahmen der Prozessdurchführung anfallenden Nutzung von Ressourcen werden sog. Kostentreibersätze benötigt. Grundsätzlich erfolgt die Bestimmung der Kostentreibersätze für einen Planungszeitraum folgendermaßen: Man dividiert die Kosten, die durch die Bereitstellung einer Ressource entstehen, durch deren zeitliche bzw. mengenmäßige Kapazität. Diese Rechnung wird vom *ARIS Business Optimizer* automatisiert durchgeführt, und zwar auf Grundlage der im Rahmen der Basisdatenerhebung ermittelten Kosten- und Kapazitätsdaten der verschiedenen Ressourcen. Die jeweilige Auslastung von Ressourcen findet bei der Berechnung von Kostentreibersätzen keine Berücksichtigung, da die Abwälzung von Leerkosten, z. B. aufgrund von Unterauslastung, auf die Preise von Dienstleistungsprodukten, und damit auf Kunden, strikt zu vermeiden ist (vgl. Kaplan, Cooper, 1999, S. 130 ff).

Zur Ermittlung des Kostentreibersatzes einer Ressource werden außerdem stets nur diejenigen Kosten herangezogen, deren Höhe eine Kausalbeziehung zu den bereitgestellten Kapazitäten einer Ressource zugrunde liegt. So wäre es beispielsweise nicht zielführend, die Kosten für die Unternehmensführung in den Kostentreibersatz einer Personalressource zu integrieren, da zwischen der Höhe dieser Kosten und den vorhandenen Kapazitäten keinerlei Verbindung besteht. Aufgrund fehlender Kausalbeziehungen werden den Kostentreibersätzen somit generell keine unternehmens-, marken-, produktlinien- oder absatzwegerhaltenden Kosten zugerechnet. Diese Kosten finden ihren Niederschlag erst im Anschluss an die Prozesskostenrechnung, wenn es gilt, auf Basis der ermittelten Prozesskosten die strategische Preisfindung zu gestalten. Anders verhält es sich bei den sog. sekundären Funktionen Personalführung, HR-Management, IT-Management und Facility Management, da hierfür geeignete Kostentreiber, wie z. B. Mitarbeiterzahl oder Nutzfläche, identifiziert werden können, die es erlauben, diese Kosten sinnvoll in die Kostentreibersätze der jeweiligen Ressourcen zu integrieren (vgl. Kaplan, Cooper, 1999, S. 315 ff).

Phasengebundene Personalressourcen

Die Kosten des Einsatzes von phasengebundenen Personalressourcen werden mittels zeitbezogener Kostentreibersätze den Funktionen zugeordnet. Für jeden Stellentyp wird hierbei ein eigener Kostentreibersatz ermittelt, der beschreibt, welche Kosten durch den Einsatz einer Personalminute entstehen.

Phasengebundene Anwendungssystemressourcen

Die Zuordnung von Kosten, die durch die Nutzung phasengebundener Anwendungssystemressourcen entstehen, kann nach zwei unterschiedlichen Ansätzen erfolgen: Sofern sich für eine Anwendungssystemressource auf Basis von Kosten und voraussichtlich benötigten Kapazitäten ein Kostentreibersatz „Kosten pro Anwendungssystemauftrag" berechnen lässt, kann die Kostenzuordnung „bottom-up" erfolgen. Wenn die Berechnung eines solchen Kostentreibersatzes nicht möglich oder sinnvoll ist, werden die Kosten der entsprechenden Anwendungssystemressource per Intensitätstreiber auf diejenigen Funktionen „top-down" verteilt, die durch sie unterstützt werden (vgl. Abschnitt „Intensitätstreiber").

Phasengebundene Maschinenressourcen

Die im Zusammenhang mit der Nutzung phasengebundener Maschinenressourcen entstehenden Kosten werden mittels entsprechender Kostentreibersätze den Funktionen zugeordnet. Für jede Maschine wird hierbei ein eigener Kostentreibersatz ermittelt, der ausdrückt, welche Kosten durch die einmalige Durchführung einer Maschinentransaktion, z. B. einer Kuvertierung, entstehen.

Flexible Personalressourcen

Die Kosten des auf Dauer angelegten Einsatzes externer Personalressourcen (z. B. Steuerberater) werden mittels zeitbezogener Kostentreibersätze den betreffenden Funktionen zugeordnet. Externe Personalressourcen (Zeitarbeitskräfte) sowie Zusatzkapazitäten interner Personalressourcen (Überstunden), deren Einsatz der Bewältigung von Beschäftigungsspitzen dient, verfügen hingegen nicht über eigene Kostentreibersätze, da ihr Einsatz nicht auf Dauer ausgelegt ist. Diese Kosten gehen in die Ermittlung der zeitbezogenen Kostentreibersätze der phasengebundenen Personalressourcen ein, die damit den Charakter von Mischkostentreibersätzen haben (vgl. Abschnitt „Flexible Personalressourcen").

Flexible Materialressourcen

Um den Verbrauch von Materialressourcen in die Prozesskosten einzubeziehen, werden Kostentreibersätze gebildet, die die Kosten für Beschaffung und Lagerung auf jeweils eine Einheit bezogen beschreiben. So werden beispielsweise bezüglich der einmaligen Durchführung der Funktion „Arbeitsbescheinigung erstellen" die durch den Ressourcenverbrauch einer Einheit des Formularvordrucks anfallenden Kosten mittels des entsprechenden Kostentreibersatzes zugeordnet.

6.3 Prozesskosten

Die Prozesskosten repräsentieren im Wesentlichen die monetäre Bewertung des für die Prozessdurchführung erforderlichen Ressourcenbedarfs. Sie werden benötigt, um sowohl im Rahmen von Angebotsstellungen für SLAs die Preise für Dienstleistungsprodukte ermitteln zu können als auch im Laufe von Kundenbeziehungen Dienstleistungsprodukt- sowie Kundenrentabilitäten bestimmen zu können. Des Weiteren werden Prozesskosteninformationen genutzt, um fundierte Entscheidungen bzgl. prozessverändernder Maßnahmen im Hinblick auf die Optimierung von Prozessen bzw. auf die Einhaltung von Zielkosten treffen zu können. Prozesskosten werden in diesem Zusammenhang für Hauptprozess-Szenarien und Teilprozess-Szenarien ermittelt. Sie setzen sich aus mittels Kostentreibersätzen monetär bewerteten Verbräuchen bzw. Nutzungen der an der Prozessdurchführung beteiligten Ressourcen sowie aus Ressourcen-unabhängigen Kosten zusammen. Hierbei werden zunächst die Prozesskosten für die einzelnen Funktionen durch monetäre Bewertung der involvierten Kostentreiber mit entsprechenden Kostentreibersätzen ermittelt.

Zur Bestimmung der Prozesskosten phasengebundener Personalressourcen werden die Prozesszeiten, die auf die verschiedenen Stellentypen zur Durchführung von Funktionen entfallenden, mit zeitbezogenen Kostentreibersätzen bewertet. Die Prozesskosten von phasengebundenen Anwendungssystemressourcen, phasengebundenen Maschinenressourcen sowie flexiblen Materialressourcen werden hingegen durch die monetäre Bewertung der Anzahl zur Durchführung von Funktionen benötigten Einheiten mittels der Kostentreibersätze der entsprechenden Ressourcen berechnet. Bei phasengebundenen Anwendungssystemressourcen, deren Kosten „top-down" auf die durch sie unterstützten Funktionen zu verteilen sind, werden die Prozesskosten durch Gewichtung der relevanten Kosten mit entsprechenden Intensitätstreibern berechnet (vgl. Abschnitt „Intensitätstreiber"). Einen weiteren Bestandteil der Prozesskosten bilden die Ressourcen-unabhängigen Kosten, die durch die Bewertung der für Funktionen geltenden Transaktionstreiber (Einsatzfaktoren) mit den entsprechenden Kostentreibersätzen ermittelt werden.

Die Summierung aller Ressourcen-abhängigen und -unabhängigen Kosten ergeben letztlich die Prozesskosten der Funktionen, die anschließend zu den Prozesskosten der Teilprozess-Szenarien aggregiert werden. Zur Bestimmung der Prozesskosten für ein Dienstleistungsprodukt werden die Prozesskosten der leistungsmengeninduzierten Teilprozess-Szenarien mit ihrem Einsatzfaktor sowie der Menge ihres übergeordneten Hauptprozess-Szenarios gewichtet, während die Prozesskosten der leistungsmengenneutralen Teilprozess-Szenarien lediglich mit ihrer eigenen Menge gewichtet werden. Um zu den Prozesskosten für die einmalige Durchführung eines Hauptprozess-Szenarios zu gelangen, wird die Summe der Prozesskosten aller zugehörigen Teilprozess-Szenarien durch die Leistungsmenge des Hauptprozess-Szenarios dividiert. Aus diesem Zusammenhang resultiert die sog. Stückkostendegression, da eine Erhöhung der Leistungsmenge aufgrund der gleich bleibenden Menge der leistungsmengenneutralen Teilprozess-Szenarien zu einer Verringerung der Prozesskosten eines Dienstleistungsproduktes führt.

6.4   Ressourcenbezogene Prozesskostenanteile

Hinsichtlich weitergehender Steuerungsmöglichkeiten sowie zur Ermöglichung von internem und externem Benchmarking ist es erforderlich, nicht nur die gesamten Prozesskosten pro Prozessinstanz zu ermitteln, sondern auch festzustellen, wie sich die Prozesskosten im Einzelnen zusammensetzen. Hierzu wird je Hauptprozess-Typ die prozentuale Zusammensetzung der Prozesskosten aus internen Personalkosten, externen Personalkosten, Anwendungssystemkosten, Maschinenkosten und Materialkosten ermittelt (vgl. Abb. 3).

6.5   Kapazitätsbedarfe und Auslastungsgrade

Die Ermittlung der Kapazitätsbedarfe und Auslastungsgrade der vorhandenen Ressourcen ist einer der wesentlichen Gesichtspunkte der Prozesskostenrechnung (vgl. Kaplan, Cooper, 1999, S. 158). Diese Kennzahlen sind gerade in Bezug auf die Kapazitätssteuerung der phasengebundenen Ressourcen von Bedeutung, also bei Personal-, Anwendungssystem- und Maschinenressourcen, da deren Kapazitäten stets vorausschauend an das Geschäftsvolumen anzupassen sind. Für die flexiblen Materialressourcen werden zwar ebenfalls Kapazitätsbedarfe geplant, jedoch spielen sie aufgrund des geringen Kostenvolumens eine eher untergeordnete Rolle. Zur Ermittlung der Auslastungsgrade erfolgt jeweils eine Gegenüberstellung der Prozesszeiten (bzw. Transaktionen), die erforderlich sind, mit denjenigen, die auf Basis vorhandener Kapazitäten leistbar sind.

Die ausreichende Dimensionierung der Kapazitäten von Anwendungssystemressourcen ist für die Servicequalität von großer Wichtigkeit, jedoch hinsichtlich der Kosten von geringerer Bedeutung, da die Bereitstellung zusätzlicher Serverkapazitäten einen verhältnismäßig geringen finanziellen Aufwand bedeutet.

Da die vorwiegend im Outputmanagement genutzten Maschinen zum einen relativ kostenintensiv sind und zum anderen sehr große Volumina bewältigen können, ist deren Bindungsphase sehr viel länger als die der Personal- und Anwendungssystemressourcen. Das führt dazu, dass kapazitätserhöhende Investitionsentscheidungen in der Regel erst dann gefällt werden, wenn die vorhandenen Ressourcen bereits an ihre Auslastungsgrenzen stoßen.

Im Fokus der Kapazitätssteuerung stehen vor allem die Personalressourcen, da deren Bindungsphase vergleichsweise kurz ist, die Ressourcenkosten relativ hoch sind und eine ausreichende Dimensionierung hinsichtlich der Servicequalität von enormer Bedeutung ist. Zum Zwecke einer kontinuierlichen Personalbedarfssteuerung werden die erforderlichen Kapazitäten sowie die daraus resultierenden Auslastungsgrade je Stellentyp und Stelle monatlich auf Basis des jeweils geplanten Geschäftsvolumens ermittelt. Rechnerisch erfolgt die Ermittlung der Kapazitätsbedarfe folgendermaßen: Man summiert die Prozesszeiten, die innerhalb eines Monats auf die verschiedenen Stellentypen entfallen, und dividiert anschließend durch die auf ein FTE[3] eines Stellentyps bezogene verfügbare zeitliche Kapazität. Die Auslastungsgrade der einzelnen Stellentypen werden in einem weiteren Schritt durch die Gegenüberstellung der benötigten mit den vorhandenen Ressourcen ermittelt und in Prozentwerten ausgedrückt. Zur Feststellung der generellen, abteilungsübergreifenden Kapazitätsbedarfe und Auslastungsgrade für Stellentypen werden alle Hauptprozesse gesammelt in einer separaten Analysegruppe, d. h. in einem in sich geschlossenen Kennzahlenbereich der *ARIS Business Optimizer* Datenbank, ausgewertet. Um die für die operative Steuerung erforderlichen Personalbedarfskennzahlen für abteilungsspezifische Stellen zu ermitteln, werden die Hauptprozesse getrennt nach den für die Struktur der Aufbauorganisation maßgeblichen Kundengruppen in verschiedenen Analysegruppen ausgewertet.

7 Kennzahlenauswertung

Hinsichtlich der Kommunikation und Interpretation der ermittelten Ergebnisse stehen im *ARIS Business Optimizer* verschiedene Funktionen zur Verfügung, die im Folgenden kurz beschrieben werden.

7.1 Reporting

Um die ermittelten Kennzahlen im Unternehmen zu kommunizieren, werden Kennzahlenberichte zu festgelegten Zeitpunkten über ein Managementportal den jeweiligen Adressaten zur Verfügung gestellt. Den für die verschiedenen Geschäftsprozesse, Hauptprozess-Typen und SLA-Typen zuständigen Verantwortlichen werden hierbei jeweils zu Jahresbeginn bzw. bei maßgeblichen Veränderungen von Strukturen oder Kennzahlen Informationen bzgl. der prozessorientierten Kennzahlen „Prozesszeit" und „Prozesskosten" zur Verfügung gestellt. Darüber hinaus erhalten die für die verschiedenen SLA-Typen verantwortlichen Mitarbeiter Ad-hoc- Auswertungen, die von diesen in der Regel aufgrund von Verhandlungen mit Kunden oder Interessenten für bestehende bzw. zukünftige SLAs angefordert werden.

Ein weiterer Adressatenkreis für das Reporting stellen die Ressourcenverantwortlichen dar, die Informationen aus der Prozesskostenrechnung zur Kapazitätssteuerung der Ressourcen ihres Zuständigkeitsbereichs benötigen. Alle Ressourcenverantwortlichen, d. h. die Personal-, Anwendungssystem-, Maschinen- und Materialverantwortlichen, erhalten jeweils monatlich zu einem festgelegten Stichtag auf sie zugeschnittene Berichte aus denen sie die für die Kapazitätssteuerung erforderlichen Planungskennzahlen für die folgenden zwölf Monate entnehmen können.

---

[3]   Full Time Equivalent (Vollzeitäquivalent)

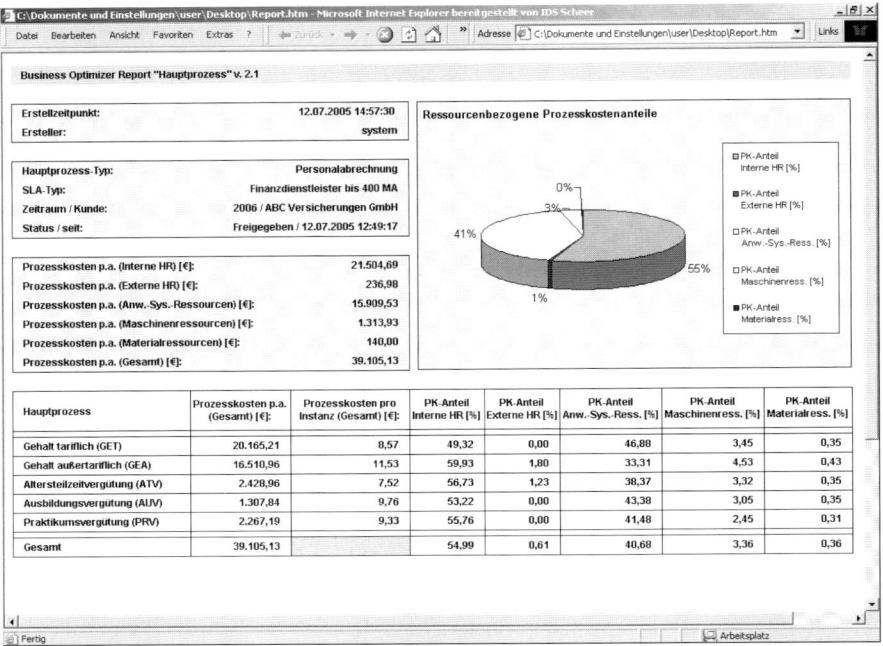

Abb. 3. Prozesskostenbericht in HTML-Format

7.2 Analysen

Den für die Steuerung der Geschäftsprozesse und Hauptprozess-Typen zuständigen Verantwortlichen stehen im *ARIS Business Optimizer* verschiedene Analyseinstrumente zur Verfügung, um die Ergebnisse zu interpretieren und daraus Handlungsempfehlungen abzuleiten:

Um festzustellen, wie sich die Prozesszeiten, Prozesskosten und Ressourcenbedarfe im Zeitablauf entwickeln, können die entsprechenden Verantwortlichen sog. Zeitreihenanalysen durchführen. Des Weiteren kann hierbei für zukünftige Planungszeiträume festgestellt werden, ob sich die Produktivitätsfortschritte im seitens der Geschäftsführung vorgegebenen Rahmen befinden, ob die auf Basis eines gesteigerten Geschäftsvolumens erwarteten Skaleneffekte erzielt werden können und ob sich die Ressourcenauslastung in einem vertretbaren Rahmen bewegt.

Mittels Strukturanalyse lassen sich die Objektstrukturen auch in grafischer Form analysieren. Durch die für diese Analyse verfügbare Ampelfunktion kann man auf einen Blick feststellen, ob sich Kennzahlen in dem für sie vorgegebenen Bereich bewegen.

Vergleiche von Prozesskennzahlen lassen sich nicht nur über Zeiträume, sondern auch über verschiedene Hauptprozesse hinweg erstellen. So kann mittels der Vergleichsanalyse, z. B. im Rahmen eines internen Benchmarkings mit dem Ziel der Identifikation von Best Practices, festgestellt werden, wie sich Hauptprozesse des gleichen Typs, die durch unterschiedliche Organisationseinheiten geleistet werden, bzgl. ihrer Prozesszeiten unterscheiden.

Im Rahmen von Prozessoptimierungsprojekten stellt sich auch immer die Frage, wie sich prozessverbessernde Maßnahmen auf die Prozesszeiten und vor allem die Prozesskosten auswirken. Um dies bereits im Vorfeld einer geplanten Realisierung zu „simulieren", steht die sog. What-If-Analyse zur Verfügung. Hierbei können Strukturen und Basisdaten simulativ verändert werden, wobei die Auswirkungen auf die Kennzahlen jeweils sofort sichtbar werden. Mittels der integrierten Grafikkomponente lassen sich Veränderungen auch in grafischer Form simulieren und analysieren. Ein auf diese Weise identifizierter, idealer Sollprozess lässt sich dann nach erfolgter Modellierung wiederum mittels *ARIS Business Optimizer* quantitativ analysieren und in einer Vergleichanalyse dem Ist-Prozess gegenüberstellen.

Bei Auffälligkeiten in den Prozesskennzahlen, wie z. B. einem außergewöhnlich hohen Anteil an Personalkosten, ist es oft sinnvoll, die aggregierte Ebene des Hauptprozess-Szenarios zu verlassen, um detailliert nachzuvollziehen, wie eine

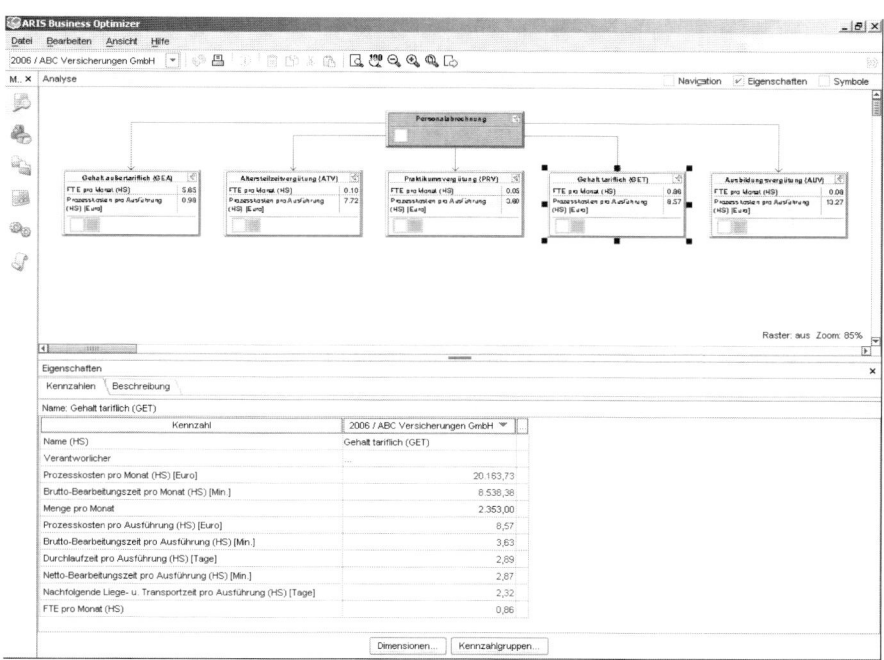

Abb. 4. Kennzahlenanalyse

Kennzahl zustande kommt. Hierfür steht die Funktionalität der Detailanalyse zur Verfügung, die es ermöglicht, per Mausklick durch alle Ebenen der Kennzahlberechnung zu navigieren.

8   Prozesskostenorientierte Geschäftsprozessoptimierung

Die Ergebnisse der Prozesskostenrechnung lassen sich nicht nur zur Ermittlung der Kosten und Zeiten für Dienstleistungsprodukte sowie zur ressourcenbezogenen Kapazitätssteuerung verwenden, sondern bilden darüber hinaus eine wichtige Datenbasis zur zielgerichteten Optimierung von Prozessen. Gerade für Dienstleistungsunternehmen ist es von enormer Bedeutung, die eigenen Prozesse ständig zu optimieren und die gesteckten Prozessziele stetig mit dem Ergebnis der Umsetzung zu vergleichen (vgl. Jost, Scheer, 2002, S. 40). Die Prozesskostenrechnung kann sowohl Hinweise auf Schwachstellen im Prozess geben als auch das Einsparungspotenzial quantifizieren, das sich durch die Eliminierung der Schwachstellen ergibt (vgl. Kronz, 2005, S. 33). Um im Rahmen einer Ist-Analyse zu identifizieren, an welchen Stellen ein Prozessablauf Verbesserungspotenziale aufweist, werden die Prozesse zunächst hinsichtlich typischer Schwachstellen untersucht.

Die Übergänge zwischen aufbauorganisatorischen Einheiten im Prozessablauf, sog. Organisationsbrüche, stellen sehr oft effizienzschwächende Schnittstellen dar, da sie zusätzliche Bearbeitungs-, Liege- und Transferzeiten verursachen. Mögliche Maßnahmen zur Eliminierung dieser Schwachstellen sind beispielsweise geeignete Reorganisationsmaßnahmen.

Wechsel zwischen Medien in Prozessabläufen, sog. Medienbrüche, bergen die Gefahr der fehlerhaften Übertragung von Daten und haben somit vor allem negative Auswirkungen auf die Prozessqualität. Aber auch die Prozesseffizienz wird dadurch negativ beeinträchtigt, da ein Medienwechsel meist auch zusätzliche Bearbeitungszeiten erfordert. Die Vereinheitlichung der genutzten Medien und die damit einhergehende Eliminierung von Medienbrüchen lassen sich in der Regel nur durch entsprechende IT-Maßnahmen realisieren.

Die Nutzung von Anwendungssystemen, die eher funktional und weniger prozessorientiert gestaltet sind, hat sehr oft zur Folge, dass in Prozessabläufen Daten von einem System in ein anderes System manuell überführt werden müssen. Abhilfe bezüglich solcher Systembrüche können hier sog. EAI-Tools[4] schaffen, indem sie die prozessorientierte Integration der an einem Prozess beteiligten Systeme unterstützen (vgl. Avy, Kauferstein, 2004, S. 30).

---

[4]   Enterprise Application Integration

In Prozessabläufen kommt es häufig vor, dass für dieselbe Prozessinstanz, d. h. für den gleichen Geschäftsvorfall, Prozesspfade mehrfach durchlaufen werden müssen, da z. B. die zur Weiterbearbeitung erforderlichen Daten bzw. Unterlagen immer wieder unvollständig sind. Dies kann eine signifikante Schwächung der Prozesseffizienz bedeuten, da hierdurch in Einzelfällen sehr hohe Bearbeitungszeiten anfallen können. Diese Art von Prozessschwachstellen lässt sich sehr oft durch die Implementierung systemseitiger Prüfvorgänge eliminieren.

Mit einer Soll-Konzeption kann auf Basis der Erkenntnisse aus der Ist-Analyse definiert werden, wie der Prozess in einer verbesserten Form ablaufen sollte. Auf Grundlage einer solchen Konzeption werden dann diejenigen Maßnahmen definiert und hinsichtlich ihrer Kosten bewertet, die zur Realisierung des Soll-Prozesses erforderlich sind. Indem man die Ist- und Soll-Prozesskosten gegenüberstellt – die auf der Basis einer prognostizierten Entwicklung des Geschäftsvolumens ermittelt wurden – kann nun festgestellt werden, ob eine Realisierung des Soll-Prozesses vor dem Hintergrund der dadurch erforderlichen Investitionen und der damit erreichbaren Effizienz- und ggfs. Qualitätssteigerung in Angriff genommen werden sollte. Die Prozesskostenrechnung versetzt das Unternehmen somit in die Lage, den Return-on-Investment von Verbesserungsmaßnahmen objektiv und realitätsnah zu bestimmen, was den Entscheidungsprozess erheblich unterstützt.

Literatur

Ellis, Avy; Kauferstein, Michael: Dienstleistungsmanagement / Erfolgreicher Einsatz von prozessorientiertem Service Level Management. Berlin 2004

Jost, Wolfram; Scheer, August-Wilhelm: Geschäftsprozessmanagement: Kernaufgabe einer jeden Unternehmensorganisation. In: Scheer, August-Wilhelm / Jost, Wofram (Hg.): ARIS in der Praxis / Gestaltung, Implementierung und Optimierung von Geschäftsprozessen, Berlin u. a. 2002, S. 33 – 44

Kaplan, Robert S.; Cooper, Robin: Prozesskostenrechnung als Managementinstrument. Frankfurt / Main u. a. 1999

Kaplan, Robert S.; Norton, David P: Balanced Scorecard / Strategien erfolgreich umsetzen. Stuttgart 1997

Kronz, Andreas: Management von Prozesskennzahlen im Rahmen der ARIS-Methodik. In: Scheer, August-Wilhelm; Jost, Wofram; Hess, Helge; Kronz, Andreas (Hg.): Corporate Performance Management / ARIS in der Praxis. Berlin u. a. 2005, S. 31 – 44

Zur Umsetzung von systematischem Bildungscontrolling auf der Grundlage von Learning-Management-Systemen

Christoph Meier
imc AG Saarbrücken
Christoph.Meier@im-c.de

Wolfgang Kraemer
imc AG Saarbrücken
Wolfgang.Kraemer@im-c.de

Peter Sprenger
imc AG Saarbrücken
Peter.Sprenger@im-c.de

Zusammenfassung

Bildungscontrolling möchte die ziel- und ergebnisorientierte Planung, Gestaltung und Steuerung von Weiterbildung in Betrieben und Unternehmen gezielt unterstützen. Bei der Umsetzung von Bildungscontrolling müssen sowohl die Bedürfnisse des Unternehmens berücksichtigt werden als auch gesellschaftliche und rechtliche Rahmenbedingungen. Learning-Management-Systeme haben in jüngster Zeit eine Veränderung erfahren: von Plattformen für die Verbreitung von E-Learning-Inhalten haben sie sich zu bedeutenden Systemen mit breitem Funktionsumfang entwickelt, die den gesamten Lernprozess und damit das sogenannte „Learning Lifecycle Management" unterstützen. Folgende Punkte lassen diese Systeme für das Bildungscontrolling so geeignet erscheinen: sie umfassen breite Funktionsfelder, sie gestatten eine systematische Lernanordnung und -ausführung und sie ermöglichen die systematische Erstellung und automatische Analyse von Prozessdaten auf verschiedenen Evaluationsebenen. Die in diesem Beitrag vorgestellte Annäherung an Bildungscontrolling konzentriert sich auf die Bedeutung der rollenspezifischen Scorecards, die Erfolgsfaktoren und Leistungsindikatoren zusammenfassen.

Schlüsselwörter

Weiterbildungscontrolling, Learning-Management-System, rollenspezifische Scorecards, Blended Learning, Web Based Training, Rahmenmodell, Bildungsprozess

1   Einleitung

Das Thema „Bildungscontrolling" genießt – insbesondere im Hinblick auf betriebliche Weiterbildung – aktuell wieder einmal große Aufmerksamkeit. Ausgelöst wird die Diskussion von verschiedenen Entwicklungen. In konjunkturell schwierigen Zeiten nimmt die Bedeutung von Weiterbildung als unterstützendes Instrument bei der Rekrutierung und Bindung von Mitarbeitern ab, während gleichzeitig die Anforderungen an den Nachweis des betrieblichen Nutzens von Weiterbildung steigen. Hinzu kommt, als zweites auslösendes Moment, die Tendenz, Weiterbildung als optionale Investition in ein unter den Bedingungen einer Wissens-Ökonomie zentrales Gut zu betrachten. Mit dieser Perspektivverschiebung tritt dann auch die Frage in den Vordergrund, wie erfolgreich diese Investitionen eigentlich sind.[1] Ein drittes auslösendes Moment ergibt sich aus der Entwicklung, die E-Learning in den letzten Jahren genommen hat. Mit der Verfügbarkeit von E-Learning und Blended Learning gibt es Alternativen zu ausschließlich in Präsenz durchgeführten Weiterbildungsaktivitäten. Vor dem Hintergrund der mit E-Learning verbundenen Investitionen in Management-Plattformen und Inhalte stellt sich ebenfalls die Frage, wie kosteneffizient und erfolgreich diese verschiedenen Formen eigentlich sind (vgl. dazu den im Erscheinen befindlichen Sammelband von Ehlers / Schenkel).

Dieser Beitrag zeigt, dass Learning-Management-Systeme das Etablieren von betrieblichem Bildungscontrolling unterstützen. Dies leisten sie durch zwei zentrale Eigenschaften: Zum einen unterstützen sie eine systematische Steuerung von Bildungsprozessen, beispielsweise indem Lerner zunächst ein Web Based Training (WBT) bearbeiten, dann abhängig vom Ergebnis des darin integrierten Wissenstests zu einem Präsenzseminar zugelassen werden und schließlich einen Abschlusstest absolvieren und einen Fragebogen zur Kurs- und Trainer-Bewertung online ausfüllen. Im Verlauf dieser Schritte werden die Prozessdaten generiert, die zur Berechnung von wichtigen Erfolgskenngrößen und Steuerungsgrößen benötigt werden.

Im Mittelpunkt des Beitrags stehen ein Rahmenmodell zum betrieblichen Bildungscontrolling, die Anforderungen an betriebliches Bildungscontrolling, die Unterstützung durch Learning-Management-Systeme und schließlich ein Konzept für betriebliches Weiterbildungscontrolling auf der Grundlage von rollenspezifischen Scorecards.

---

[1]   Die Formel „no reporting, no investment" (vgl. Landsberg 1995, S. 25) bringt die sich hieraus ergebende Anforderung an betriebliche Weiterbildung auf den Punkt.

2   Betriebliches Weiterbildungscontrolling

2.1   Definition, Ziele, Herausforderungen

Controlling bezeichnet eine betriebliche Servicefunktion, deren zentrale Aufgaben in der Vorgangskette Planung – Kontrolle – Analyse von Abweichungen – Nachsteuerung liegen und die für die Transparenz von Ergebnissen zuständig ist (vgl. Franz / Kajüter 2002, S. 89). Betriebliches Weiterbildungscontrolling ist folglich ein Instrument zur ziel- und ergebnisorientierten Planung, Gestaltung und Steuerung der betrieblichen Weiterbildung (vgl. Gnahs / Krekel 1999, S. 14 f.). Bildungscontrolling heißt damit nicht nur das Herstellen von Transparenz zu Kosten und Ergebnissen im Verlauf des Bildungsprozesses. Vielmehr wird Bildungscontrolling in einem umfassenderen Sinn als Entscheidungsunterstützung und Erfolgssteuerung verstanden. Dazu gehören Tätigkeiten des Planens, Messens, Bewertens und Nachsteuerns im Verlauf des gesamten Bildungszyklus – angefangen von der Bedarfsanalyse über die Gestaltung und Realisierung bis hin zur Erfolgskontrolle (vgl. Landsberg 1995, 13 – 15; Gnahs / Krekel 1999, S. 19).

Weiterbildungscontrolling erfordert die Berücksichtigung von zwei Perspektiven: Betriebliche Bildung muss sowohl unter ökonomischen als auch unter pädagogischen Gesichtspunkten betrachtet werden (vgl. Landsberg 1995, S. 25). Aussagen zu Umfang und thematischer Ausrichtung der Weiterbildungsaktivitäten, zu den erreichten Zielgruppen oder zu den damit verbundenen Kosten sind wenig hilfreich, wenn nicht gleichzeitig Aussagen zu den damit verbunden Auswirkungen gemacht werden können: zum Lernerfolg; zum Transfer des vermittelten Wissens in das Handeln am Arbeitsplatz; zu den Auswirkungen auf die Ergebnisse von Abteilungen, Geschäftsbereichen oder des gesamten Unternehmens. Erst dieses Zusammenfließen von Prozessanalyse und Erfolgsanalyse ermöglicht die Beantwortung zentraler Fragen:

* „Werden den betrieblichen Zielgruppen die Bildungsangebote offeriert, die sie benötigen?"

* „Welcher betriebliche Nutzen verbindet sich mit diesen Qualifikationsmaßnahmen?"

* „In welche Maßnahmen sollen die verfügbaren Mittel prioritär investiert werden?"

* „Wie können Qualifikationsmaßnahmen besser gestaltet und koordiniert werden?"

* „Wie kann der betriebliche Nutzen der Qualifikationsmaßnahmen verbessert werden?"

Neben dem Herstellen von Transparenz zu Aktivitäten, eingesetzten Ressourcen und Kosten sowie dem Nachweis der damit verbundenen Erfolge gibt es weitere Zielsetzungen für das betriebliche Bildungscontrolling: eine verbesserte Koordination von Bildungszielen und Bildungsaktivitäten auf verschiedenen Ebenen, die verbesserte inhaltliche Steuerung von Bildungsaktivitäten sowie nicht zuletzt auch die Steigerung der Leistungsfähigkeit betrieblicher Weiterbildung insgesamt (vgl. Hummel 2001, S. 14; Van Buer / Seeber 2002, S. 254; 257).

Die zentrale Herausforderung, die sich im Zusammenhang mit Weiterbildungs-controlling stellt, besteht darin, einen überzeugenden Zusammenhang zwischen Weiterbildung, Weiterbildungserfolg und Unternehmenserfolg herzustellen. Die Gründe dafür sind vielfältig und betreffen beide Teilschritte. Weiterbildung führt nicht notwendig zu Lernerfolg, da hier mit den Merkmalen der Lernenden (Moti-vation, Vorwissen, etc.), der Inhalte (einfach, komplex, etc.) und der Lernsituation (Einüben, gemeinsam Entwickeln, Entdecken, etc.) zahlreiche Wirkungsfaktoren intervenieren und Anlass zu Diskussionen über geeignete didaktische Ansätze bie-ten (vgl. z. B. Reinmann-Rothmeier / Mandl 1997).

Aber auch wenn ein Weiterbildungsangebot zu einem Lernerfolg geführt hat, ist damit ein Beitrag zum Unternehmenserfolg noch lange nicht gesichert:

- Die Auswirkungen von Qualifikationsmaßnahmen im Arbeitsfeld manifes-tieren sich zum Teil erst mittelfristig, zum Teil nur indirekt (vgl. Thom / Blunck 1995, S. 39). Ein Training zum sorgfältigen Umgang mit Platinen im Prozess der Bestückung und Reinigung, beispielsweise, wird eher zu kurz-fristig beobachtbaren Verbesserungen (z. B. im Bereich der Ausschussquote) führen als ein Weiterbildungsprogramm für Projektleiter, das eher mittelfris-tig zu erfolgreicheren Projektabwicklungen beitragen wird. Daneben kann aber auch die Teilnahme an einer Weiterbildung zur Verbesserung der Lernfä-higkeit der Teilnehmer („Prozesslernen", vgl. Probst / Büchel 1994, S. 39) und damit zu einem deutlich höheren Lernerfolg bei künftigen Qualifikations-maßnahmen beitragen.

- Der Lernerfolg im Rahmen einer Weiterbildungsveranstaltung führt nicht automatisch zu einem Transfer in das Arbeitsfeld. Vielmehr stellt dieser Transfer eine zentrale Leistung der Lernenden dar, die durch eine geeignete Gestaltung des Lernangebots und unterstützende betriebliche Maßnahmen gefördert werden kann (vgl. Ruschel 1995, S. 301f.; 304f.).

- Die Auswirkungen von Qualifikationsmaßnahmen können sich in vielfälti-ger Weise manifestieren und lassen sich nur schwer quantifizieren (vgl. Thom / Blunck 1995, S. 40). Sie können sich beispielsweise in erhöhter Ar-beitsproduktivität, erhöhter Leistungsmotivation oder einer stärkeren Bin-dung der Mitarbeiter an das Unternehmen zeigen.

- Neben Weiterbildungsmaßnahmen wirken ständig auch andere Veränderun-gen innerhalb und außerhalb des Unternehmens auf das Geschäftsergebnis, die Innovationskraft und die Wettbewerbsfähigkeit. Dazu gehören bei-spielsweise

- – Personalfluktuation und interne Reorganisation,

- – die Einführung von neuen und die Verbesserung von etablierten Arbeitsmitteln,

- – der Markt-Ein- und -Austritt von Wettbewerbern,

- – die Veränderungen in makroökonomischen Rahmenbedingungen (Konjunktur, gesetzliche Regelungen, etc.).

2.2 Das Rahmenmodell

In den letzten Jahren sind verschiedene Rahmenkonzepte und Ansätze für die Evaluation von Bildungsmaßnahmen und betriebliches Weiterbildungscontrolling entwickelt worden (ein kurzer Überblick findet sich bei Meier, im Erscheinen). Dazu gehören Ansätze, die auf Kennzahlen-Sammlungen zu Inhalten, Teilnehmern, Formen, Kosten und Erfolgen von Bildungsangeboten basieren (vgl. z. B. Schulte 1995); Ansätze, die die Phasen des Bildungsprozesses – von der Bedarfsanalyse bis hin zur Erfolgsanalyse – in den Mittelpunkt stellen (vgl. z. B. Gerlich 1999 und van Buer / Seeber 2002); Ansätze, die verschiedene Ebenen der Evaluation – von der Akzeptanz bis hin zum Return on Invest – fokussieren (vgl. z. B. Phillips 1997; Schenkel 2000); und schließlich Ansätze, die in Anlehnung an die Balanced-Scorecard-Methodik eine Strategie-orientierte Perspektive wählen (vgl. z. B. Diensberg et. al. 2001; Leithner / Back 2004).

Das in diesem Beitrag vorgeschlagene Rahmenmodell (vgl. Abb. 1) ist der Versuch einer Integration verschiedener Elemente der eben erwähnten Ansätze.

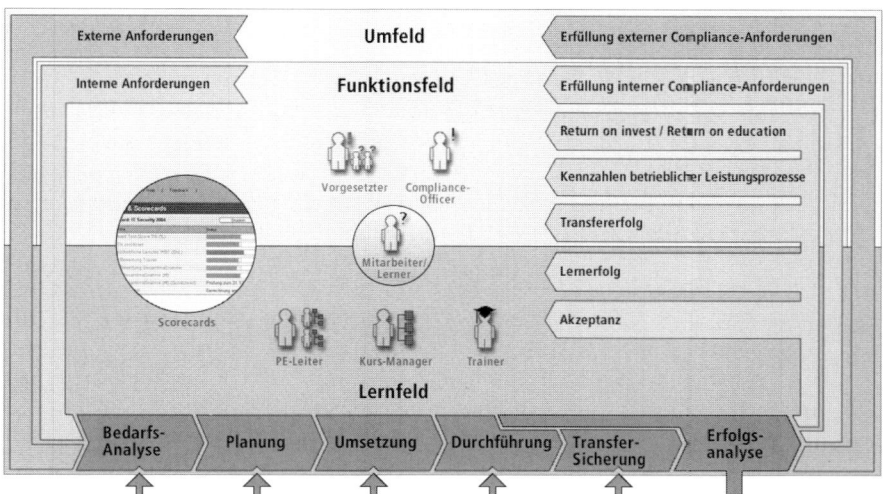

Abb. 1. Rahmenmodell für Bildungscontrolling

In diesem Modell werden zunächst einmal drei grundlegende Handlungsfelder unterschieden:

- das (System-)Umfeld, in dem Unternehmen sich bewegen und aus dem Anforderungen an Unternehmen herangetragen (Kunden, rechtliche Rahmenbedingungen) bzw. als Strategie-relevante Anforderungen abgeleitet werden.

- das Funktionsfeld, das durch die zentralen betrieblichen Leistungsprozesse konstituiert wird. Aus diesem Feld ergeben sich ebenfalls Anforderungen und Bedarfe für die betriebliche Bildungsarbeit, beispielsweise in Bezug auf die Vermeidung von Fehlern oder die zeitnahe Beantwortung von Service-Calls.

- das Lernfeld, in dem Anforderungen und Bedarfe im Verlauf des Bildungsprozesses bearbeitet werden. Das Lernfeld wird durch die Prozesse der Aus- und Weiterbildung konstituiert. Dabei können die Phasen Bedarfsermittlung, Planung, Umsetzung, Durchführung, Transfersicherung und Erfolgsanalyse unterschieden werden (vgl. Gerlich 1999, S. 80 und Preisner 2003, S. 123f.).

Dabei ist zu berücksichtigen, dass zum einen Rückkoppelungsprozesse stattfinden und zum anderen diese Phasen nicht scharf voneinander getrennt sind. So beginnt beispielsweise die Erfolgsanalyse in der Regel schon im Verlauf der Durchführung von Bildungsmaßnahmen, wenn etwa Zwischen- und Abschlusstests durchgeführt werden.

Ein weiteres zentrales Element des hier vorgeschlagenen Rahmenkonzepts sind die verschiedenen Ebenen der Evaluation. In Anlehnung an Kirkpatrick (1996, ursprünglich 1959) und Erweiterungen durch andere Autoren (vgl. z. B. Phillips 1997) sollen hier sechs verschiedene Ebenen berücksichtigt werden.

Es genügt nicht, wenn die Mitarbeiter ein Bildungsangebot annehmen oder positiv bewerten (Ebene 1) und einen nachweisbaren Lernerfolg erzielen (Ebene 2). Vielmehr müssen Wissen und Fertigkeiten, die im Verlauf einer Trainingsmaßnahme angeeignet wurden, in das Funktionsfeld transferiert und dort wirksam gemacht werden. Daher sind die „höheren" Evaluationsebenen (Transfererfolg – Ebene 3, Kennzahlen betrieblicher Leistungsprozesse – Ebene 4 und Return on Invest – Ebene 5) von besonderer Bedeutung für ein Bildungscontrolling.

Eine wichtige Erweiterung der bisherigen Ansätze zum Bildungscontrolling besteht darin, dass systematisch auch die Anforderungen des Unternehmensumfelds berücksichtigt werden. Bildungsbedarfe ergeben sich nämlich nicht nur aus dem betrieblichen Funktionsfeld, sondern auch aus dem Systemumfeld. Zum Beispiel dann, wenn Banken auf Grund gesetzlicher Vorgaben gefordert sind, ihre Mitarbeiter regelmäßig zu den Bestimmungen des Geldwäsche-Gesetzes zu unterweisen. Neben die üblicherweise angeführten und hierarchisch geordneten Evaluationsebenen 1 – 5 tritt daher als weitere Ebene der Nachweis, dass eine bestimmte Zielgruppe vollständig in einem Pflicht-Inhalt unterwiesen wurde.

Um die Erfolgsanalyse auf den genannten unterschiedlichen Ebenen durchführen zu können, ist der Einsatz unterschiedlicher Evaluationsmethoden gefordert. Dazu gehören die Durchführung von Befragungen und Tests, die Definition relevanter Kennzahlen und die Bestimmung von Kosten-Nutzen-Relationen (vgl. Schenkel 2000, S. 64). Damit Vergleiche, beispielsweise zwischen verschiedenen Kursen, möglich werden, ist es notwendig, verwendete Instrumente, wie etwa Fragebögen zur Lerner-Zufriedenheit oder Lern-Erfolgskontrollen, zu standardisieren.

Mit Bildungscontrolling kann ein Subsystem der strategischen Unternehmensführung etabliert und der Wertschöpfungsbeitrag von Bildung für ein Unternehmen geplant und gesteuert werden (vgl. Becker 1995, S. 71; 78). Bildungscontrolling kann andererseits aber auch als Instrument gesehen werden, das die Bildungsbereiche in die Lage versetzt, die eigenen Aktivitäten besser zu steuern. Eine solche Ausrichtung stellt nicht den Controller in den Mittelpunkt, sondern die Rollen „Leiter/in der Personalentwicklung", „Kurs-Verantwortliche/r", „Trainer/in", „Mitarbeiter/in" bzw. „Lerner/in", „Vorgesetzte/r" und „Compliance Officer" (vgl. Abb. 1).

Neben den genannten Rollen stellen Scorecards ein weiteres zentrales Element des vorgestellten Rahmenkonzepts dar. Diese Instrumente, die im Abschnitt 3.3 vorgestellt werden, ermöglichen es den Rollenträgern, ihre Lern-, Lehr- und Managementaktivitäten zielorientiert zu steuern.

3 Rollen-orientiertes Weiterbildungscontrolling auf der Grundlage von Learning-Management-Systemen

3.1 Anforderungen an Weiterbildung und ihr Controlling

Für die erfolgreiche Einführung und Umsetzung von Weiterbildungscontrolling ist es wichtig, dass die Anforderungen an betriebliche Bildungsarbeit und deren Controlling in umfassender Weise berücksichtigt werden. Für die betriebliche Weiterbildung lauten diese Anforderungen wie folgt (vgl. Hummel 2001, S. 14, 25; Kohn 2001, S. 3):

- Orientierung des Angebots am Bedarf;
- Zeitnahe Umsetzung von Angeboten für den identifizierten Bedarf;
- Verlässliche und nachvollziehbare Durchführung der Weiterbildungsangebote;
- Transparenz zu den dafür beanspruchten Ressourcen;
- Nachweis des Erfolgs auf verschiedenen Ebenen;
- Günstige Kosten-Nutzen-Relation.

Analog dazu ergeben sich für das betriebliche Weiterbildungscontrolling folgende Fragestellungen, die beantwortet werden müssen:

- Werden die Zielgruppen und ihre Qualifizierungsbedarfe ausreichend genau und aktuell erfasst?

- Wie lange dauert es von der Erfassung eines Weiterbildungsbedarfs bis zu seiner Umsetzung in ein Weiterbildungsangebot?

- Wie intensiv werden die verfügbaren Angebote genutzt?

- Welche Weiterbildungsangebote verursachen welche direkten und indirekten Kosten, und in welchem Umfang sind die verschiedenen Ressourcen (z. B. Trainer, Räume, Geräte) ausgelastet?

- Was sind relevante Kenngrößen für die Bestimmung des Erfolgs von Weiterbildung und welche Ergebnisse zeigen sich in Bezug auf diese

  - auf der Ebene der Lerner-Zufriedenheit?

  - auf der Ebene der Entwicklung von Lernkompetenz?

  - auf der Ebene des Lernerfolgs?

  - auf der Ebene des Transfererfolgs?

  - auf der Ebene betrieblicher Leistungsprozesse?

  - in Bezug auf gesetzliche Anforderungen („regulatory compliance")?

  - in Bezug auf die Bindung von Mitarbeitern und deren Karriereentwicklung?

- Welches Kosten-Nutzen Verhältnis bzw. welcher Return on Invest kann für welche Weiterbildungsangebote ermittelt werden?

Zur Beantwortung dieser Fragen müssen unterschiedliche Verfahren und Vorgehensweisen miteinander kombiniert werden. Hierzu gehören Bedarfsabschätzungen, beispielsweise auf der Grundlage von Delphi-Runden, ebenso wie Dokumenten-Analysen, Befragungen von Kursteilnehmern und Vorgesetzten, Lernerfolgskontrollen und die Auswertung von Prozessdaten, wie sie im Verlauf der Nutzung von Learning-Management-Systemen erzeugt werden (vgl. Tabelle 1).

3.2   Unterstützung durch Learning-Management-Systeme

Learning-Management-Systeme haben sich in den letzten Jahren von Plattformen für die Distribution von E-Learning-Inhalten zu Systemen mit zahlreichen Komponenten und breitem Funktionsumfang entwickelt. Typische Komponenten von LMS sind:

Tabelle 1. Anforderungen an betriebliche Weiterbildung und ihr Controlling

Anforderung	Fragestellung	Vorgehen (Auswahl)
Orientierung am Bedarf	Zielgruppen & Bedarfe aktuell und genau erfasst?	Analyse gesetzl. Anforderungen Bedarfsabschätzung (Delphi) Abgleich von Skillprofilen
Zeitnahe Umsetzung	Umfang verfügbarer Angebote? Zeitaufwand für Entwicklung?	Abfrage Dokumentation
Organisatorische Absicherung	Sind Zielvereinbarungen formuliert? Sind Kenngrößen definiert?	Dokumenten-Analyse Beschreibung
Verlässliche Durchführung	Quote Ankündigung-Durchführung? Abbrecher-Quote	Anmelde- & Nutzer-Tracking
Transparenz zu Ressourcen	Kosten pro Angebot / TN etc.? Auslastung Räume / Trainer etc.?	Kontierung Buchung
Nachweis des Erfolgs	Erfolg im Lernfeld? Erfolg im Funktionsfeld? Erfüllung gesetzl. Anforderungen? MA-Zufriedenheit, MA-Motivation, MA-Bindung?	Scorecard unter Rückgriff auf • Lerner-Befragung • Einstiegs-Check + Testing • Befragung Vorgesetzte u. a. • Prozessanalyse + Kennzahlen • MA-Befragung; Verweildauer & Karrierepfad
Kosten-Nutzen-Relation	Kosten-Nutzen-Verhältnis & Return on Invest?	Nutzwertanalyse & ROI-Process

- Kursplanung und -verwaltung (z. B. Definition von Kursen und Zusammenstellen von Lernressourcen);

- Nutzerverwaltung und Zugriffssteuerung auf Lerninhalte (Anmeldung, Zuordnung zu Profilen / Kursen etc.);

- Verwaltung von Rollenprofilen und Durchführung von Skill-Gap-Analysen;

- Erstellung und Verwalten von Tests und Lernerfolgskontrollen;

- Informations- und Kommunikationswerkzeuge (Portalseite Chat, Foren, etc.);

- Tracking, Dokumentation und Berichte (aktive Lerner und ihre Fortschritte, Nutzung einzelner Kurse, Ergebnisse bei Lernerfolgskontrollen, etc.).

Zunehmend werden auch Komponenten wie Autorenwerkzeuge, virtuelle Klassenzimmer und Datenbanken zur Verwaltung umfangreicher Lernobjekte in diese Systeme integriert. Learning-Management-Systeme unterstützen damit in umfassender Weise das Learning-Lifecycle-Management, das heißt „Planung, Steuerung,

Tabelle 2. Unterstützung des Weiterbildungscontrollings durch LMS

Anforderung	Fragestellung	Vorgehen (Auswahl)	Unterstützung durch LMS
Orientierung am Bedarf	Zielgruppen & Bedarfe aktuell und genau erfasst?	Analyse gesetzl. Anforderungen Bedarfsabschätzung (Delphi) Abgleich von Skillprofilen	--- Diskussionsforen, Polling Skill-Management-Modul
Zeitnahe Umsetzung	Umfang verfügbarer Angebote? Zeitaufwand für Entwicklung?	Abfrage Dokumentation	Reporting-Modul Workflow-Modul & Reporting
Organisatorische Absicherung	Sind Zielvereinbarungen formuliert? Sind Kenngrößen definiert?	Dokumenten-Analyse Beschreibung	Dokumentenablage Formular
Verlässliche Durchführung	Quote Ankündigung-Durchführung? Abbrecher-Quote	Anmelde- & Nutzer-Tracking	Analytics- / Reporting-Modul
Transparenz zu Ressourcen	Kosten pro Angebot / TN etc.? Auslastung Räume / Trainer etc.?	Kontierung Buchung	Anmelde- & Buchungsroutinen, Veranstaltungsmanagement-Modul & Schnittstellen zu ERP-Systemen
Nachweis des Erfolgs	Erfolg im Lernfeld? Erfolg im Funktionsfeld? Erfüllung gesetzl. Anforderungen? MA-Zufriedenheit, MA-Motivation, MA-Bindung?	Scorecard unter Rückgriff auf • Lerner-Befragung • Einstiegs-Check + Testing • Befragung Vorgesetzte u. a. • Prozessanalyse + Kennzahlen • MA-Befragung; Verweildauer & Karrierepfad	Scorecard-Formulare, Reporting Feedback- / Befragungsmodul Testmodul Feedback- / Befragungsmodul Schnittstelle zu ERP- & BI-Tools Feedback- / Befragungsmodul, ERP-HR
Kosten-Nutzen-Relation	Kosten-Nutzen-Verhältnis & Return on Invest?	Nutzwertanalyse & ROI-Process	Analytics- / Reporting-Modul

Analyse und Bewertung von Lern- und Wissensinhalten, Lehr- und Lernprozessen, Mitarbeiterkompetenzen und Trainingsressourcen zum Zweck der Erreichung betriebswirtschaftlicher Ziele" (vgl. Kraemer 2004, S. 32). Learning-Management-Systeme sind daher dafür prädestiniert, auch das betriebliche Weiterbildungscontrolling in umfassender Weise zu unterstützen. Diese Unterstützung betrifft alle oben angeführten Fragestellungen:

- Orientierung am Bedarf

  In der Phase der Bedarfsermittlung können auf der Grundlage eines LMS und moderierter Diskussionsforen nicht nur Delphi-Runden mit Experten zur Ermittlung künftiger Bildungsbedarfe durchgeführt werden. Mit einem Skill-Management-Modul können darüber hinaus Rollenprofile definiert und der Grad, in dem erforderliche Kompetenzen erfüllt sind, überprüft werden. Schließlich können auch mit so genannten Polling-Funktionen kurze Abfragen erzeugt werden, mit denen schnell und einfach Abfragen zum aktuellen Lernbedarf durchgeführt werden können.

- Zeitnahe Umsetzung

  Auf der Grundlage eines Berichts-Moduls kann jederzeit dokumentiert werden, in welchem Umfang Kursangebote und Lernmodule zu den verschiedenen Kompetenzbereichen und zum Qualifikationsbedarf verfügbar sind. Ebenso kann über ein solches Modul nachvollzogen werden, wie sich der Zeitbedarf von der Formulierung von Anforderungen bis zur Freischaltung eines neuen Lernangebots gestaltet.

- Organisatorische Absicherung

  Über ein Lernjournal, das – je nach Bedarf – für Lerner, Tutoren oder Vorgesetzte einzusehen ist, können Zielvereinbarungen zu Weiterbildungsaktivitäten dokumentiert und später mit den erzielten Ergebnissen abgeglichen werden. Die Kenngrößen für die Bestimmung der Weiterbildungserfolge auf verschiedenen Ebenen können, ebenso wie Messwerte zur Ausgangssituation im Vorfeld von Schulungen, in speziellen Formularen dokumentiert und verwaltet werden.

- Verlässliche Durchführung

  Auf der Grundlage eines Berichts-Moduls kann jederzeit dokumentiert werden, welche Quoten in Bezug auf Anmeldung und Durchführung bzw. auch in Bezug auf Beginn und vollständige Bearbeitung von Lernangeboten erreicht werden.

- Transparenz zu Ressourcen

  Auch für die Auslastung verschiedener Ressourcen – seien dies nun Trainer, Räume und Geräte für Präsenzveranstaltungen oder die Häufigkeit der Buchung verschiedener E-Learning-Module – können auf Basis eines solchen Moduls Berichte erstellt werden.

- Nachweis des Erfolgs

  Den Nachweis des Erfolgs von Weiterbildungsmaßnahmen auf verschiedenen Ebenen können Lern-Management-Systeme ebenfalls wirkungsvoll unterstützen. Über Feedback- und Befragungsfunktionen sowie moderierte Diskussionsforen können systematisch Einschätzungen und Bewertungen der Nutzer zu den Angeboten eingeholt werden. Testmodule erlauben das Erstellen, Durchführen und Auswerten von Einstiegs-Checks ebenso wie von Lernerfolgskontrollen im Nachgang zu Kursen. Über Schnittstellen zu Enterprise-Resource-Planning-Systemen (ERP), beispielsweise SAP oder PeopleSoft, können darüber hinaus weitere Daten zu den internen Prozessen eines Unternehmens importiert werden. Diese verschiedenen Daten können dann für das Erstellen von Scorecards, beispielsweise zu bestimmten Kursen, genutzt werden.

- Bestimmung der Kosten-Nutzen-Relation und des Return on Invest

  Die Bestimmung der Kosten-Nutzen-Relationen und des Return on Invest für Weiterbildungsangebote sind methodisch anspruchsvoll und erfordern die Anwendung von Verfahren der Investitionsrechnung oder der Nutzwertanalyse (vgl. z. B. Linnhoff/Pellens 2002). Lern-Management-Systeme unterstützen diese Verfahren zwar nicht direkt, erlauben aber das Integrieren und Verwalten der Ergebnisse.

3.3   Weiterbildungscontrolling mit rollenspezifischen Scorecards

Im Zusammenhang mit der Bestimmung des Erfolgs von Weiterbildung stellen sich für die verschiedenen Rollen- und Funktionsträger unterschiedliche Fragen (vgl. Abb. 2). Diese reichen von Fragen der Trainer („Wie werde ich von meiner Lerngruppe bewertet?") über Fragen der Kurs-Verantwortlichen („Wie werden die von mir konzipierten und verantworteten Kurse bewertet?") bis zu typischen Fragen von Personalentwicklungsleitern („Wie wird die Qualität unserer Trainingsservices insgesamt bewertet?").

Im Sinne der in diesem Beitrag vorgeschlagenen Ausrichtung von Bildungscontrolling als Unterstützung der Selbststeuerung im Bildungsprozess wurde eine Priorisierung der betrachteten Rollen vorgenommen (vgl. Abschnitt 2.2). Für die hier fokussierten Rollen lassen sich jeweils spezifische Scorecards erstellen. Bei diesen Scorecards handelt es sich nicht um „balanced scorecards" im Sinne von Kaplan/

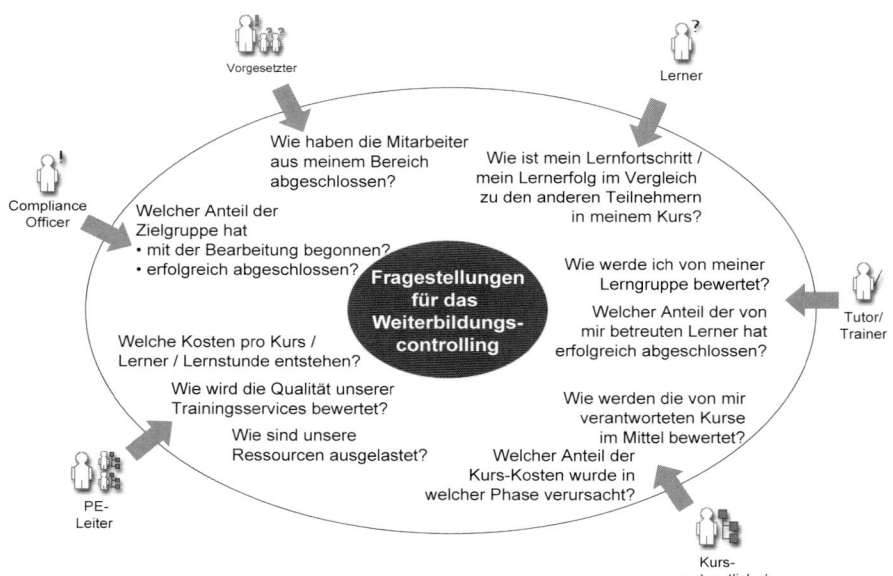

Abb. 2. Rollen und typische Fragestellungen

Norton (1997). Vielmehr sind in diesen Scorecards zentrale Erfolgsfaktoren und aussagekräftige Kenngrößen, die sich aus den oben aufgeführten Anforderungen an betriebliche Weiterbildung und deren Controlling ergeben, übersichtlich zusammengefasst.[2]

In den nachfolgenden Scorecards ist eine Auswahl besonders relevanter Faktoren und Kenngrößen für die hier fokussierten Rollen aufgeführt. Für den betrieblichen Einsatz müssten diese dann unternehmensspezifisch ergänzt und angepasst werden:

Tabelle 3. Lerner-Scorecard

Erfolgsfaktor	Kenngröße	Erläuterung
Skills	Quote erfüllte Skill Levels	Anteil der zugewiesenen Kompetenzen, für die die Anforderungen erfüllt werden
Lernfortschritt	Zahl der bearbeiteten Module / Elemente	Lernfortschritt im Vergleich zur Vorgabe oder im Vergleich zu anderen Kursteilnehmern
Lernzeit	Benötigte Lernzeit in Stunden	Benötigte Lernzeit im Vergleich zur Vorgabe oder im Vergleich zu anderen Kursteilnehmern
Lernerfolg absolut	Score am Ende einer Maßnahme	ggf. Vergleich mit einer Mindest-Anforderung oder mit anderen Kursteilnehmern
Lernerfolg relativ	Differenz zwischen Score zu Beginn / Ende einer Maßnahme	ggf. im Vergleich zu anderen Kursteilnehmern

Tabelle 4. Trainer-/Tutor-Scorecard

Erfolgsfaktor	Kenngröße	Erläuterung
Lernfortschritt	Lernfortschritt Lerngruppe	ggf. im Vergleich zu anderen Lerngruppen
Lernerfolg	Lernerfolg Lerngruppe	ggf. im Vergleich zu anderen Lerngruppen
Abschluss / Zertifizierung	Anteil erfolgreich abschließender Teilnehmer	ggf. im Vergleich zu den Lerngruppen anderer Trainer / Tutoren
Transfererfolg	Mittelwert Transfer-Erfolg eigene Lerngruppe	ggf. im Vergleich zu anderen Lerngruppen
Bewertung	Bewertung als Trainer / Tutor durch Lerngruppe	ggf. differenziert nach „Kompetenz", „Motivation", „Lerntechnik"

---

[2] Natürlich spricht nichts dagegen, Kenngrößen, die im Rahmen eines Balanced-Scorecard-Prozesses entwickelt wurden, heranzuziehen. Aber längst nicht in allen Unternehmen wird mit dem Instrument Balanced Scorecard gearbeitet und demzufolge liegen entsprechende Kenngrößen häufig nicht vor.

Tabelle 5. Kurs-Manager-Scorecard

Erfolgsfaktor	Kenngröße	Erläuterung
Abschluss / Zertifizierung	Anteil erfolgreich abschließender Teilnehmer	ggf. im Vergleich zu anderen Kursen
Transfererfolg	Mittelwert Transfererfolg bei eigenen Kursen	ggf. im Vergleich zu anderen Kursen
Leistungsprozesse	Veränderungen in Bezug auf verschiedene Leistungsprozess-Kenngrößen	Kenngrößen müssen unternehmensspezifisch definiert werden; ggf. im Vergleich zu anderen Kursen;
Kurs-Bewertung	Kurs-Bewertung durch Teilnehmer	ggf. differenziert nach „Inhalt", „Trainer", „Organisation", „Infrastruktur", etc.;
Kosten	Gesamtkosten pro Kurs	ggf. Berechnung pro Unterrichtstag oder Lernstunde
Kostenstruktur	Anteil der verschiedenen Kosten-Positionen an den Gesamtkosten	z. B. Anteil Planung; Anteil Umsetzung; Anteil Personal-Ausfallkosten; etc.

Tabelle 6. PE-Leiter-Scorecard

Erfolgsfaktor	Kenngrößen	Erläuterung
Umfang der Angebote	Zahl der verfügbaren Angebote	ggf. Bestimmung mit Trendverlauf
Umsetzungs- bzw. Nutzungsquote	Verhältnis angekündigter zu durchgeführten Kursen / Maßnahmen; Verhältnis verfügbarer zu genutzten Angeboten;	ggf. Bestimmung mit Trendverlauf über bestimmte Zeitperioden (z. B. ein Jahr)
Skills	Quote der erfüllten Skill-Anforderungen	Mittelwert für alle Beschäftigten; ggf. differenziert nach Bereichen; ggf. mit Trendverlauf;
Kurs-Bewertung	Mittelwert der Bewertung aller Kurse / Angebote	ggf. differenziert nach Bereichen; ggf. mit Trendverlauf;
Kosten	Mittelwert der Kosten pro Kurs / Angebot	ggf. Berechnung pro Lernstunde; ggf. mit Trendverlauf;
Kostenstruktur	Anteil der verschiedenen Kosten-Positionen an Gesamtkosten	ggf. mit Trendverlauf
Umsatz	Summe der verbuchten Leistungen	ggf. mit Trendverlauf

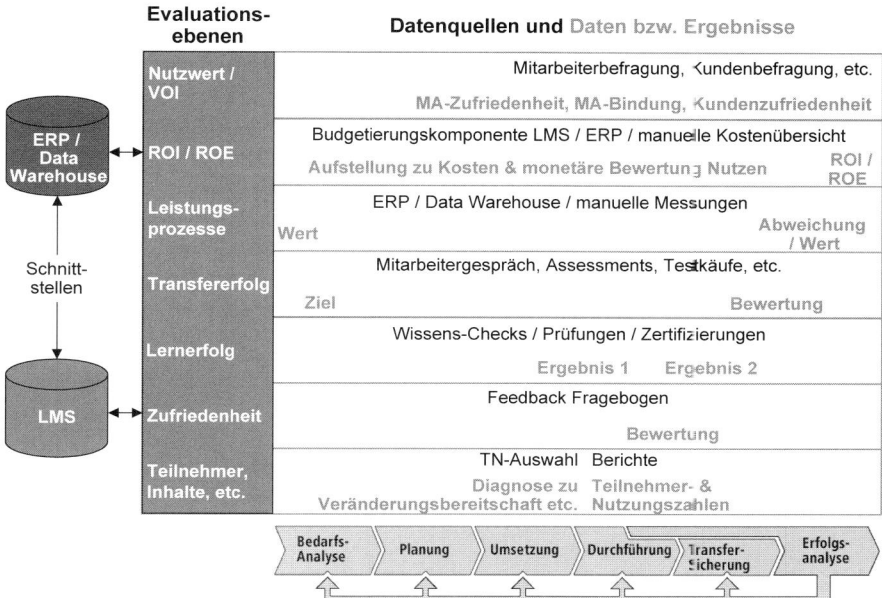

Abb. 3. Evaluationsebenen, Datenquellen und Daten bzw. Ergebnisse

Um die hier aufgeführten Kenngrößen bestimmen zu können, müssen nicht nur die jeweiligen Soll-Werte definiert werden. Die zentrale Anforderung besteht darin, im Verlauf des gesamten Bildungsprozesses systematisch zu verschiedenen Zeitpunkten Daten auf verschiedenen Ebenen zu erheben und zu verarbeiten. Dabei können Learning-Management-Systeme allein oder in Verbindung mit anderen Systemen, wie beispielsweise Data-Warehouse-Lösungen, eingesetzt werden (vgl. Abb. 3).

Learning-Management-Systeme unterstützen die systematische Sammlung erforderlicher Prozessdaten in verschiedener Hinsicht. Zum einen werden Aktivitäten der Lerner, wie etwa die Anmeldung an der Lernplattform oder das Aufrufen von Lernmaterialien, automatisch erfasst. Zum anderen erlauben sie es, Kursverläufe und Abfolgen von Modulen einheitlich und verbindlich zu definieren. Etwa in der Form, dass Lerner erst dann die automatisch generierte Einladung zu einem Präsenzseminar erhalten, wenn sie zuvor ein WBT zum Thema und den dazugehörigen Test bearbeitet haben.

Auf Grundlage der so generierten Daten können Erfolge und gegebenenfalls Abweichungen vom Soll bestimmt werden. Dabei ist es hilfreich, wenn Maßnahmen zeitversetzt in Staffeln durchgeführt werden, da so der Wirkanteil von Weiterbildung auf Leistungsprozesse besser bestimmt werden kann. Dies ist, neben der monetären Bewertung von Veränderungen, die Voraussetzung dafür, den Return

"IT-Security Training 2004", Stand 23.12.2004					
Kenngrösse	**Soll (abs.)**	**Ist (abs.)**	**Soll (%)**	**Ist (%)**	
Mittelwert Test-Score TN (%)	80	78	80	78	
Zahl Teilnehmer Zertifiziert (%)	511	476	100	93	
Durchschnittliche Lernzeit WBT (Std.)	4	4.5	100	111	
Score Bewertung Trainer	7	6.2	100	89	
Score Bewertung Gesamtmassnahme	7	5.9	100	84	
Kosten Gesamtmassnahme (t €)	180	184	100	102	
Nutzen Gesamtmassnahme (t €) (Schätzwert)	180	?	100	?	Prüfung zum 31.12.2005
Return on invest	1	?	100	?	Berechnung am 31.12.2005

Abb. 4. Beispiel für eine rollenspezifische Scorecard

on Invest von Bildungsmaßnahmen berechnen zu können (vgl. Phillips 1997, S. 88f. und 116–119).

Damit die so ermittelten Auswertungen Wirksamkeit entfalten können, müssen sie prägnant zusammengefasst und visualisiert werden. Abb. 4 zeigt eine mögliche Darstellungsform am Beispiel einer Scorecard für einen Kurs-Verantwortlichen.

Insbesondere für die Rolle der Personalentwicklungsleiter ist neben dieser Form der Darstellung der Ergebnisse auch die Darstellung von Trendverläufen wichtig. Erst auf der Grundlage solcher Verläufe kann letztlich beurteilt werden, wie sich der Bereich Weiterbildung insgesamt in Bezug auf seine Leistungsfähigkeit entwickelt (vgl. Abb. 5).

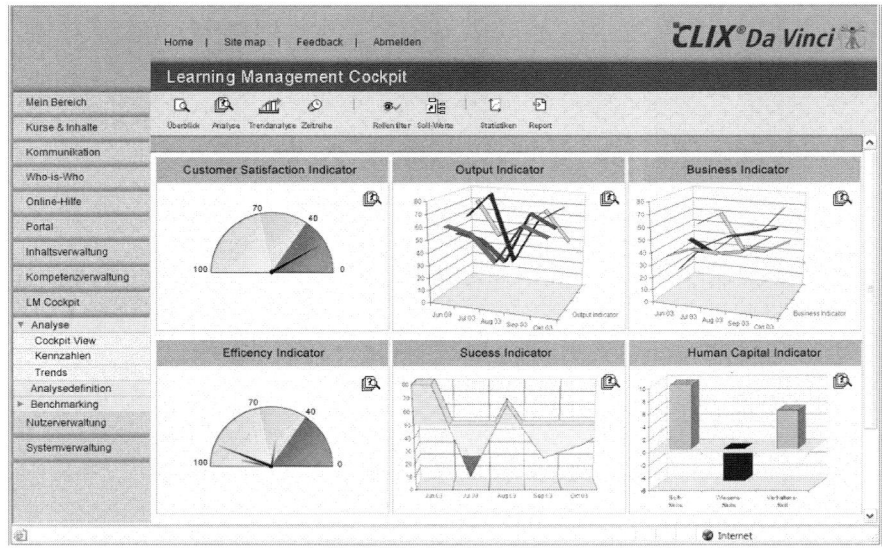

Abb. 5. Beispiel für ein Management-Cockpit mit Trend-Informationen

4   Fazit und Ausblick

Dieser Beitrag präsentiert einen Rahmen für betriebliches Bildungscontrolling, der sowohl die Betrachtung des Bildungsprozesses (Kosten- bzw. Effizienzcontrolling) als auch die Betrachtung verschiedener Ebenen des Nutzens von Weiterbildung (Erfolgscontrolling) integriert. Dabei wird der Aspekt der Selbststeuerung betrieblicher Bildungsbereiche und ihrer Akteure betont, während die Ausrichtung als Subsystem der strategischen Unternehmenssteuerung (vgl. z. B. van Buer / Seeber 2002, S. 256) zurückgenommen ist.[3] Dies findet seinen Ausdruck in der Fokussierung auf Scorecards für die Rollen „Leiter/in der Personalentwicklung", „Kurs-Verantwortliche/r", „Trainer/in", „Mitarbeiter/in" bzw. „Lerner/in", „Vorgesetzte/r" und „Compliance Officer". Eine Neuerung des hier vorgestellten Ansatzes ist die Berücksichtigung von Compliance-relevanten Anforderungen (die sowohl aus dem gesellschaftlichen und rechtlichen Umfeld als auch aus unternehmensinternen Richtlinien resultieren können) an das betriebliche Bildungswesen. Der Beitrag zeigt auch, dass Learning-Management-Systeme die operative Umsetzung und Institutionalisierung von Weiterbildungscontrolling wesentlich erleichtern und damit einen ermöglichenden Faktor („enabler") darstellen. Dies vor allem dadurch, dass a) Bildungsprozesse in standardisierter Weise geplant und organisiert werden können und b) über den gesamten Bildungsprozess systematisch Prozessdaten auf verschiedenen Ebenen generiert werden können, die dann bei der Erfolgsanalyse Verwendung finden.

Mit dem hier formulierten Ansatz und dem Einsatz von Learning-Management-Systemen ist eine erfolgreiche Umsetzung von betrieblichem Weiterbildungscontrolling noch lange nicht garantiert. Vielmehr sind dabei weitere Herausforderungen zu meistern. Dazu gehört, dass eine Fixierung auf monetäre Zielgrößen und eine Dominanz von Programmen mit kurzfristigen Erfolgen ebenso vermieden werden müssen wie der Eindruck, dass die Mitarbeiter der Bildungsbereiche mit dem Instrument Bildungscontrolling gegängelt werden sollen (vgl. Landsberg 1995, S. 31). Die im Rahmen von Bildungscontrolling erzeugten Prozessdaten (z. B. Lernzeiten, Testergebnisse, Bewertungen von Trainern) sind ja nur dann aussagekräftig und steuerungsrelevant, wenn sie in einer Atmosphäre konstruktiver Offenheit zu Stande kommen. Sobald die Beteiligten bei offener Handhabung dieser Instrumente negative Konsequenzen für sich und andere befürchten müssen, wird es eine starke Tendenz dahin geben, sozial erwünschte Antworten und Bewertungen zu liefern – auch wenn diese nicht zutreffend sind. In diesem Fall wären die Daten und die darauf basierenden Scorecards für eine effektive Steuerung betrieblicher Bildungsarbeit nicht mehr sinnvoll zu verwenden.

---

[3]   Diese Akzentuierung kann aber durch die Entwicklung weiterer Kenngrößen und auch weiterer Scorecards, beispielsweise für Controller, ausgeglichen werden.

Literatur

Becker, Manfred (1995): Bildungscontrolling. Möglichkeiten und Grenzen aus wissenschaftstheoretischer und bildungspraktischer Sicht. In: Bildungs-Controlling. 2., überarbeitete Auflage, hg. von G. von Landsberg & R. Weiss. Stuttgart: Schaeffer-Poeschel, S. 57–80.

Diensberg, Christoph; Krekel, Elisabeth M.; Schobert, B. (Hg.) (2001): Balanced Scorecard und House of Quality. Evaluation in Weiterbildung und Personalentwicklung. Wissenschaftliche Diskussionspapiere Nr. 53. Bonn: Bundesinstitut für Berufsbildung.

Ehlers, Ulf-Daniel; Schenkel, Peter (Hg.) (im Erscheinen): Bildungscontrolling im E-Learning. Grundlagen, Konzepte und Erfahrungen jenseits des ROI. Berlin, Heidelberg, New York: Springer

Franz, Klaus-Peter; Kajüter, Peter (2002): Controlling. In: Betriebswirtschaft für Führungskräfte. Zweite, überarbeitete und erweiterte Auflage, hg. von Colbe / Coenenberg / Kajüter / Linnhoff. Stuttgart: Schäffer-Poeschel, S. 287–312.

Gnahs, Dieter; Krekel, Elisabeth M. (1999): Betriebliches Bildungscontrolling in Theorie und Praxis. Begriffsabgrenzung und Forschungsstand. In: Bildungscontrolling – ein Konzept zur Optimierung der betrieblichen Weiterbildung. Hg. von Bundesinstitut für Berufsbildung / E.M. Krekel & B. Seusing. Bielefeld, Bertelsmann, S. 13–33.

Hummel, Thomas R. (2001): Erfolgreiches Bildungscontrolling. Zweite Auflage. Heidelberg: Sauer.

Kaplan, Robert S.; Norton, David P. (1997): Balanced Scorecard. Strategien erfolgreich umsetzen. Stuttgart: Schäffer-Poeschel.

Kohn, Werner (2001): E-Learning bei der D.A.S. Versicherung. In: Handbuch E-Learning, Grundwerk Dezember 2001, hg. von A. Hohenstein / K. Wilbers. Fachverlag der Deutschen Wirtschaft, Kapitel 8.4.

Kraemer, Wolfgang (2004): Learning Lifecycle Management. In: Wissensmanagement, Heft 1 (2004), S. 32–32.

Krekel, Elisabeth M.; Seusing, Brigitte (Hg.) (1999): Bildungscontrolling – ein Konzept zur Optimierung der betrieblichen Weiterbildung. Hg. vom Bundesinstitut für Berufsbildung. Bielefeld, Bertelsmann.

Leithner, Barbara; Back, Andrea (2004): Beiträge der Balanced Scorecard für ein nachhaltiges E-Learning im Unternehmen. Arbeitsbericht des Learning Center der Universität St. Gallen, 04/2004.

Meier, Christoph (im Erscheinen): Ansätze für das Controlling betrieblicher Weiterbildung. In: Bildungscontrolling im E-Learning. Grundlagen, Konzepte und Erfahrungen jenseits des ROI, hg. von U.-D. Ehlers / P. Schenkel. Berlin, Heidelberg, New York: Springer.

Landsberg, Georg von (1995): Bildungs-Controlling: „What is likely to go wrong?" In: Bildungs-Controlling. 2., überarbeitete Auflage, hg. von G. von Landsberg & R. Weiss. Stuttgart: Schäffer-Poeschel, S. 11–33.

Linnhoff, Ulrich; Pellens, Bernhard (2002): Investitionsrechnung. In: Betriebswirtschaft für Führungskräfte, hg. von B. von Colbe / A.G. Coenenberg / P. Kajüter & U. Linnhoff. Stuttgart: Schaeffer-Poeschel, S. 139–174.

Phillips, Jack J. (1997): Return on investment in training and performance improvement programs. Houston: Gulf.

Preisner, Klaus (2003): Bildungscontrolling. Individuumorientierte Konzeption zur verbesserten Koordination des betrieblichen Weiterbildungssystems. Dissertation, Universität der Bundeswehr, München, Fakultät für Wirtschafts- und Organisationswissenschaften.

Probst, Gilbert J.; Büchel, Bettina (1994): Organisationales Lernen. Wettbewerbsvorteil der Zukunft. Wiesbaden: Gabler.

Reinmann-Rothmeier, Gabi; Mandl, Heinz (1997): Lehren im Erwachsenenalter. Auffassungen vom Lehren und Lernen, Prinzipien und Methoden. In: Enzyklopädie der Psychologie, Psychologie der Erwachsenenbildung, hg. von Weinert / Mandl. Göttingen: Hogrefe, S. 355 – 403.

Ruschel, Adalbert (1995): Die Transferproblematik bei der Erfolgskontrolle betrieblicher Bildung. In: Bildungs-Controlling. 2., überarbeitete Auflage, hg. von G. von Landsberg & R. Weiss. Stuttgart: Schäffer-Poeschel, S. 297 – 322.

Schenkel, Peter (2000): Ebenen und Prozesse der Evaluation. In: Tergan, S.O. u. a. (Hg.): Qualitätsbeurteilung multimedialer Lern- und Informationssysteme: Evaluationsmethoden auf dem Prüfstand. Nürnberg: BW-Verlag, S. 52 – 74.

Schulte, Christof (1995): Kennzahlengestütztes Weiterbildungs-Controlling als Voraussetzung für den Weiterbildungserfolg. In: Bildungs-Controlling. 2., überarbeitete Auflage, hg. von G. von Landsberg & R. Weiss. Stuttgart: Schäffer-Poeschel, S. 265 – 281.

Thom, Norbert; Blunck, Thomas (1995): Strategisches Weiterbildungs-Controlling In: Bildungs-Controlling. 2., überarbeitete Auflage, hg. von G. von Landsberg & R. Weiss. Stuttgart: Schäffer-Poeschel, S. 35 – 46.

van Buer, Jürgen & Seeber, Susan (2002): Leitideen & Modelle des Bildungscontrollings. In: Jahrbuch Personalentwicklung und Weiterbildung 2003, hg. von Karlheinz Schwuchow & Joachim Gutmann. Neuwied: Luchterhand, S. 253 – 260.

TEIL VI:

Change Management

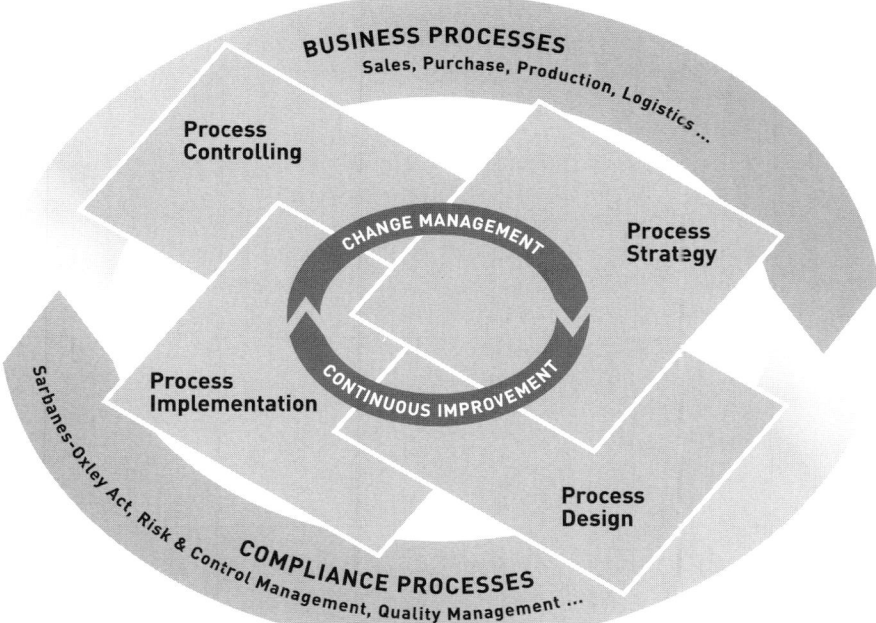

Change Management in komplexen Organisationen – Theorie, Topics, Tools

Ingrid Katharina Geiger
IDS Scheer AG
IngridKatharina.Geiger@ids-scheer.com

Zusammenfassung

Der Beitrag „Change Management in komplexen Organisationen – Theorie, Topics und Tools" schlägt eine Brücke zwischen Theorie und Praxis und integriert übertragbare Erfahrungen aus mehreren komplexen Veränderungsprojekten.

In einem ersten Schritt werden die Herausforderungen des Change Managements skizziert. Anschließend stehen die theoretischen Grundlagen im Mittelpunkt:. Wesentliche Begriffe rund um das Management der Veränderungen werden diskutiert und geklärt. Auch die interdisziplinäre Grundlage, auf der dieser ganzheitliche Change Management-Ansatz beruht, wird erläutert. In einem nächsten Schritt wird der Prozess des Change Managements entlang eines 6-Phasen-Modells vorgestellt. Die phasenbezogenen Topics – darunter versteht man wichtige Bausteine des Change Managements – werden beschrieben. Sie bilden Fixpunkte auf der Agenda des Veränderungsmanagements. Hinweise auf Tools (Methoden und Techniken) ergänzen die Beschreibung. Den abschließenden Schritt bilden 20 Erfolgsfaktoren des Change Managements.

Das Zusammenspiel aus interdisziplinärer Grundlage, 6-Phasen-Modell mit Topics und Tools sowie Erfolgsfaktoren des Change Managements ist Voraussetzung für eine erfolgreichen Veränderung in komplexen Organisationsstrukturen.

Schlüsselwörter

Komplexität von Organisationen; Begriffsklärung: Veränderung 1. Ordnung und 2. Ordnung, Organisationsentwicklung, Change Management, Reorganisation, Revitalisierung, Projektmanagement, interdisziplinäre Grundlage: Management-, Erkenntnis-, Kommunikations-, System-, Kulturtheorie, Organisationspsychologie, organisationales Lernen, Grounded Theory; Sechs-Phasen-Modell des Change Managements; Topics und Tools

1   Change Management und Komplexität

*„Organizations cannot simply be ,ordered' to change." (Kanter
1992: 11)*

Zahlreiche Analysen von Veränderungsprojekten zeigen, dass nur ein Teil der
Veränderungsvorhaben mit Erfolg abgeschlossen wird. In vielen Fällen ist es die
unterschätzte Komplexität (vgl. Dörner 1992; Vahs / Leiser 2003) auf der sozialen
Ebene der Organisation, die Veränderungsprojekte scheitern lässt.

Erfolgreiches Change Management verhält sich komplementär zum Veränderungsvorhaben (etwa Business Process Management) und begleitet und unterstützt
die nachhaltige Projektwertschöpfung unter besonderer Berücksichtigung der organisationalen Komplexität. Das gelingende Zusammenspiel oder „joint optimiza-
tion" (vgl. Bungard 2005: 23) zwischen Prozessmanagement (Sachebene) und
Change Management (soziale Ebene) ist der wesentliche Erfolgsfaktor von komplexen Veränderungsprojekten (vgl. Rüegg-Stürm 2003: 81; Bungard 2005: 23).
Das folgende Beispiel visualisiert den Zusammenhang:

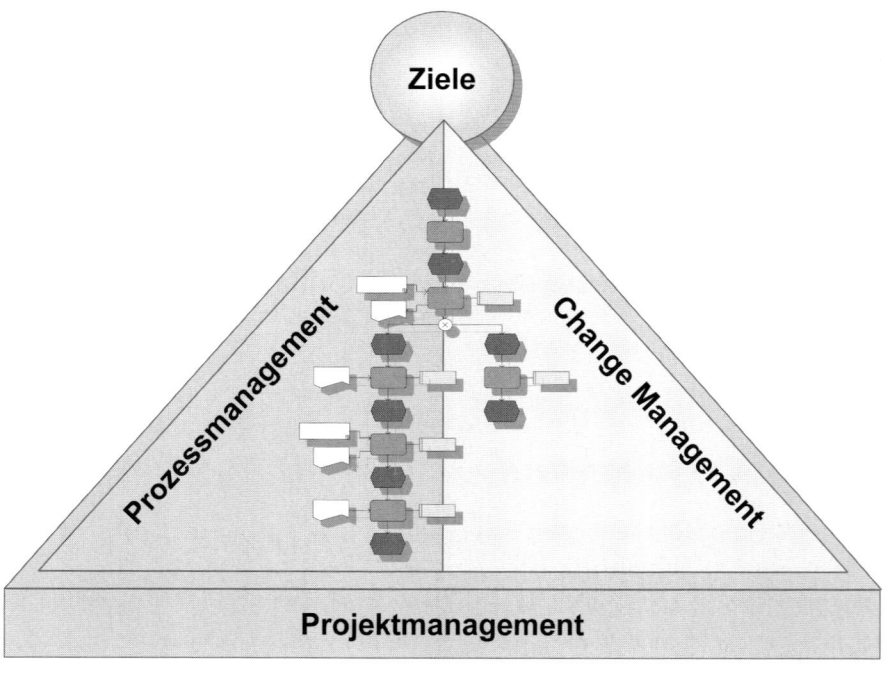

Abb. 1. Change Management und Prozessmanagement sind komplementär

Die Interventionen des Change Managements müssen umsichtig auf die jeweiligen Veränderungsvorhaben und die davon betroffenen Organisationen bzw. Organisationseinheiten abgestimmt werden. Dabei sind eine ganze Reihe von Faktoren zu berücksichtigen, die das Management von Veränderungen zu einer außerordentlichen Herausforderung machen (vgl. Kohnke / Bungard / Madukanya 2005: 119).

Das folgende Schaubild zeigt wesentliche Komplexitätstreiber:

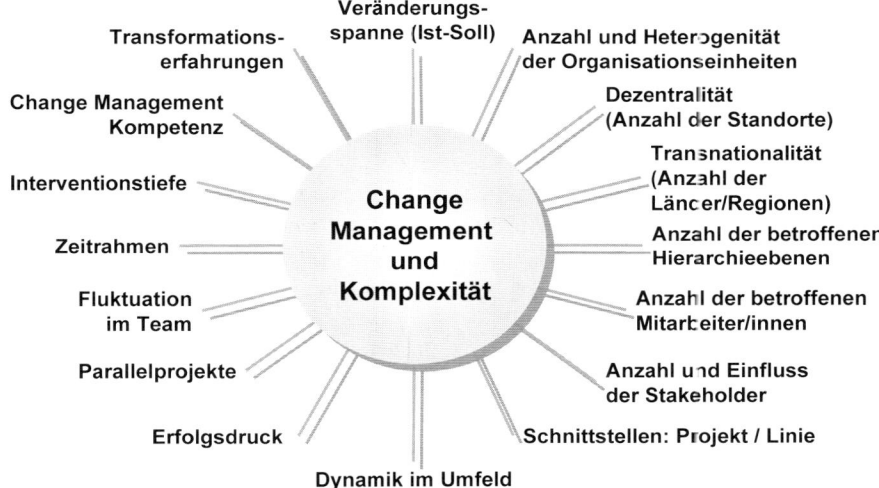

Abb. 2. Change Management und Komplexitätstreiber

Change Management bedeutet zielgerichtete Veränderung in einem komplexen Handlungsfeld. Dafür benötigen Change Manager eine interdisziplinäre Grundlage und ein flexibles Vorgehensmodell. Theorie und Vorgehen in der Form von Phasen, Topics und Tools stehen deshalb im Mittelpunkt des Beitrages zum Veränderungsmanagement.

2   Change Management – Begriffe und Theorie

Change Management hält seit den 90er Jahren Einzug in die Organisationswelt (vgl. Kohnke / Bungard / Madukanya 2005: 117). Bei näherer Betrachtung wird allerdings deutlich, dass der Begriff eine Inflation erfährt und die Bedeutung auszuufern droht.

Diese Beobachtung geht mit einer weiteren Feststellung Hand in Hand: Die Fachliteratur zum Thema Change Management wird von Praxiserfahrungen (einschließlich „success stories") dominiert, die einen „integrativen theoretischen Rahmen" (Kohnke 2005: 52) vermissen lassen.

Vor diesem Hintergrund werden in den folgenden Ausführungen zunächst zentrale Begriffe geklärt. In einem weiteren Schritt werden die theoretischen Grundlagen des ganzheitlichen Ansatzes (vgl. Vahs/Leiser 2003: 13) des Change Managements skizziert.

2.1 Veränderung

„Change ... is to some degree in the eyes of the beholder." (Kanter 1992: 10)

Grundsätzlich können zwei Veränderungstypen unterschieden werden: Veränderung 1. Ordnung und Veränderung 2. Ordnung. Die Unterscheidung ist hilfreich, da sie das Ausmaß für die Betroffenen unterstreicht.

Veränderung 1. Ordnung

Veränderung „1. Ordnung" ist graduell und adaptiv. Es handelt sich um Verbesserungen innerhalb gegebener Strukturen (z. B. Anschaffung einer neuen Maschine) und quantitativer Art (z. B. Abbau von Liegezeiten) (Kanter 1992: 10; Müller-Stewens/Lechner 2003: 560). Die zugrunde liegenden Annahmen und Paradigmen werden dabei nicht in Frage gestellt (Probst 1987: 111).

Diese Veränderung fordert Anpassungslernen oder „Single Loop Learning" (vgl. Agyris/Schön 1999) – z. B. Bedienung einer neuen Maschine. Veränderung „1. Ordnung" wird auch „Transactional Change" (Kostka/Mönch 2002: 9), „Gradual Change" (Vahs/Leiser 2003: 2), „Optimierung" (Rüegg-Stürm 2003: 83), „Fine Tuning" (Kanter 1992: 491), „Reform" (Kanter 1992: 4) oder „Small-c 'Change'" (Kanter 1992: 10) bezeichnet.

Veränderung 2. Ordnung

Veränderung „2. Ordnung" ist radikal und innovativ. Sie stellt einen qualitativen Sprung dar, d. h. sie ist mit einem Wechsel der paradigmatischen Regel (Kanter 1992: 10; Müller-Stewens/Lechner 2003: 560) verbunden, z. B. von „process follows structure" zu „structure follows process" – d. h., es handelt sich um tief greifende und umfassende Veränderungen mit komplexen Wechselwirkungen (Probst 1987: 111).

Diese Veränderung fordert „organisationales Lernen" (vgl. Agyris/Schön 1999) oder „Systemlernen" (Senge 1999). Veränderung „2. Ordnung" wird auch „Transformational Change" (Kostka/Mönch 2002: 9), „Radical Change" (Vahs/Leiser 2003: 2) „Erneuerung" (Rüegg-Stürm 2003: 83), „Revolution" (Kanter 1992: 4) oder „Capital-C 'Change'" (Kanter 1992: 10) bezeichnet.

2.2 Management von Veränderungen

Das Management von Veränderungen ist ein weites (Begriffs-)Feld: Begriffe wie Reorganisation, Revitalisierung, Organisationsentwicklung und Change Management konkurrieren, und die jeweilige Abgrenzung ist oft nicht präzisiert. Unter Change Management wird beispielsweise Prozessbegleitung, Organisationsgestaltung, Projektmanagement, technische Veränderung, Gestaltung und Humanisierung von Arbeitsplätzen etc. verstanden (vgl. von Rosenstiel 2000: 409–410; Kohnke 2005: 52; Kohnke/Bungard/Madukanya 2005: 117). Dieses „Durcheinander" kann auch im Rahmen von Veränderungsprojekten zu Missverständnissen führen. Vor diesem Hintergrund ist eine Begriffsklärung erforderlich.

Die folgenden Begriffsklärungen zeigen, dass das Management von Veränderungen ein Kontinuum darstellt, d.h. die verschiedenen Konzepte und Ansätze ergänzen sich situativ. Dabei spielen Dimensionen, Zeit, Veränderungsmodus, -fokus, -phase und Interventionstiefe eine Rolle.

Organisationsentwicklung

Die Organisationsentwicklung ist eine kontinuierliche Aufgabe entlang des organisationalen Lifecycles mit Blick auf die Dynamik relevanter Umfelder. Das Ziel der Organisationsentwicklung ist, die „Problemlösungs- und Erneuerungsprozesse in einer Organisation zu verbessern" (French/Bell 1994: 31).

Organisationsentwicklung ist eher evolutionär (Osterloh/Frost 2001: 473) und adaptiv als transformativ und setzt dabei auf einen konsens- und beteiligungsorientierten Prozess (vgl. Schein 2003: 13).

Change Management

Change Management begleitet und fördert strategieorientierte Veränderungsvorhaben. Change Management wird „durch eine systematische Planung vorbereitet" (Vahs/Leiser 2003: 3) und ist eine zeitlich befristete Herausforderung. Das Ziel des Change Managements ist, die zur Erreichung der strategischen Ziele erforderliche Transformation nachhaltig zu realisieren (vgl. Al-Ani 2001: 142; Kohnke 2005: 53).

Change Management ist eher innovativ und transformativ als adaptiv (vgl. Kostka/Mönch 2002: 9). Vor diesem Hintergrund kann Change Management mit tief greifenden Interventionen auf verschiedenen Ebenen (z.B. auch Reorganisation der Strukturen) verbunden sein. Change Management rechnet deshalb auch mit Dissens und nutzt Optionen, um die verschiedenen Stakeholder zu berücksichtigen, damit einerseits konstruktive Lösungen entwickelt werden können und andererseits die „kritische Masse" (Haines 1998: 67) für den möglicherweise erforderlichen Paradigmenwechsel mobilisiert werden kann.

Reorganisation

Die Reorganisation oder Restrukturierung (Müller-Stewens / Lechner 2003: 634) zielt auf eine Optimierung oder Neugestaltung der Strukturen. Dabei steht das effektive und effiziente Zusammenspiel zwischen Ablauforganisation und Aufbauorganisation mit Blick auf den Kunden im Vordergrund.

Die Reorganisation ist eigentlich eine kontinuierliche Aufgabe. Doch erfahrungsgemäß wird die Reorganisation von Projekten des Prozessmanagements angestoßen. Allerdings bleiben die Potenziale häufig ungenutzt (Osterloh / Frost 2003: 256). Auf der einen Seite widersetzen sich die „funktionalen Fürstentümer" (Osterloh / Frost 2003: 256) der Rekonfiguration bestehender Strukturen und Positionen (Probst 1987: 88; Johnson / Scholes 2002: 558; Hammer 2004: 171). Auf der anderen Seite fordert die Reorganisation einen kulturellen Paradigmenwechsel (vgl. Vahs / Leiser 2003: 104).

> *„Ein Mangel, den man der Idee der Restrukturierung ankreiden könnte, ist vielleicht, nicht erkannt zu haben, dass die Prozessveränderungen sich innerhalb einer größeren Organisationskultur abspielen – und die zu ändern, dauert Jahre."* (Champy 2002, S. K2)

Die Reorganisation ist auf die konsequente Unterstützung des Top-Managements angewiesen.

Revitalisierung

Die Revitalisierung umfasst die Neubelebung und die Förderung der horizontalen und vertikalen Zusammenarbeit (Integration, Kooperation und Teamlernen) (vgl. Müller-Stewens / Lechner 2003: 634; Kanter 1992: 3 – 4).

Eine Revitalisierung ist erforderlich, wenn eine Organisation den Anschluss an die dynamischen Entwicklungen des Marktes verliert oder nach deutlichen organisatorischen Einschnitten und / oder Veränderungen (z. B. nach Reorganisation) stagniert. In Abhängigkeit von der Interventionstiefe eines Veränderungsprojektes kann in der Stabilisierungs-Phase des Change Managements eine gezielte Revitalisierung erforderlich sein.

2.3   Change Management ist theoriebasiert

Change Management ist theoriebasiert und nutzt eine interdisziplinäre Grundlage, die der Komplexität des Veränderungsvorhabens Rechnung trägt. Die interdisziplinäre Grundlage unterstützt den ganzheitlichen Ansatz und die integrative Gestaltung des komplexen Veränderungsprozesses (vgl. Vahs / Leiser 2003: 13). Als besonders nützlich haben sich die Modelle, Methoden und Techniken folgender Disziplinen erwiesen:

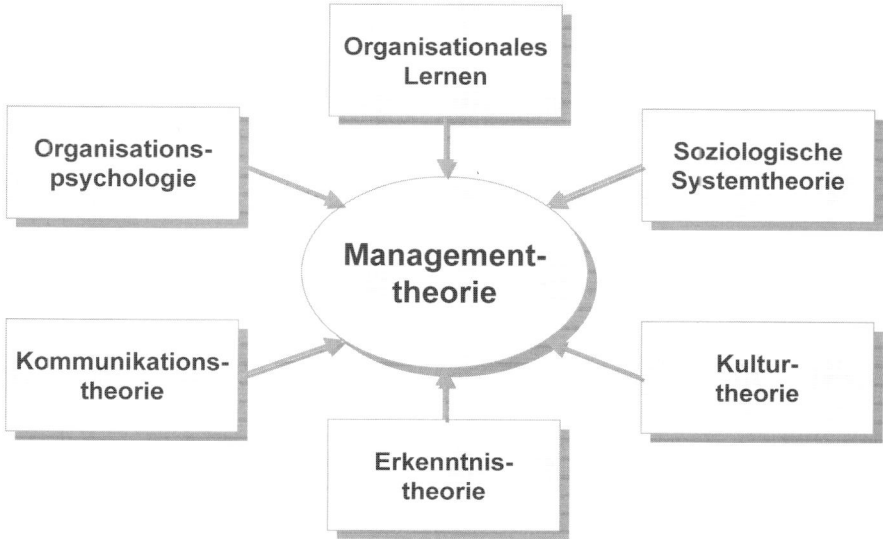

Abb. 3. Change Management nutzt eine interdisziplinäre Grundlage

Diese interdisziplinäre Grundlage kann als „Complexity Theory" (Lissack / Roos 1999: 10) bezeichnet werden. Der interdisziplinäre Ansatz des Change Managements bietet wichtige Denkwerkzeuge für Change Manager und befähigt diese zu einer professionellen Bearbeitung komplexer Veränderungsprojekte. Wesentliche Aspekte der interdisziplinären Grundlage des Change Managements werden in den folgenden Ausführungen im Streifzug skizziert.

Managementtheorie

> „*To manage strategy is to craft thought and action, control and learning, stability and change.*" *(Mintzberg 1991: 116)*

Organisationen (Unternehmen, Verbände, Einrichtungen des öffentlichen Lebens sowie des Gesundheitswesens) befinden sich in Bewegung. Der organisationale Lebenszyklus und interne Machtverschiebungen (vgl. Kanter 1992: 15) sowie externe Dynamiken (wie verschärfter Wettbewerb, technologische Innovationen) bewegen Organisationen (vgl. Kanter 1992: 12) und fordern eine kontinuierliche Weiterentwicklung.

Managementtheorie – vor allem strategisches Prozessmanagement (Scheer et al. 2003; Osterloh / Frost 2003; Hammer / Champy 2001) – befasst sich mit der Optimierung bzw. der Erneuerung der Wertschöpfung (vgl. Rüegg-Stürm 2003: 22). Zu den anspruchsvollsten Managementaufgaben gehört dabei, das Wechselspiel von unbeabsichtigtem Wandel und intendierter Veränderung (vgl. Mintzberg et al.

1999: 26) mit Blick auf die Kernkompetenzen und unter Berücksichtigung der Veränderungskompetenz einer Organisation konstruktiv zu gestalten (vgl. Rüegg-Stürm 2003: 87). Das Management von Veränderungen ist sich dabei bewusst, dass isolierte Eingriffe zu scheitern drohen, wenn Organisationen und Stakeholder „trivialisiert" werden (vgl. Kanter 1992: 7; Vahs / Leiser 2003: 104).

Erkenntnistheorie

> *„Remember that you are an ‚author' as well as a ‚reader' of organizational life." (Morgan 1998: 321)*

Je nachdem, welche Ziele erreicht werden sollen, kann Change Management einen radikalen Eingriff in ein bestehendes System bedeuten. Die Erkenntnistheorie öffnet den Blick für die verschiedenen Positionen, Perspektiven (vgl. Mintzberg et al. 1999: 26), „Brillen" (vgl. Müller-Stewens / Lechner 2003: 570; Johnson / Scholes 2002: 39) und „blinden Flecken" (von Foerster 1998: 49) der Akteure in einem Veränderungsprojekt.

Vor diesem Hintergrund nutzt und fördert Change Management die Beobachtung „1. Ordnung" (Was-Ebene) und die Beobachtung „2. Ordnung" (Wie-Ebene). Die Reflexion der Beobachtung schützt vor vereinfachenden Zuschreibungen, die die Sicht verengen und die Gewinnung von wertvollen Informationen (vgl. Dörner 1997: 66) verhindern. Ein Beispiel dafür ist der selten hinterfragte Gebrauch der Bezeichnung „Widerstand" (vgl. Rüegg-Stürm 2002: 87; Vahs / Leiser 2003: 107). Teamarbeit einschließlich „Einbezug von Querdenkern" (Müller-Stewens / Lechner 2003: 621), Feedback und Kommunikation helfen, neue Perspektiven und Möglichkeiten zu erschließen (vgl. von Foerster 1998).

Kommunikationstheorie

> *„Man kann nicht nicht kommunizieren." (Watzlawick et al. 1996: 53)*

Veränderungsprojekte sind komplexe Kommunikationsprojekte. Die Kommunikationstheorie weist auf zwei wichtige Ebenen der Kommunikation hin: die Sachebene und die – häufig unterschätzte – Beziehungsebene (Watzlawick et al. 1996: 56; Rüegg-Stürm 2003: 81).

Diese und weitere wichtige Erkenntnisse der Kommunikationstheorie helfen, einerseits angemessene Formen der Kommunikation zu wählen und andererseits Kommunikationsstörungen zu entschlüsseln. Als wichtige Denkwerkzeuge für Change Manager haben sich die fünf „metakommunikativen Axiome" (Watzlawick et al. 1996: 50 – 71) und auch das „Nachrichtenquadrat" (Schulz von Thun 1992: 14) erwiesen.

Organisationspsychologie

> *„Organisationen sind trotz ihrer scheinbaren Inanspruchnahme durch Fakten, Zahlen, Objektivität, ... voll von Subjektivität ..."*
> *(Weick 1998: 15)*

Die Organisationspsychologie befasst sich mit dem „Erleben und Verhalten in Organisationen" (Rosenstiel 2000: 7). Sie unterstützt damit einerseits das Verständnis für die betroffenen Führungskräfte und Mitarbeiter/innen und anderseits die Einsicht in die Muster der Interakte (Weick 1998: 130).

Die anwendungsbezogene Organisationspsychologie bietet eine Reihe diagnostischer Verfahren und Methoden (z. B. Führungsstil-Analyse, Konfliktdiagnostik, Kulturanalyse). Diese erlauben, die Situation unter Berücksichtigung der Individuen, der Gruppe sowie der Organisation zu bewerten. Darüber hinaus gibt die „Psychologie des Organisierens" (Weick 1998) Aufschluss über den Umgang mit Mehrdeutigkeit und den damit verbundenen Prozess der Sinngebung in Organisationen. Dieser retrospektive und selektive Sinngebungsprozess (Weick 1998: 195) spielt eine besonders große Rolle in Veränderungsprojekten, die auf einen paradigmatischen Shift zielen.

Systemtheorie

> *„Draw a distinction."* *(Spencer-Brown 1969)*

Aus Sicht der soziologischen Systemtheorie sind Organisationen soziale Systeme (Luhmann 1984; Kanter 1992: 7). Systeme und Subsysteme (wie Organisationseinheiten) bilden Grenzen zur relevanten Umwelt (u. a. Stakeholder). Diese System-Umwelt-Grenze und die damit verbundene Unterscheidung werden vor allem durch die „Ressource Sinn" (Baecker 2002: 15; vgl. Weick 1998: 195; Haines 1998: 18) geschaffen. System-Umwelt-Grenzen in der Form von physischen Mauern sind beobachtbare Artefakte (Baecker 2002: 10–16; Willke 1996: 53–59).

In Abhängigkeit von den Veränderungszielen berühren oder überschreiten Veränderungsprojekte bestehende System-Umwelt-Grenzen (vgl. Kirchmer / Scheer 2003; Hammer 2004; Haines 1998). Dabei muss das Management von Veränderung beständig mit der Selbstorganisation der involvierten Systeme rechnen. Selbstorganisation bedeutet vor allem Komplexität, Eigensinn (vgl. Weick 1998) und Dynamik (Probst 1987: 11), d. h. Organisationen sind nicht trivial und entziehen sich einer analytischen Betrachtung (von Foerster 1993: 60–66; Haines 1998: 15). Vor diesem Hintergrund fordern Veränderungsprojekte die Partizipation relevanter Stakeholder und die kontinuierliche Beobachtung der Wechselwirkungen.

Kulturtheorie

> *„Kultur ... ist eine Distinktionsformel ..."* *(Baecker 2003: 17)*

Organisationen sind Kulturen und pflegen Kultur. Kultur stärkt die Kohärenz und erzeugt subtile Unterschiede zur Umwelt (z. B. zu Wettbewerbern). Im Rahmen von Veränderungsprojekten kann sich die jeweilige Organisationskultur bzw. dominante Berufsgruppenkultur erheblich auf den Prozess, den Erfolg und die Nachhaltigkeit auswirken.

Die Modelle der Kulturtheorie erleichtern den Zugang zu den – weder sichtbaren und noch ganz bewussten – Ebenen der Organisation (Schein 1999: 16; Sackmann 2002: 35; Johnson / Scholes 2002: 230; Rüegg-Stürm 2002: 56). Diese bestehen zu einem großen Teil aus unhinterfragten Annahmen und Wirklichkeitskonstruktionen, die das Denken und Handeln der Mitglieder beeinflussen. Das „Cultural Web" (Johnson / Scholes 2002: 230) macht die Zusammenhänge anschaulich.

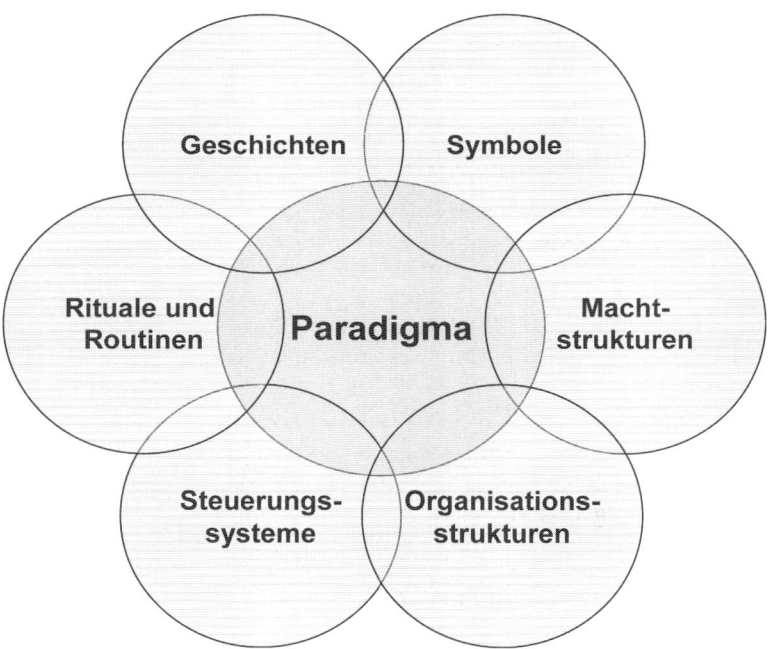

Abb. 4. The Cultural Web

Das Dekodieren und das Aufweichen vergangenheitsorientierter kultureller Muster und Paradigmen (vgl. Kanter 2001: 320 – 321; Peters 2004) kann erfolgskritisch (vgl. Champy 2002) sein, ist allerdings eine besonders große Herausforderung.

Organisationales Lernen

> *„Die ‚Lösungen' von gestern sind die Probleme von heute."* (Senge
> *1999: 75)*

Veränderungsprojekte sind auch organisationale Lernprojekte. Lernen (vgl. Bateson 1985: 371 – 396) und Verlernen gehen Hand in Hand. Dabei geht es nicht (nur) um Anpassungslernen, sondern vielmehr um nachhaltiges Systemlernen.

Das Modell des organisationalen Lernens (Argyris / Schön 1999) und das Konzept der „Lernenden Organisation" (Senge 1999) liefern dazu anwendungsbezogenes Wissen. Das Ziel ist „eine Organisation, die kontinuierlich die Fähigkeit ausweitet, ihre eigene Zukunft schöpferisch zu gestalten" (Senge 1999: 24). Diese „Lernende Organisation" baut auf „fünf Disziplinen" (Senge 1999; Senge et al. 1999):

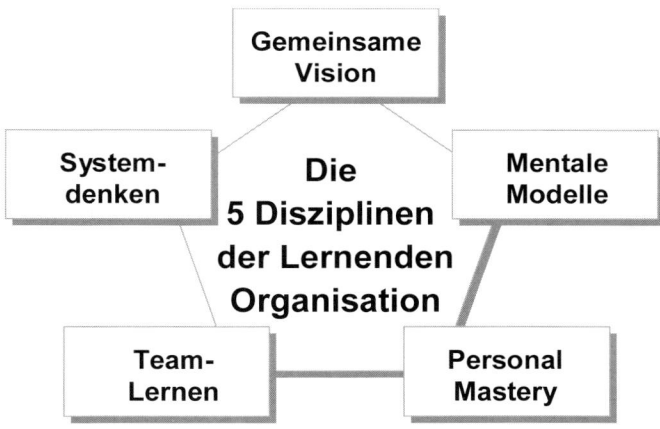

Abb. 5. Die fünf Disziplinen der „Lernenden Organisation"

Diese berücksichtigen wichtige Perspektiven des Change Managements: das Individuum, das Team, die Organisation.

Change Management nutzt „Grounded Theory"

Im Rahmen des Change Managements komplexer Organisationen ist weder ein rein deduktives Vorgehen noch ein rein induktives Vorgehen Erfolg versprechend. Deduktives Vorgehen ist mit dem Risiko der Trivialisierung verbunden. Induktives Vorgehen ist äußerst zeitintensiv und detailorientiert.

Angesichts des Dilemmas besteht in komplexen Veränderungsprojekten die große Gefahr des „Ad-hocismus" (Dörner 1992: 42). „Ad-hocismus" bedeutet, dass der Blick für das Ganze verloren geht: Prioritäten werden zu Gunsten von plötzlich auftretenden Ereignissen vernachlässigt, und das Management der Veränderungen verliert sich im Detail.

Ein pragmatisches Vorgehen bietet die sogenannte „Grounded Theory" (Glaser / Strauss 1998; vgl. Gill / Johnson 1997: 119 f). Grounded Theory trägt der Komplexität sozialer Handlungssituationen (vgl. Dörner 1992: 59; Lissack / Roos 1999: 10) Rechnung und sieht in der Musteridentifizierung den Schlüssel zur Komplexitätsreduktion.

> *„Complexity ... is a term used to refer to a collection of scientific disciplines, all of which are concerned with finding patterns among collections of behaviors or phenomena." (Lissack / Roos 1999: 10)*

Dabei wird abduktiv bzw. analytisch induktiv gearbeitet. Der Prozess der Musteridentifizierung und anschließenden Konzeptualisierung erfolgt schrittweise:

1. Daten sammeln

2. Daten reflektieren

3. Daten vergleichen

4. Muster identifizieren

5. Konzepte generieren

Grounded Theory versteht sich als ein ökonomischer Ansatz. Basierend auf der Annahme der Musterbildung (vgl. Lissack / Roos 1999: 10) kann die Datensammlung auf ausgewählte Prozesse (z. B. Entscheidungsprozesse) begrenzt werden. Als zentrale Methode wird der Vergleich gesehen. Dieser wird praktiziert, bis Muster identifiziert werden können.

Die Muster ermöglichen die Entwicklung konzeptioneller „Griffe". Diese „Griffe" sind Paradigmen oder sensitive Punkte des Systems, bzw. Drehschrauben oder Stellhebel für das Veränderungsmanagement. Sie bilden den Hintergrund für die Entwicklung angemessener Interventionen des Change Managements.

3   Change Management: Phasen und Topics

Veränderungen werden in Phasen vorangetrieben. Mittlerweile gibt es zahlreiche Phasen- oder Stufenmodelle für das Change Management (z. B. Kotter / Cohen 2002; Heitger / Doujak 2002; Müller-Stewens / Lechner 2003). Dabei handelt es sich um Beschreibungen des sequenziellen Ablaufs von Veränderungsvorhaben.

Lewin hat mit seinem Drei-Stufen-Modell ein generisches Modell für das phasenbasierte Management von Veränderungen geschaffen, das bis heute seine Nützlichkeit nicht verloren hat. Das Drei-Stufen-Modell (Lewin 1958) umfasst folgende aufeinander aufbauende Stufen:

1. Auftauen („unfreezing") der Muster,

2. Verändern („moving") und

3. Fixieren („refreezing") auf einem neuen Niveau.

Die Strukturierung des Veränderungsvorhabens in verschiedene Phasen zeigt Arbeitsschwerpunkte auf. Das bedeutet für die Veränderungsverantwortlichen, dass sie zielorientierte Veränderungsprozesse einerseits phasenbezogen gestalten müssen und andererseits den Blick auf den ganzen Veränderungszyklus („big picture") nicht aus den Augen verlieren dürfen.

Da strategieorientiertes Prozessmanagement und Change Management sich wechselseitig ergänzen (vgl. Bungard 2005: 23), ist darüber hinaus für eine integrative Sicht und eine Verzahnung der Schritte Sorge zu tragen.

In großen und vielschichtigen Veränderungsvorhaben bietet sich eine Strukturierung in sechs Phasen an. Das 6-Phasen-Modell des Change Managements komplexer Veränderungsprojekte zeigt einen idealtypischen Verlauf. In der Praxis sind die Phasen nicht streng voneinander trennbar. Sie sind vielmehr iterativ vernetzt.

Das folgende Schaubild gibt einen Überblick über die Phasen und die wesentlichen Topics:

Abb. 6. Das 6-Phasen-Modell des Change Managements

In den weiteren Ausführungen werden die einzelnen Phasen und wesentliche Topics beschrieben. Unter Topics werden Themen und Bausteine verstanden, die einzelnen Phasen zugeordnet sind. Diese müssen projektspezifisch konfiguriert und ausgestaltet werden. Hinweise auf Tools (Methoden und Techniken) ergänzen die Beschreibung einzelner Topics.

Während des Veränderungsprojekts ist auf eine dynamische Anpassung und Weiterentwicklung des Change-Management-Konzepts (Phasen, Topics, Tools) zu achten. Das kontinuierliche Change Monitoring (vgl. Stamm 1999) und Schnittstellenmanagement unterstützt diese Anforderung. Al Ani bezeichnet diese kontinuierliche Aufgabe des Change Managements als „Journey Management" (Al-Ani 2001:142).

Vorbereitungs-Phase

In großen und komplexen Veränderungsvorhaben ist eine Vorbereitungs-Phase erforderlich. In der Vorbereitungs-Phase wird der Rahmen für das Veränderungsprojekt definiert und ein Grobkonzept erstellt. Der Rahmen von Veränderungsvorhaben wird gebildet aus Zielen, Veränderungsraum, Change Organisation und Kommunikationskonzept. Dieser Rahmen schafft Stabilität für den dynamischen Veränderungsprozess.

Darüber hinaus dient die Vorbereitungs-Phase der Sensibilisierung und sukzessiven Mobilisierung sowie Qualifizierung von Promotoren des Wandels. Um das Change Vorhaben aktiv fördern zu können, müssen sie die Gründe für die Veränderungen, die Bedeutung für die Zukunftsfähigkeit der betroffenen Organisationen bzw. Organisationseinheiten sowie die Dringlichkeit des Veränderungsvorhabens verstanden haben (vgl. Müller-Stewens / Lechner 2003: 611, 643).

Ziele mehrperspektivisch definieren

Ausgehend von der Strategie werden die Veränderungsziele definiert, die im Laufe des Projektes erreicht werden sollen. Veränderungsziele zeichnen sich durch folgende Merkmale aus:

- **Mehrperspektivisch**, d. h. Ziele werden nicht nur aus der Makroperspektive der Organisation, sondern auch aus der Perspektive der Betroffenen (etwa Führungskräfte und Mitarbeiter/innen) sowie Stakeholder (etwa Kundengruppen, Personalvertretung) definiert;

- **Konkret**, d. h. Ziele brauchen Kennzahlen und Zeithorizonte. Diese machen den Zielerreichungsgrad messbar und schaffen die Voraussetzung für das kontinuierliche Change Monitoring.

Die konkreten Veränderungsziele können als mehrperspektivisches Zielesystem visualisiert werden. Dafür eignet sich das Konzept der Balanced Scorecard (Kaplan / Norton 2001; Kostka / Mönch 2002: 37), das die Lern- und Entwicklungsperspektive integriert. Die Balanced Scorecard dient einerseits dem Change Monitoring (vgl. Al-Ani 2001: 143) und andererseits fördert sie die Kommunikation mit den Stakeholdern. Die mehrperspektivische Kommunikation der Ziele hilft, die mögliche Gewinner-Verlierer-Polarisierung zu entschärfen, die den Veränderungsprozess beeinträchtigen kann.

Veränderungsraum abstecken

Der Veränderungsraum beschreibt, wo die Veränderungen erfolgen sollen. Das bedeutet, dass sowohl die von dem Veränderungsvorhaben betroffenen Standorte und Organisationseinheiten als auch die involvierten Hierarchieebenen konkretisiert werden müssen.

Darüber hinaus helfen erste Ergebnisse der Prozessanalyse sowie Arbeitshypothesen zur Organisationskultur, die erforderliche Interventionstiefe einzuschätzen. Die Arbeitshypothesen basieren auf den Ergebnissen einer Dokumentenanalyse und den qualitativen Experteninterviews (Froschauer / Lueger 2003). Experten sind Betroffene (Führungskräfte und Mitarbeiter/innen) und Stakeholder.

Change Organisation und Kompetenz aufbauen

Veränderungen werden von Schlüsselpersonen initiiert. Sie setzen die Zeichen und stellen Weichen für die anstehenden Veränderungen.

> *„The most powerful symbol of all in relation to change is the behaviour of change agents themselves, particularly strategic leaders."*
> *(Johnson / Scholes 2002: 558)*

Bei großen Veränderungsprojekten reicht veränderungsfreundliches Verhalten von Schlüsselpersonen nicht aus. Große Projekte brauchen eine Change Organisation oder „Wandelorganisation" (Müller-Stewens / Lechner 2003: 645), da integriertes Reflektieren, Planen, Entscheiden und Handeln erforderlich sind, um die Diffusion des Veränderungsvorhabens zielorientiert vorantreiben und steuern zu können. Deshalb ist auf eine angemessene Besetzung innerhalb der Gesamtprojektorganisation zu achten, die in den meisten Fällen aus Steuergruppe und Projektgruppe sowie Implementierungsteams besteht.

Die entsprechenden Rollen sind (vgl. Kanter 1992: 16; Müller-Stewens / Lechner 2003: 643; Haines 1998: 67):

- Change Stratege
- Change Manager
- Change Implementor oder Change Agent oder Multiplikator / in des Wandels

In Abhängigkeit von den prognostizierten Konfliktpotenzialen ist zu überlegen, ob eine „Ombudsperson" beauftragt wird, die – als anerkannt neutrale Person – den Verlauf beobachtet und als Vertrauensperson fungieren kann.

Die Change Strategen, Manager und Implementoren müssen auf ihre Aufgabe vorbereitet werden. Das bedeutet, dass neben dem Know-„**what**" (Kontext, Treiber, Ziele, etc.) das Change Management Know-„**how**" (Theorie, Phasen, Tools) aufgebaut werden muss.

Darüber hinaus ist – vor allem bei großen Projekten mit langen Laufzeiten – für personelle Kontinuität innerhalb der Change Organisation zu sorgen, d. h. Rollenträger müssen für die Aufgabe einen Auftrag und eine angemessene Freistellung erhalten, um Reibungsverluste mit der Linie zu reduzieren.

Gleichzeitig ist für eine gelingende Zusammenarbeit zwischen Projekt und Linie zu achten, um die Projektbeteiligten nach Projektabschluss wieder in die Linie integrieren zu können. Das Schnittstellenmanagement zwischen Projekt und Linie ist auch eine Voraussetzung für die nachhaltige Realisierung von Veränderungspotenzialen, beispielsweise durch organisatorische Maßnahmen.

Kommunikationskonzept entwickeln

Kommunikation – nicht nur Information – ist ein wesentlicher Erfolgsfaktor von Veränderungsprojekten. Doch Kommunikation ist störungsanfällig (Watzlawick / Beavin / Jackson 1967; Schulz von Thun 1992). In großen Projekten entwickelt sich rasch eine Projektsprache mit Fachbegriffen, Abkürzungen, Anglizismen (z. B. auch Change Agent), Neologismen und Metaphern (vgl. Morgan 1998; Weick 1998: 72), deren unreflektierter Gebrauch Kommunikationsstörungen auslösen kann. Vor diesem Hintergrund sind die Verantwortlichen stets gefordert zu prüfen, wie Informationen angeboten, aufgenommen und interpretiert werden.

Im Kommunikationskonzept werden die wesentlichen Kommunikationsprodukte (z. B.: Projektzeitung, Mission Road Shows, Prozessmodelle, Templates und Checklisten), die Kommunikationskanäle und -medien (z. B. Intranet), deren Frequenz (vgl. Gontard / Neufang 2003: 286) sowie projektunterstützende Feedbackschleifen beschrieben. Feedback ist wichtig (vgl. Doppler et al. 2002: 248 ff.), um beispielsweise auf Störungen, etwa wenig konstruktive Gewinn-Verlust-Debatten, zeitnah reagieren zu können.

Im Kommunikationskonzept wird unterschieden zwischen verschiedenen organisations- und projektspezifischen Adressatengruppen: Beteiligte der Projektorganisation (z. B.: Steuergruppe, Projektgruppe), Betroffene (z. B.: Führungskräfte, Mitarbeiter/innen), interne Stakeholder (z. B. Personalvertretung) und externe Stakeholder (z. B. Kunden, Medien).

Das Kommunikationskonzept sichert zunächst die Kommunikation innerhalb der Projektorganisation und wird dann im Laufe des Projektes mit Blick auf die relevanten Kommunikationspartner (z. B. Stakeholder) fortgeschrieben.

Vorgehensmodell entwickeln

In der Vorbereitungs-Phase wird ein Grobkonzept angelegt, das in der Diagnose- und Konzeptionsphase angereichert und konkretisiert wird. In großen Veränderungsvorhaben mit mehreren potenziell involvierten Organisationen bzw. Organisationseinheiten stellt die Entwicklung eines Vorgehensmodells eine besondere Herausforderung dar, da mehrere Dilemmata zu berücksichtigen sind (vgl. Glasl 2000). Beispiele sind:

- Top-down- vs. Bottom-up-Strategie (vgl. Osterloh / Frost 2001: 473; Kanter 1992: 492));

- Standardisierte vs. organisationsspezifische Vorgehensweise (vgl. Glasl 2000: 17);

- Muss- vs. Kann-Beteiligung (vgl. Kanter 1992: 515);

- Synchrone vs. diachrone Vorgehensweise (vgl. Kanter 1992: 514);

- Schneller vs. langsamer Veränderungsprozess (vgl. Kanter 1992: 515);

- Einheitliches vs. unterschiedliches Tempo in den Einheiten (Glasl 2000: 18).

Die jeweiligen Vor- und Nachteile müssen sorgfältig abgewogen werden, um ein für die Organisation bzw. Organisationseinheiten angemessenes Vorgehensmodell mit einem synergetischen Ansatz entwickeln zu können.

Diagnose-Phase

Da Organisationen gewachsene soziale Systeme sind, gilt für den gesamten Veränderungsprozess folgender Grundsatz: erst explorieren, dann konzipieren. Die Diagnose dient der Erhebung der Ist-Situation vor Ort und unterstützt die Entwicklung einer gemeinsamen Projektsicht der Beteiligten. Darauf aufbauend können tragfähige Arbeitshypothesen (konzeptionelle „Griffe") für die Konzept-Phase abgeleitet werden.

Da Change Management eine Intervention in vivo ist, d. h. in einem komplexen und dynamischen System erfolgt, muss in der Diagnose-Phase sichergestellt werden, dass die Analyse keine Paralyse (vgl. Hampden-Turner / Trompenaars 2000: 338) auslöst. Vor diesem Hintergrund ist auf eine für das Veränderungsvorhaben sinnvolle Komplexitätsreduktion zu achten, die von einem gezielten Wechsel zwischen Mikro- und Makroperspektive des Veränderungsprojektes flankiert wird.

Die Schwerpunkte der Diagnose-Phase liegen auf der Ermittlung der Veränderungsspanne, der Stakeholder, der Veränderungskompetenz, der Veränderungshürden, der Interventionstiefe. Diese Topics bleiben unter kontinuierlicher Beobachtung durch das Change Team.

Veränderungsspanne ermitteln

Die Veränderungsspanne bezeichnet die „Kluft" zwischen Ist und Soll. In großen Veränderungsvorhaben mit mehreren Roll-out-Kaskaden ist es erforderlich, die organisationsspezifischen Ist-Soll-Spannen zu bestimmen. Dabei werden – mit Blick auf die Projektziele – relevante Kennzahlen ermittelt und verglichen. Unter Umständen sind organisations- oder standortspezifische Faktoren sowie Veränderungserfahrungen und Muster der Vergangenheit zu berücksichtigen (vgl. Kanter 1992: 495; Müller-Stewens / Lechner 2003: 622 – 623).

> *„Building the future through understanding the past" (Kanter 1992: 495)*

Der wesentliche Vorteil des Process-Mappings für das Change Management ist die Visualisierung, die den Betroffenen ermöglicht, sich proaktiv mit den Veränderungen vertraut zu machen. Wichtig hierbei ist, dass die Betroffenen Möglichkeiten zum Feedback haben. Das macht sie nicht nur zu Beteiligten, das trägt auch zur kontinuierlichen Verbesserung bei.

Change-Kompetenz einschätzen

Unter Change-Kompetenz einer Organisation wird die Fähigkeit zur Selbststeuerung der eigenen Organisation verstanden. Es handelt sich um eine Kompetenz mit drei Komponenten (vgl. Heitger / Doujak 2002: 27 – 28):

- **Diagnose-Kompetenz**, d. h. die Fähigkeit, die externen und die internen Bedingungen zu beobachten und zu beurteilen;

- **Entscheidungs-Kompetenz**, d. h. die Fähigkeit und die Befugnis, zu entscheiden, wo und wann Stabilität, evolutionäre Entwicklung oder Transformation die Zukunftsfähigkeit erhält;

- **Change-Management-Kompetenz**, d. h. die Fähigkeit, organisationale Veränderungsprozesse zu gestalten.

Interviews, aber auch informelle Gespräche bilden die Grundlage für die Einschätzung der Change-Kompetenz. Ist die Veränderungsspanne eher groß und die Veränderungs-Kompetenz einer Organisation eher schwach ausgeprägt, dann bedarf es zunächst einer starken Top-down-Steuerung der Veränderung. Gleichzeitig müssen die organisationalen Lernpotenziale (vgl. Senge et al. 1999; Argyris / Schön 1999) und die Change-Kompetenz gefördert werden, um das erreichte Veränderungsniveau nach Projektabschluss zu erhalten.

Stakeholder identifizieren

Stakeholder-Management (Schreyögg / Braun 2001) ist ein kritischer Erfolgsfaktor von Veränderungsprojekten (vgl. Kohnke 2005: 42). Jede Organisation verfügt über spezifische Beziehungen zu internen und externen Stakeholdern (Anspruchsgruppen). Das gilt auch für Divisionen, die aufgrund ihrer Organisationsstruktur und ihrer Aufgaben identisch zu sein scheinen. Entsprechend können Stakeholder völlig verschiedene Erwartungen (Hoffnungen und Befürchtungen) im Hinblick auf die bevorstehenden Veränderungen entwickeln.

Das bedeutet, dass eine Stakeholder-Analyse lokal zu bearbeiten ist, um eine Grundlage für eine umsichtige und angemessene Kommunikation und ggf. Kooperation bei der Umsetzung vor Ort zu schaffen. Die Stakeholder-Analyse kann im Rahmen eines Workshops erfolgen (vgl. Müller-Stewens / Lechner 2003: 184).

In einem ersten Schritt wird ein Überblick über die potenziellen Anspruchsgruppen geschaffen. In einem zweiten Schritt werden deren spezifische Erwartungen beschrieben und der mögliche Einfluss auf den Veränderungsprozess eingeschätzt. In einem dritten Schritt werden konkrete Maßnahmen für die Kommunikation bzw. Beteiligung entlang der Veränderungsphasen entwickelt. Beteiligungsmöglichkeiten für Key-Stakeholder werden im Rahmen der Konzeptions-Phase definiert.

Interventionsebenen bestimmen

Change Management kann zahlreiche Auswirkungen auf verschiedenen Ebenen haben bzw. Interventionen auf verschiedenen Ebenen fordern. Zu diesen Ebenen gehören: Personen, Rollen, Prozesse, Strukturen, Systeme sowie Kultur/en. Die in Tabelle 7 dargestellte Matrix (vgl. Willke 1999: 211–213) gibt einen Überblick:

Mit Blick auf die Veränderungsspanne und unter Berücksichtigung der organisationalen Change-Kompetenz beschreibt die Interventionstiefe die Interventionsebenen, an die Change-Management- Maßnahmen anzusetzen sind.

Um die Veränderungsziele im vollen Umfang zu erreichen, ist es erforderlich, die Konsequenzen von Interventionen auf den verschiedenen Ebenen zu reflektieren und zu bearbeiten.

> *„Ein Eingriff, der einen Teil des Systems betrifft oder betreffen soll, wirkt immer auch auf viele andere Teile des Systems." (Dörner 1992: 61)*

Dieser ganzheitliche Ansatz ist Voraussetzung für die nachhaltige Wertschöpfung des Veränderungsprojektes.

Tabelle 7. Die Change-Management-Interventionsmatrix

Die Change-Management-Interventionsmatrix			
	Interventionsebenen	**Interventionsziele**	**Tools (Methoden und Techniken) – Beispiele**
▼ ▼ ▼ Zunehmende Interventionstiefe ▼ ▼ ▼	Personen & Erwartungen	Förderung der Kommunikation und Partizipation sowie Mobilisierung der kritischen Masse	• Aktivierende Befragung • Management by wandering around • Management Coaching
	Rollen & Verantwortung	Klärung der Rolle und Mit-Verantwortung für den Prozess (Empowerment) und Förderung des Teamlernens (Kooperation)	• Anforderungsprofil • HR-Prozess-Matrix • Dialog-Sitzungen
	Prozesse & Schnittstellen	Stärkung der Kundenorientierung entlang der Wertschöpfung und Koordination der Schnittstellen	• Kundenbefragung • Process Mapping • Prozess-Analyse
	Strukturen & Positionen	„Auftauen" dysfunktionaler formaler (und informeller Macht-)Strukturen und Gestaltung der prozessunterstützenden Aufbauorganisation	• Soziometrische Verfahren • Benchmarking • Szenario-Techniken
	Systeme & Umfelder	Einführung der Außenperspektive und Stärkung der Anschlussfähigkeit der Organisation / Organisationseinheit	• Kraftfeld-Analyse • Stakeholder-Analyse/-Beteiligung • Trend-Analyse
	Kulturen & Paradigmen	Reflexion vergangenheits-bezogener organisationaler Modelle und Muster sowie zukunftsorientierter Paradigmenwechsel	• Tracking Strategy-Workshop • Kulturwandel-Workshop (Ist – Soll) • Dilemma-Grid (bzw. Tetralemma)

Veränderungshürden identifizieren

Das Management von Veränderung kann nicht mit einer für das Veränderungsvorhaben „besenreinen" Organisation rechnen. Die Erfahrung zeigt, dass Veränderungsprojekte auf Pendenzen treffen, die sich als Veränderungshürden zeigen. Veränderungshürden – beispielsweise veraltete Arbeitsanweisungen – sind konkret und können unter Umständen relativ einfach aus dem Weg geräumt werden.

Organisationsübergreifende bzw. organisationsspezifische Veränderungshürden werden im Laufe der Diagnose-Phase gesammelt und können dann gezielt von den Verantwortlichen bearbeitet werden.

3.2 Konzeptions-Phase

In der Konzeptions-Phase wird das bereits bestehende Grobkonzept angereichert und detailliert. Dazu liefern die Ergebnisse der Diagnose-Phase wichtige Informationen. Darüber hinaus sind folgende Topics für die Konzeptentwicklung wichtig: Ressourcen, Key-Stakeholder, Short-term Wins, Toolset, Feedback-Schleifen.

Im Laufe der Konzeptions-Phase werden die Maßnahmen des Change Managements eng mit dem Projektmanagement verzahnt, um einerseits Synergien zu schöpfen und andererseits den Roll-out in den betroffenen Organisationen bzw. Organisationseinheiten integriert durchführen zu können.

Ressourcen planen

Veränderungsprojekte binden Ressourcen. Neben dem Budget handelt es sich vor allem um die Ressource Zeit und die Ressource Mitarbeiter/in (einschließlich Fachkompetenz). Besonders mitwirkungsintensive Arbeitsphasen müssen deshalb frühzeitig identifiziert und kommuniziert werden, damit die erforderlichen Mitarbeiter/innen zur Verfügung stehen können.

Bei der Ressourcenplanung ist auch zu beachten, dass in vielen – vor allem in großen – Organisationen zahlreiche Projekte parallel durchgeführt werden. Mit einer Projekt-Landkarte kann ein Überblick über die aktuellen und geplanten Projekte geschaffen werden. Diese Übersicht hilft, Synergieeffekte zwischen den Projekten zu erkennen sowie Reibungsverluste, etwa durch Zielkonflikte oder die zeitliche Einbindung der Beteiligten, zu vermeiden.

Key-Stakeholder beteiligen

Key-Stakeholder zeichnen sich durch ihre besondere Bedeutung für den Erfolg des Veränderungsprojektes aus. Ihr Einfluss wird an drei Aspekten gemessen (Schreyögg / Braun 2001: 709): Macht, Legitimität und Dringlichkeit.

In den meisten Projekten gehören die Personalvertretungsorgane zu den Key-Stakeholdern. Die Beteiligung der Key-Stakeholder fordert klare Regeln und verbindliche Vereinbarungen. Darüber hinaus müssen die beteiligungsrelevanten Veränderungs-Topics (z. B. Organisationsstrukturen konfigurieren) definiert werden.

Short-term Wins einplanen

Große Veränderungsprojekte mit Roll-out-Kaskaden haben den Vorteil, dass Veränderungsziele lange vor der Implementierung vor Ort kommuniziert werden können. Sie haben aber auch den Nachteil, dass die Betroffenen möglicherweise lange auf Nutzeneffekte warten müssen. Das kann sich negativ auf die Veränderungsmotivation auswirken. Short-term Wins (oder Quick Wins) schaffen Sichtbarkeit und helfen, die kritische Masse zu mobilisieren (Kotter / Cohen 2002: 5).

Toolset entwickeln

Ein maßgeschneidertes Toolset, das auf die Projektziele und auf die erforderliche Interventionstiefe zugeschnitten ist, muss entwickelt und den Implementierungs-Teams zur Verfügung gestellt werden.

Eine projekt- bzw. organisationsspezifische Interventionsübersicht fördert einerseits die ganzheitliche Sicht und unterstützt andererseits die strukturierte Auswahl und Entwicklung der Tools (vgl. Kühl / Strodtholz 2002). Die Ergebnisse der Diagnose-Phase (Daten und Fakten sowie Arbeitshypothesen) schaffen die Voraussetzungen für die zielorientierte Entwicklung des Toolsets. Die folgende Tabelle zeigt ein Template, das sich für die ganzheitliche Planung des Toolsets eignet.

Tabelle 8. Change Management – Toolset (Template)

Change Management – Toolset (Template)		
Interventionsebenen	**Interventionsziele**	**Tools**
Personen & Erwartungen		•
Rollen & Verantwortung		•
Prozesse & Schnittstellen		•
Strukturen & Positionen		•
System & Umfelder		•
Kultur/en & Paradigmen		•

Das Toolset umfasst Methoden und Techniken sowie Checklisten und Templates.

Feedback-Schleifen etablieren

Das Management der Veränderung ist sich bewusst, dass Veränderungsprozesse eine eigene Dynamik (vgl. Haines 1998: 186) entwickeln. Das Sieben-Phasen-Modell der Veränderungsdynamik (vgl. von Rosenstiel 2000: 421 – nach Streich 1997) gibt einen Überblick:

Abb. 7. Veränderung als dynamischer Prozess

Um die Dynamik entlang der Projektphasen beobachten zu können, müssen Feedback-Schleifen etabliert werden. Diese helfen, Informationen für die Steuerung und Navigation des Veränderungsprojektes zu generieren (vgl. Senge 1999: 102; Kaplan / Norton 2001: 320). Ziel des Change Managements ist es, die positive Veränderungsenergie zu erhalten, damit Krisenphasen zügig überwunden werden.

Feedback-Schleifen werden entlang der Projektphasen und unter Berücksichtigung von interventionsintensiven Topics (z. B. Rollenkonzept entwickeln) etabliert, um unerwünschte Rückkopplungen und bremsende Faktoren zu entschlüsseln. Feedback (vgl. Doppler et al. 2002: 249 ff.) sollte mehrperspektivisch eingeholt werden. Geeignete Methoden sind beispielsweise lokale Anwender- oder Management-Gespräche sowie strukturierte Befragung der Implementierungs-Teams.

3.3 Veränderungs-Phase

In der Veränderungs-Phase wird das Veränderungsvorhaben in den verschiedenen Organisationseinheiten „ausgerollt" und schrittweise umgesetzt. Zu dieser Veränderungsphase gehören folgende aufeinander aufbauende Schritte: Kick-off durchführen, Rollenkonzept entwickeln, Organisationsstrukturen anpassen, Infogespräche anbieten und Qualifizierungsmaßnahmen durchführen.

Dieser Veränderungsprozess muss kontinuierlich beobachtet und begleitet werden. Dafür werden Implementierungsteams vorbereitet und eingesetzt.

Kick-off durchführen

Das Kick-off gibt den Start frei für das Projekt bzw. für den Roll-out vor Ort und ist „Grundsteinlegung für den Erfolg" (Böhnke / Lang / Rosenstiel 2005: 181). Im Rahmen des Kick-offs stellen Schlüsselpersonen das Projekt vor und zeigen damit auch ihr Commitment.

Bei der Vorbereitung und Durchführung des Kick-offs ist eine Kombination aus Information und „see-feel-change-tactic" (Kotter / Cohen 2002: 12; vgl. Kohnke / Bungard / Madukanya 2005: 134) empfehlenswert.

> *„A sense of urgency, sometimes developed by very creative means,*
> *gets people off the couch, out of a bunker, and ready to move."*
> *(Kotter / Cohen 2002: 3)*

Dadurch wird die Akzeptanz des Veränderungsvorhabens erhöht. Folgende Aspekte sind dabei erfolgskritisch (vgl. Kotter / Cohen 2002: 36):

- Die bisher geleistete Arbeit der Akteure wertschätzen;

- Den Veränderungsbedarf und -nutzen sichtbar machen: über die Vision, Strategie und Ziele aus relevanten Perspektiven informieren und ggf. Shortterm Wins aufzeigen;

- Die Außenperspektive einführen und den fundierten Nachweis erbringen, dass die beabsichtigte Veränderung dringend erforderlich ist;

- Unter keinen Umständen das Potenzial an Selbstzufriedenheit sowie Angst und Wut etc. unterschätzen (Müller-Stewens / Lechner 2003: 604 – 605);

- Das Projekt nicht trivialisieren, d. h. die Verantwortung aller Beteiligten unterstreichen und auf arbeitsintensive Phasen hinweisen.

Rollenkonzept entwickeln

Die Ergebnisse des Prozessdesigns bilden die Grundlage für die Entwicklung der spezifischen Rollenkonzepte.

Wichtige Schritte bei der Entwicklung der Rollenkonzepte sind

1. die Konfiguration von Rollen entlang der Prozesse bzw. Teilprozesse und

2. die Kombination von Rollen zu organisationsspezifischen Rollengruppen.

Ein hilfreiches Instrument ist die „HR-Prozess-Matrix". Diese gibt einen genauen Überblick über die Funktionen der modellierten und optimierten Prozesse / Teilprozesse und ermöglicht eine Zuordnung der Mitarbeiter/innen entlang der Prozesse unter Berücksichtigung relevanter Informationen. Zu diesen Daten gehören beispielsweise der Stellentyp, das Arbeitszeitangebot sowie die Vertretungsregel.

Tabelle 9. Die HR-Prozess-Matrix (vereinfacht)

HR-Prozess-Matrix (vereinfacht)												
Organisation / Organisationseinheit:				Prozesse								
				Prozess A			Prozess B			etc		
Name	Stellen-typ	Arbeits-zeit-angebot	Ver-tretung	Funktion A1	Funktion A2	Funktion A3	Funktion B1	Funktion B2	Funktion B3	etc.	etc.	etc.
XXX, xxx	ZZZ	%	YYY, yyy	X	X		X	X	X			
etc.	etc.	%	etc.									
		%										

Bei der Bearbeitung der HR-Prozess-Matrix entsteht ein detailliertes Bild von der zukünftigen Rolle und der Zusammenarbeit. Veränderungen im Hinblick auf die Dimensionen Job Enlargement (Aufgaben) und Job Enrichment (Verantwortung) (vgl. Osterloh / Frost 2003: 115) werden deutlich, und die Schnittstellen zwischen den Rollen bzw. Prozess-Teams werden sichtbar.

Die HR-Prozess-Matrix hat zahlreiche Vorteile: Mitarbeiter/innen gibt sie Transparenz (Prozess, Rolle, Verantwortung), Führungskräften schafft sie eine Entscheidungsgrundlage und im Rahmen von Workshops dient sie als Kommunikationsinstrument. Sie ermöglicht den Vergleich (vorher – nachher) und stärkt die Partizipation bei der gemeinsamen Erarbeitung von Optimierungschancen. Damit erhöhen sich die Selbstorganisationspotenziale und die Akzeptanz der Veränderungsmaßnahmen erheblich. Darüber hinaus bildet die Matrix die Grundlage für eine rasche Ermittlung des Qualifizierungsbedarfs und des damit verbundenen Mengengerüsts.

3.4   Organisationsstrukturen konfigurieren

Organisationsstrukturen konfigurieren

Ziel des Change Managements ist es, die Effektivität und Effizienz der kundenorientierten Ablauforganisation zu erhöhen. Dazu gehören u. U. auch das „Auftauen" und die Konfiguration der Aufbaustrukturen.

Die Konfiguration von Aufbaustrukturen erzeugt Unruhe. Diese ist Voraussetzung für Veränderungen. Erfahrungsgemäß zeigen sich in den betroffenen Organisationen bzw. Organisationseinheiten unterschiedliche Reaktionen. Ein Teil der Führungskräfte und Mitarbeiter/innen begrüßt die Veränderungschancen und ein Teil sucht Argumente für das Bewahren der bestehenden Strukturen.

Von der Reorganisation ist meistens das mittlere und untere Management betroffen. Die Konfiguration der Strukturen setzt einerseits Konfliktbereitschaft voraus und fordert andererseits einen sensiblen Umgang mit der „Hinterbühne der Organisation" (Doppler et al. 2002: 42), um konstruktive Lösungsoptionen entwickeln und abwägen zu können. Der Erfolg ist von der konsequenten Unterstützung des Top Managements abhängig. Darüber hinaus ist eine enge Kooperation mit Key-Stakeholdern (z. B. Personalvertretung) zwingend (vgl. Vahs / Leiser 2003: 104).

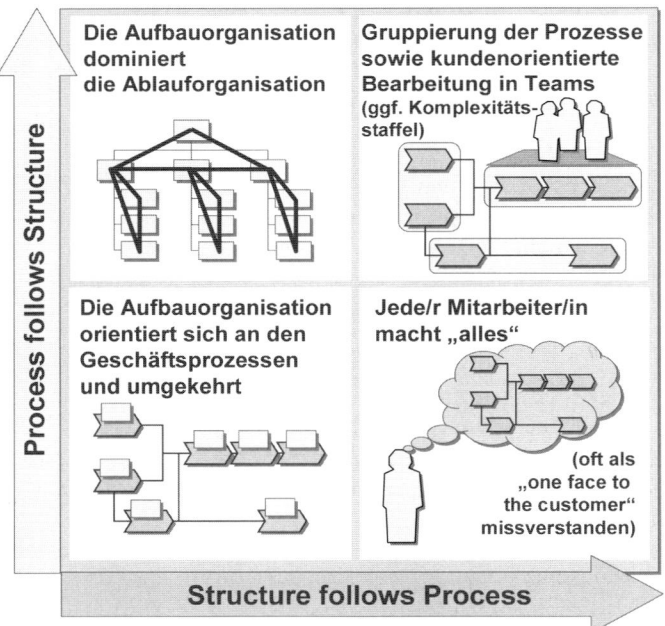

Abb. 8. Die Struktur-Prozess-Matrix

Die Struktur-Prozess-Matrix in Abb. 8 zeigt die Aufstellungen sowie synergetische Ansätze und hat sich als generisches Denkwerkzeug in Projekten bewährt.

In enger Zusammenarbeit mit den Führungskräften der betroffenen Organisationseinheiten werden die Organisationsstrukturen auf Optimierungspotenziale untersucht und neu konfiguriert. Benchmarking mit vergleichbaren Organisationen bzw. Organisationseinheiten (z. B. im Hinblick auf Führungsspannen) können die Veränderungsbereitschaft erhöhen.

Last but not least: Mit der Thematisierung der Reorganisation und der partizipativen Entwicklung von konstruktiven Lösungsoptionen sollte so früh wie möglich begonnen werden (vgl. Müller-Stewens / Lechner 2003: 613).

Informationsgespräche anbieten

Zur Klärung von spezifischen Fragen der Mitarbeiter/innen müssen Informationsgespräche angeboten werden. Die Informationsgespräche dienen auch dem Erwartungsmanagement, da Veränderungsprojekte große Erwartungen (z. B. in der Form von Incentives, Karrierestufen) bzw. große Befürchtungen bei den Mitarbeiter/innen (z. B. Verlust von Routinen, persönlichen Netzwerken, Arbeitsplatz) auslösen können.

Wenn einzelne Mitarbeiter/innen Gesprächsbedarf zeigen, dann muss ein geeignetes Setting gewählt werden. Das bedeutet, dass ggf. eine Führungskraft und / oder die Mitarbeitervertretung einzubeziehen ist. Ein strukturierter Leitfaden kann den Gesprächsverlauf unterstützen.

Darüber hinaus wird die Verbreitung von Projektinformationen in den Arbeitsgruppen der Linie sowie der Stäbe, in den projektspezifischen Meetings sowie in informellen Gesprächssituationen gezielt und kontinuierlich vorangetrieben. Eine Übersicht über die formalen und informellen Kommunikationsstrukturen hilft, Prioritäten zu setzen.

Qualifizierungsmaßnahmen durchführen

Führungskräfte und Mitarbeiter/innen müssen für ihre veränderten Aufgaben und Rollen (z. B. Process Owner) qualifiziert werden. Während Führungskräfte bereits in einer frühen Projektphase vorbereitet werden sollten, qualifiziert man Mitarbeiter/innen implementierungsnah, um den größtmöglichen Transfer des Erlernten in den beruflichen Alltag zu sichern.

Während der Qualifizierungsphase können rasch Engpässe in der Linie entstehen. Das bedeutet, dass hier alle Chancen der Terminierung, Priorisierung und Kondensierung der Qualifizierungsmaßnahmen ausgeschöpft werden müssen, um die Belastung für die Mitarbeiter/innen und die ganze Organisation (einschließlich Kunden) so gering wie möglich zu halten.

Veränderte Rollen und veränderte Organisationsstrukturen können eine neue Form der Zusammenarbeit für die Mitarbeiter/innen bedeuten (z. B. von der Einzelarbeit hin zur Teamarbeit mit Blick auf den Kunden). Diese Umstellung bedarf möglicherweise einer Vorbereitung und Stärkung der Kooperations- und Kommunikationskompetenz etwa in der Form von Konfliktmanagement oder Coaching (vgl. Backhausen / Thommen 2004).

3.5 Stabilisierungs-Phase

Die Stabilisierungs-Phase dient der Sicherung des erreichten Veränderungsniveaus. Die besondere Herausforderung der Stabilisierungs-Phase liegt im Erhalt der Veränderungsenergie bei gleichzeitig abnehmender Aufmerksamkeit des Managements sowie Reduktion der projektbezogenen Ressourcen (wie Zeit, Personal). Darüber hinaus kann die Neukonfiguration der Strukturen eine Revitalisierung der betroffenen Einheiten fordern.

Die erforderliche Stabilität wird erreicht durch organisationale Verankerung und Routinenbildung (vgl. Rüegg-Stürm 2003: 61). Die organisationale Verankerung verhindert den Rückfall in alte organisationale Muster und damit Minderung des Veränderungserfolgs. Die Routinenbildung stärkt den Veränderungsprozess und damit die Nachhaltigkeit des Veränderungserfolgs.

Wichtige Topics der Stabilisierungs-Phase sind: das Neue begleiten, Veränderungs-Know-how fördern, Zielerreichung bewerten, Mitwirkung der Akteure würdigen, Projekterfolg feiern.

Das Neue begleiten

Die ersten Schritte im veränderten Organisationsalltag müssen begleitet werden. Die Begleitung konzentriert sich auf:

- die neuen Rollen der Mitarbeiter/innen,
- die veränderten Abläufe im möglicherweise neu aufgestellten Team und
- die Führungskräfte mit neuen Herausforderungen.

Die Begleitung kann in verschiedenen Formen erfolgen: Von „Training on the job" über Coaching der Führungskräfte und / oder der neu gebildeten Teams bis zur Etablierung einer Hotline bei Anwendungsfragen.

Die Begleitung der noch „jungen" Routine hat Vorteile für die Mitarbeiter/innen sowie für das ganze Veränderungsprojekt. Auf der Ebene der Mitarbeiter/innen und Führungskräfte wird Stress reduziert und auf der Projektebene werden typische Fehlerquellen identifiziert (Lessons Learned). Lessons Learned werden gezielt über Feedback-Schleifen dem Projektmanagement zur Verfügung gestellt, um sie für die Projektsteuerung nutzbar zu machen.

Bei der Planung der Begleitung ist auf eine angemessene Distanz zu achten, die ausreichend Spielraum für die Problemlösungskompetenz der Mitarbeiter/innen sowie für das Teamlernen gewährt. Die Begleitung ist zeitlich befristet und wird sukzessive abgebaut.

Veränderungs-Know-how fördern

Um das Veränderungswissen zu erhalten und zu fördern, ist für ein projektbezogenes Wissensmanagements zu sorgen. Wissensmanagement umfasst Identifikation, Entwicklung, Nutzung, Verteilung, Erwerb- und Bewahrung von Wissen (Probst / Raub / Romhardt 2003: 29).

Es gibt verschiedene Möglichkeiten, das Veränderungs-Know-how zu generieren. Die Spanne reicht von eher strategieorientierten Lern-Arenen über intraorganisationale Wissenszirkel bis zur Etablierung von einem Jour fixe der Teams, Spezialisten oder Key User. Unterstützt wird das Veränderungswissens durch Methoden und Techniken wie Knowledge Mapping, Lessons Learned und Best-Practice-Modelle.

Zielerreichung bewerten

Erst in der Stabilisierungs-Phase, wenn die neuen Abläufe organisationaler Alltag geworden sind, kann der Erfolg des Veränderungsprojektes verlässlich gemessen und bewertet werden.

Aber auch während der Veränderungs-Phase muss die Zielerreichung entlang der Meilensteine sowie kritischer Topics unter Nutzung ausgewählter Parameter einem Monitoring ausgesetzt sein. Das Monitoring der Veränderungen ist für die Steuerung und das Navigieren des Veränderungsprozesses von besonderer Bedeutung. Mögliche Diskrepanzen zwischen Zielsetzung und Grad der Zielerreichung bieten Raum für Arbeitshypothesen und lassen Interventionsmöglichkeiten erschließen.

Mitwirkung der Beteiligten würdigen

In allen Veränderungsphasen und ganz besonders bei der abschließenden Bewertung des Zielerreichungsgrades ist die Beteiligung der Führungskräfte und Mitarbeiter/innen sowie der Key-Stakeholder zu würdigen.

Die Anerkennung fördert die Motivation vor allem auch in den arbeitsintensiven Veränderungsphasen. Darüber hinaus wird die Mit-Verantwortung der Beteiligten am Erfolg unterstrichen.

Projektabschluss feiern

> *„Rites of passage can signal change from one stage of the organization's development to another ..." (Johnson / Scholes 557)*

Der Übergang vom Projekt zum veränderten Alltagsgeschäft will markiert werden. Das Zelebrieren des Projekterfolgs signalisiert, dass es kein Zurück mehr gibt. Das

Veränderungsprojekt verlässt den „geschützten" Projektrahmen. Das bedeutet, dass externe Beobachter (andere Organisationseinheiten, Stakeholder, ggf. Medien) das Projekt auf den Prüfstand stellen werden. Vor diesem Hintergrund sind wichtige Aspekte des Projektabschlusses:

- Bewertung des Projekterfolges,

- Bedeutung für die Zukunftsfähigkeit,

- Würdigung aller Akteure und

- sichtbarer Nutzen für die Stakeholder.

Der terminierte und antizipierte Projektabschluss kann als Veränderungstreiber betrachtet werden, da das „Rückwärtsplanen" (Dörner 1992: 237) angeregt wird.

3.6   Kontinuität des Wandels

Die Kontinuität des Wandels ist keine Veränderungs-Phase im engeren Sinne. Nichtsdestotrotz ist diese organisationale Perspektive wichtig, um den Wandel in der Organisation zu verstetigen. Das bedeutet, dass das Projekt in die Linie überführt wird und Entwicklungsimpulse auf organisationaler Ebene aufgenommen werden.

Die Kontinuität des Wandels wird durch mehrere Aktivitäten gefördert. Zu diesen gehören: die Change Organisation auflösen, die Projektverantworlichen reintegrieren, die Kundensicht etablieren, das organisationale Lernen stärken, die Kultur des Wandels fördern.

Change Organisation auflösen

Die Change Organisation wird nach Projektabschluss aufgelöst. Sie hat ihren Auftrag erfüllt. Für weitere Veränderungsvorhaben kann es nützlich sein, die Erfahrungen der Beteiligten zu erheben und auszuwerten. Eine geeignete Methode dafür ist das Experteninterview.

Unter Umständen bleibt eine rudimentäre Change Organisation bestehen, die verantwortlich bleibt für die effektive und effiziente Detailgestaltung und kontinuierliche Verbesserung der prozessorientierten Organisation. Dabei ist für regelmäßigen Austausch der Process Owner und die Weiterentwicklung von Qualifizierungsmaßnahmen für Führungs- und Fachkräfte zu sorgen.

Projektverantwortliche reintegrieren

Die für das Projekt freigestellten Mitarbeiter/innen werden nach Projektabschluss in die Linie reintegriert. Nach einer langen Projektlaufzeit kann die Reintegration erschwert sein, wenn sich in der Zwischenzeit die Anforderungen in der Linie sowie das kollegiale Gefüge verändert haben. Möglicherweise sind flankierende Maßnahmen erforderlich.

Darüber hinaus wird von einem erweiterten Mitarbeiterkreis sehr genau beobachtet, wie die Reintegration erfolgt und ob die ehemaligen Projektverantwortlichen Vorteile aus der Projektarbeit ziehen.

> *„Dieser Vorgang sollte wohl überlegt erfolgen, denn er wird durch die Mitarbeiter sehr genau beobachtet werden. Man will wissen, ob es sich für die betreffenden Personen gelohnt hat." (Müller-Stewens / Lechner 2003: 631)*

Diese Vorteile können verschiedene Formen haben. Beispiele dafür sind Aufstieg und / oder finanzielle Verbesserung. Die ehemaligen Projektverantwortlichen werden zu Referenzbeispielen für die organisationsweite Anerkennung des Engagements im Rahmen von Veränderungsprojekten. In großen Projekten ist deshalb ein Reintegrationskonzept erforderlich.

Kundensicht etablieren

Die Kundenorientierung ist vor und während des Veränderungsprojektes ein wichtiger Treiber. Die Kundensicht fördert während des Veränderungsprojektes den konstruktiven Perspektivenwechsel (zwischen Selbst- und Fremdwahrnehmung) und unterstützt nach Projektabschluss die kontinuierliche Beobachtung der sich ändernden Kundengruppen und -erwartungen. Aus diesem Grunde ist die Integration der Kundensicht eine wichtige (Dauer-)Aufgabe.

Es gibt verschiedene Möglichkeiten, die Kundensicht zu etablieren. Beispiele sind: schriftliche und mündliche Kundenbefragungen, Trendanalysen und Szenario-Techniken.

Organisationales Lernen stärken

Um den organisationalen Lern- und Veränderungsprozess nachhaltig zu stärken, ist es erforderlich, in Zusammenarbeit mit den HR-Experten bzw. der HR-Abteilung Maßnahmen zu entwickeln und zu etablieren. Diese Maßnahmen betreffen beispielsweise:

- die Personalauswahl und -beurteilung (z. B. Entwicklung von Anforderungsprofilen für Fach- und Führungskräfte)

- die Personalentwicklung (z. B. Qualifizierungsmodule für Change Manager)

- die Lernformen und -methoden (z. B. Models of Best Practice oder Benchmarks im Intranet oder E-Learning-Module)

- die Anreizsysteme (z. B. Incentives für erfolgreiche, teambasierte Verbesserungsvorschläge)

Kultur des Wandels pflegen

Viele Veränderungsprojekte sind reaktiv, d. h. sie werden erst eingeleitet, wenn akuter Handlungsdruck besteht. Doch „Agieren ist besser als Reagieren" (Vahs / Leiser 2003: 102). Nachhaltiges Change Management fördert deshalb die Kultur des Wandels.

Die Kultur des Wandels basiert auf der Annahme, dass Veränderung zum organisationalen Alltag gehört (vgl. Kanter 2001: 231) und antizipierter Veränderungsbedarf mehr Gestaltungsmöglichkeiten erschließen lässt.

Organisationen, die den Wandel kontinuierlich pflegen, unterstützen proaktiv den Wechsel zwischen Optimierung und Erneuerung entlang des organisationalen Lebenszyklus (vgl. Rüegg-Stürm 2003: 83). Gleichzeitig beobachten sie die dynamische Entwicklung relevanter Umfelder (vgl. Vahs / Leiser 2003: 102), um Veränderungsanreize zu gewinnen.

Wichtige Ansatzpunkte (vgl. Rüegg-Stürm 2003: 85; Kanter 2001: 233) der Kultur des Wandels sind in Abb. 14 visualisiert.

Dabei handelt es sich um Strategie und Kultur, Prozesse und Strukturen, Rollen und Qualifizierung, Stakeholder und Feedback. Das „Steuerrad des Wandels" unterstreicht die integrative Sicht. Die Ansatzpunkte („Griffe") sind vernetzt, d. h. jede Veränderung fordert zur ganzheitlichen Bearbeitung auf.

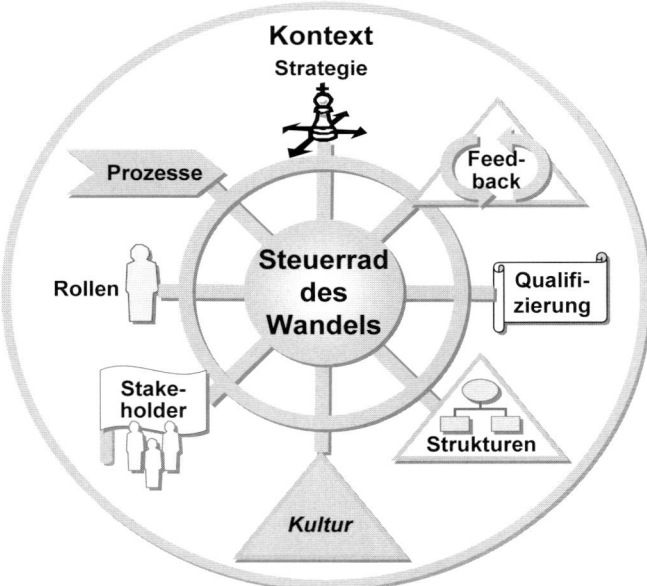

Abb. 9. Das Steuerrad des Wandels

4   Erfolgsfaktoren des Change Managements

Erfolgsfaktoren (vgl. Vahs / Leiser 2003; Kohnke 2005) sind kondensierte Lessons Learned. In ihrer imperativen Form erlauben sie dem Management der Veränderung einen mitlaufenden und prozessübergreifenden „Quick Check". Sie fördern den Blick auf das Ganze und verhalten sich damit komplementär zur Detailarbeit im Rahmen der prozessbezogenen Topics.

Das Change Management komplexer Organisationen setzt auf 20 Erfolgsfaktoren:

Tabelle 10. Change Management komplexer Organisationen – Erfolgsfaktoren

Change Management komplexer Organisationen – 20 Erfolgsfaktoren
1. Eindeutige und sichtbare Unterstützung durch das Top-Management sichern
2. Die bislang erbrachten Leistungen der Mitarbeiter/innen und Teams würdigen
3. Für ein gemeinsames Verständnis der notwendigen Veränderungen sorgen
4. An einem gemeinsamen konkreten Bild von der Zukunft arbeiten
5. Ziele mehrperspektivisch kommunizieren – die Kundensicht einbeziehen
6. Die aktiven und passiven Stakeholder beobachten und möglichst beteiligen
7. Nicht nur an der Oberfläche arbeiten – Organisationskultur/en berücksichtigen
8. Organisationale Muster erkennen und den Paradigmenwechsel richtig einschätzen
9. Auch in schwierigen Phasen konstruktiv und lösungsorientiert bleiben
10. Komplexität beachten und das Risiko einer Kollision mit anderen Vorhaben reduzieren
11. Nicht gegen die Selbstorganisation, sondern mit der Selbstorganisation arbeiten
12. Konflikte zwischen Linie und Projekt beobachten und ggf. klären
13. Kommunikation pflegen und die Symbolik nicht vergessen
14. Die Karte nicht mit dem Gelände verwechseln
15. Den Wald und die Bäume im Blick haben (sich nicht im Dickicht der Details verirren)
16. Kontinuität halten, ggf. nachsteuern und feinjustieren
17. Kontinuierliches Monitoring und Schnittstellenmanagement
18. Den Prozess regelmäßig reflektieren und mit Hypothesen weiterarbeiten
19. Mit-Verantwortung für den Erfolg klären und die kritische Masse mobilisieren
20. Mit Short-term Wins motivieren, Etappenziele zelebrieren

Zusammenfassend kann festgehalten werden: Der interdisziplinäre Ansatz („Complexity Theory") bildet die Grundlage des Change Managements. Das 6-Phasen-Modell des Change Managements schafft den Hintergrund für den Veränderungsprozess. Die einzelnen Phasen helfen, den Veränderungsprozess voranzutreiben. Die phasenbezogenen Topics fordern zur Arbeit am Detail auf. Die Erfolgsfaktoren sorgen für die kontinuierliche Berücksichtigung erfolgskritischer Aspekte und sichern die phasenübergreifende Beobachtung des Veränderungsprojektes. Damit sind wesentliche Voraussetzungen für die erfolgreiche Planung und Durchführung von Veränderungsvorhaben in komplexen Organisationen gegeben.

Literatur

Al-Ani, Ayad (2001): Change Management, pp. 141 – 143 in Bühner, Rolf (Hg.), Management-Lexikon. München, Wien: Oldenbourg-Verlag.

Argyris, Chris; Donald A. Schön (1999): Die Lernende Organisation. Grundlagen, Methode, Praxis. Stuttgart: Klett-Cotta.

Backhausen, Wilhelm; Thommen, Jean-Paul (2004): Coaching. Durch systemisches Denken zu innovativer Personalentwicklung. 2., aktualisierte Auflage. Wiesbaden: Gabler Verlag.

Baecker, Dirk (2002): Wozu Systeme? Berlin: Kulturverlag Kadmos.

Baecker, Dirk (2003): Organisation und Management. Aufsätze. Frankfurt am Main: Suhrkamp Verlag.

Baecker, Dirk (2003): Wozu Kultur? 3. Auflage. Berlin: Kulturverlag Kadmos.

Bateson, Gregory (1985): Ökologie des Geistes. Anthropologische, psychologische, biologische und epistemologische Perspektiven. Frankfurt am Main: Suhrkamp Verlag.

Böhnke, Elisabeth; Lang, Angela; Rosenstiel, Lutz von (2005): Schritte einer SAP-Einführung aus psychologischer Sicht – Eine empirische Untersuchung, pp. 169 – 200 in Kohnke, Oliver und Walter Bungard (Hg.), SAP-Einführung mit Change Management. Konzepte, Erfahrungen und Gestaltungsempfehlungen. Wiesbaden: Gabler Verlag.

Bungard, Walter (2005): Einführung unternehmensweiter Standard-Software-Pakete: Eine gefährliche Gratwanderung zwischen wirtschaftlichem Höhenflug und existenzbedrohendem Absturz, pp. 13 – 36 in Kohnke, Oliver und Walter Bungard (Hg.), SAP-Einführung mit Change Management. Konzepte, Erfahrungen und Gestaltungsempfehlungen. Wiesbaden: Gabler Verlag.

Champy, James (2002): Jäger des verlorenen Vertrauens (ein Interview geführt von Des Dearlove), pp. K2 in Handelsblatt 11./12. Oktober 2002.

Doppler, Klaus; Fuhrmann, Hellmuth; Lebbe-Waschke, Birgitt; Voigt, Bert (2002): Unternehmenswandel gegen Widerstände. Change Management mit den Menschen. Frankfurt und New York: Campus Verlag.

Dörner, Dietrich (1992): Die Logik des Misslingens. Strategisches Denken in komplexen Situationen. Reinbek bei Hamburg: Rowohlt Taschenbuch Verlag.

Foerster, Heinz von (1998): Entdecken oder Erfinden. Wie läßt sich Verstehen verstehen?, pp. 41–88 in Gumin, Heinz und Heinrich Meier (Hg.), Einführung in den Konstruktivismus. 4. Auflage, München, Zürich: Piper Verlag.

French, Wendell L.; Bell, Cecil H. (1994): Organisationsentwicklung. Sozialwissenschaftliche Strategien zur Organisationsveränderung, 4. Auflage, Bern, Stuttgart, Wien: Verlag Paul Haupt.

Froschauer, Ulrike; Lueger, Manfred (2003): Das qualitative Interview. Zur Praxis interpretativer Analyse sozialer Systeme. Wien: WUV-Universitätsverlag.

Gill, John; Johnson, Phil (1997): Research Methods for Managers. Second Edition, London: Paul Chapman Publishing.

Glaser, Barney G.; Strauss, Anselm L. (1998): Grounded Theory. Strategien qualitativer Forschung. Bern u. a.: Verlag Hans Huber.

Glasl, Friedrich (2000): Sechs Dilemmata bei Veränderungsprozessen, S. 16–21 in Management & Training, Nr. 11.

Gontard, Maximilian; Neufang, Beate (2003): ARIS – Das Change Management Instrument in Großprojekten – Ein Beispiel aus einer SAP-Einführung, pp. 279–297 in Scheer, August-Wilhelm; Abolhassan, Ferri; Jost, Wolfram und Mathias Kirchmer (Hg.), Change Management im Unternehmen. Prozessveränderungen erfolgreich managen. Berlin, Heidelberg: Springer-Verlag.

Haines, Stephen G. (1998): The Manager's Pocket Guide to Systems Thinking & Learning. Amherst, Massachusetts: HRD Press.

Hammer, Michael (2004): Der Weg zum supereffizienten Unternehmen, pp. 158–171 in Harvard Business Manager, Oktober 2004.

Hammer, Michael; Champy, James (2001): Reengineering the Corporation. A Manifesto for Business Revolution. London: Nicholas Brealey Publishing.

Hampden-Turner, Charles M.; Trompenaars, Fons (2000): Building Cross-Cultural Competence. How to Create Wealth from Conflicting Values. Chichester et al.: John Wiley & Sons.

Heitger, Barbara; Doujak, Alexander (2002): Harte Schnitte, neues Wachstum. Die Logik der Gefühle und die Macht der Zahlen im Changemanagement. Frankfurt, Wien: Ueberreuter.

Johnson, Gerry; Scholes, Kevan (2002): Exploring Corporate Strategy. 6. Auflage. Harlow: Pearson Education.

Kanter, Rosabeth Moss (2001): Evolve! Succeeding the Digital Culture of Tomorrow. Boston: Harvard Business School Press.

Kanter, Rosabeth; Stein, Barry A.; Jick, Todd A. (Hg.) (1992): The Challenge of Organizational Change. How Companies Experience It and Leaders Guide It. New York: Free Press.

Kaplan, Robert S.; Norton, David P. (2001): Die strategiefokussierte Organisation. Führen mit der Balanced Scorecard. Stuttgart: Schäffer-Poeschel Verlag.

Kirchmer, Mathias; Scheer, August-Wilhelm (2003): Change Management – der Schlüssel zu Business Process Excellence, pp. 1–14 in Scheer, August-Wilhelm; Abolhassan, Ferri; Jost, Wolfram und Mathias Kirchmer (Hg.), Change Management im Unternehmen. Prozessveränderungen erfolgreich managen. Berlin, Heidelberg: Springer-Verlag.

Kohnke, Oliver (2005): Change Management als strategischer Erfolgsfaktor bei ERP-Implementierungsprojekten, pp. 37 – 62 in Kohnke, Oliver und Walter Bungard (Hg.), SAP-Einführung mit Change Management. Konzepte, Erfahrungen und Gestaltungsempfehlungen. Wiesbaden: Gabler Verlag.

Kohnke, Oliver; Bungard, Walter (Hg.) (2005): SAP-Einführung mit Change Management. Konzepte, Erfahrungen und Gestaltungsempfehlungen. Wiesbaden: Gabler Verlag.

Kohnke, Oliver; Bungard, Walter; Madukanya, Virginia (2005): Verbreitung und Stellenwert von Change Management im Rahmen von SAP-Projekten, pp. 110 – 141 in Kohnke, Oliver und Walter Bungard (Hg.), SAP-Einführung mit Change Management. Konzepte, Erfahrungen und Gestaltungsempfehlungen. Wiesbaden: Gabler Verlag.

Königswieser, Roswita; Hillebrand, Martin (2004): Einführung in die systemische Organisationsberatung. Heidelberg: Carl-Auer-Systeme Verlag.

Kostka, Claudia; Mönch, Annette (2002): 7 Methoden für die Gestaltung von Veränderungsprozessen. 2. Auflage, München, Wien: Carl Hanser Verlag.

Kotter, John P.; Cohen, Dan S. (2002): The Heart of Change. Real-Stories of How People Change their Organizations. Boston / Massachusetts: Harvard Business School Press.

Kühl, Stefan; Strodtholz, Petra (Hg.) (2002): Methoden der Organisationsforschung. Ein Handbuch. Reinbek bei Hamburg: Rowohlt Verlag.

Lewin, Kurt (1958): Group Decision and Social Change, in Macoby, E.E.; Newcomb, T.M. and Hartley, E.L. (eds.), Readings in Social Psychology. New York 1958.

Lissack, Michael; Roos, Johan (1999): The Next Common Sense. Mastering Corporate Complexity through Coherence. London: Nicholas Brealey Publishing.

Luhmann, Norbert (1984): Soziale Systeme. Grundriß einer allgemeinen Theorie. Frankfurt am Main: Suhrkamp Verlag.

Mintzberg, Henry (1991): Crafting Strategy, pp. 109 – 118 in The State of Strategy. Harvard Business Paperback Np. 90082, Harvard University.

Mintzberg, Henry; Ahlstrand, Bruce; Lampel, Joseph (1999): Strategy Safari. Eine Reise durch die Wildnis des strategischen Managements. Wien: Ueberreuter.

Morgan, Gareth (1998): Images of Organizations. The Executive Edition. San Francisco: Berrett-Koehler Publishers and Thousand Oaks: Sage Publications.

Müller-Stewens, Günter, Lechner, Christoph (2003): Strategisches Management. Wie strategische Initiativen zum Wandel führen. 2., überarbeitete und erweiterte Auflage. Stuttgart: Schäffer-Poeschel Verlag.

Osterloh, Margit; Frost, Jetta (2001): Management des Wandels, pp. 470 – 474 in Bühner, Rolf (ed.), Management-Lexikon. München, Wien: Oldenbourg-Verlag.

Osterloh, Margit; Frost, Jetta (2003): Prozessmanagement als Kernkompetenz. Wie Sie Business Reengineering strategisch nutzen können. 4., aktualisierte Auflage. Wiesbaden: Gabler Verlag.

Peters, Tom (2004): Re-imagine! Spitzenleistungen in chaotischen Zeiten. Starnberg: Dorling Kindersley Verlag

Probst, Gilbert J.B. (1987): Selbst-Organisation. Ordnungsprozesse in sozialen Systemen aus ganzheitlicher Sicht. Berlin und Hamburg: Verlag Paul Parey.

Probst, Gilbert; Raub, Stefan; Romhardt, Kai (2003): Wissen managen. Wie Unternehmen ihre wertvollste Ressource optimal nutzen. 4., überarbeitete Auflage. Wiesbaden: Gabler Verlag.

Rosenstiel, Lutz von (2000): Grundlagen der Organisationspsychologie – Basiswissen und Anwendungshinweise. 4., überarbeitete und erweiterte Auflage. Stuttgart: Schäffer-Poeschel Verlag.

Rüegg-Stürm, Johannes (2003): Das neue St. Galler Management-Modell. Grundkategorien einer integrierten Managementlehre. Der HSG-Ansatz. 2., durchgesehene Auflage. Bern, Stuttgart, Wien: Verlag Paul Haupt.

Sackmann, Sonja (2002): Unternehmenskultur: Erkennen – Entwickeln – Verändern. Neuwied, Kriftel: Luchterhand Verlag.

Scheer, August-Wilhelm; Abolhassan, Ferri; Jost, Wolfram; Kirchmer, Mathias (Hg.) (2003): Change Management im Unternehmen. Prozessveränderungen erfolgreich managen. Berlin, Heidelberg: Springer-Verlag.

Schein, Edgar H. (1999): The Corporate Culture Survival Guide. Sense and Nonsense about Culture Change. San Francisco: Jossey-Bass Publishers.

Schein, Edgar H. (2003): Angst und Sicherheit. Die Rolle der Führung im Management des kulturellen Wandels und Lernens, pp. 4 – 13 in Organisationsentwicklung. Zeitschrift für Unternehmensentwicklung und Change Management, Nr. 3.

Schreyögg, Georg; Braun, Tobias (2001): Stakeholder-Ansatz, pp. 707 – 710 in in Bühner, Rolf (Hg.), Management-Lexikon. München, Wien: Oldenbourg-Verlag.

Schulz von Thun, Friedemann (1992): Miteinander reden 1: Störungen und Klärungen. Allgemeine Psychologie der Kommunikation. Reinbek bei Hamburg: Rowohlt Verlag.

Senge, Peter M. (1999): Die Fünfte Disziplin. Kunst und Praxis der lernenden Organisation. 7. Auflage. Stuttgart: Klett-Cotta.

Senge, Peter M.; Kleiner, Art; Smith, Bryan, Roberts, Charlotte; Ross, Richard (1999): Das Fieldbook zur Fünften Disziplin. 3. Auflage. Stuttgart: Klett-Cotta

Spencer-Brown, George (1969): Laws of Form, London: George Allen and Unwin.

Stamm, Markus (1999): Controlling als Managementinstrument für den organisatorischen Wandel, pp. 143 – 178 in Spalink, Heiner (Hg.), Werkzeuge für das Change-Management. Prozesse erfolgreich optimieren und implementieren, 2., überarbeitete Auflage, Frankfurt am Main: Frankfurter Allgemeine Buch.

Vahs, Dietmar; Leiser, Wolf (2003): Change Management in schwierigen Zeiten. Erfolgsfaktoren und Handlungsempfehlungen für die Gestaltung von Veränderungsprozessen. Wiesbaden: Deutscher Universitäts-Verlag.

Watzlawick, Paul; Beavin; Janet H.; Jackson, Don D. (1996): Menschliche Kommunikation. Formen, Störungen, Paradoxien. 9., unveränderte Auflage. Bern: Hans Huber-Verlag.

Weick, Karl E. (1998): Der Prozeß des Organisierens. Frankfurt am Main: Suhrkamp Verlag.

Willke, Helmut (1996): Systemtheorie I: Grundlagen. 5. überarbeitete Auflage. Stuttgart: Lucius & Lucius.

Willke, Helmut (1999): Systemtheorie II: Interventionstheorie. Grundzüge einer Theorie der Intervention in komplexe Systeme. 3., bearbeitete Auflage. Stuttgart: Lucius & Lucius.

Mitarbeiterbeteiligung in IT- Projekten durch gemeinsame Prozessgestaltung

Peter Berger
Hochschule für Angewandte Wissenschaften, Hamburg
Peter.Berger@rzbd.haw-hamburg.de

Sebastian Scheube
IDS Scheer AG
Sebastian.Scheube@ids-scheer.com

Zusammenfassung

Die Optimierung der Geschäftsprozesse steht bei IT-Projekten im Vordergrund. Dabei wird aber oft auf das Prozesswissen der Endanwender verzichtet. Dies führt dann zu Qualitätseinbußen beim Prozessmodell und, wegen mangelnder Beteiligung, auch zu Akzeptanzproblemen bei den Mitarbeitern. In einem Forschungsprojekt der Hochschule für Angewandte Wissenschaften Hamburg wurden in Kooperation mit der IDS Scheer AG Beteiligungsinstrumente entwickelt, die Abhilfe schaffen können. Der *ChangeAdviser* ist eine Datenbank, die Prozessbegleiter bei der Berücksichtigung der „weichen Faktoren" im Change Management unterstützt. Der *ChangeDesigner* erlaubt die Beteiligung von Endanwendern bei der Prozessmodellierung unmittelbar von deren Arbeitsplatz aus. Er stellt eine leicht verständliche E-Learning-Einführung in das ARIS-Werkzeug bereit und ermöglicht eine örtlich und zeitlich ungebundene Mitarbeit von Endanwendern in entsprechenden Projektgruppen.

Schlüsselwörter

Mitarbeiterbeteiligung, Akzeptanzprobleme, Change Management, Prozesswissen, Geschäftsprozesse, Prozessmanagement, Prozessmodellierung

1   Erfahrungen

1.1   Prozessoptimierung steht im Mittelpunkt von IT-Projekten – wird aber auf Anwenderseite kaum verstanden

Heute steht bei den meisten IT-Projekten die Optimierung der Geschäftsprozesse im Vordergrund. Dabei gehen die Entscheidungsträger in den Unternehmen aber oft unhinterfragt davon aus, dass schon die bloße Einführung oder die Modernisierung von ERP-Systemen[1] wesentliche Effizienzsteigerungen erbringt. Dieser Trugschluss hat schwerwiegende Folgen, die zu finanziellen Engpässen und Wettbewerbsnachteilen führen können. Kaum richtig durchschaut wird gerade in vielen kleinen und mittelständischen Unternehmen, dass die technischen Systeme lediglich Umsetzungsfunktion haben. Die Installation einer SAP R/3 Software beispielsweise ist erst der letzte Schritt in einer langen Kette von vorausgehenden Analyse- und Optimierungsschritten, in denen die Geschäftsprozesse sorgfältig analysiert und neu konzipiert werden. Solche Ist-Analysen und Soll-Konzepte werden oft mit der Geschäftsprozessmanagement-Software ARIS modelliert.

Was aus der Sicht von IT-Beratern und Management „Geschäftsprozesse" genannt wird, sind für die Menschen im Unternehmen ihre „Arbeitsprozesse". Bei den Beschäftigten mangelt es zu Beginn von IT-Projekten noch stärker als beim betrieblichen Management an realistischen Vorstellungen über die Bedingungen und Wirkungen der Veränderungen ihrer Arbeitsprozesse. Weil es den Projektverantwortlichen oft zu schwierig oder zu aufwändig erscheint, werden die „Endanwender", also diejenigen, die vor Ort mit dem neuen System arbeiten sollen, fast nie in die Analyse und Neugestaltung ihrer Arbeitsprozesse einbezogen. Entsprechende Arbeitsgruppen werden allenfalls mit Key Usern und Abteilungsleitern besetzt. Damit fehlt aber das Know-how der Endanwender bei der Prozessmodellierung, was letztlich zu unvollständigen und falschen Modellen führen kann.

Endanwender haben oft, zumindest in der Anfangsphase des Echtbetriebs, unter Verschlechterungen der Arbeitsbedingungen und unter Mehrarbeit zu leiden. Bilanziert werden allenfalls die direkten Kosten für Nachschulungen und zusätzliche Beratertage. Dem Unternehmen entstehen aber durch Mehrarbeit, Motivations- und Vertrauensverluste, erhöhte Krankenstände und Einigungsstellen Kosten in nicht geahnter Höhe, die in keiner betriebswirtschaftlichen Bilanz auftauchen und oft gar nicht als Folge des IT-Projekts wahrgenommen werden.

---

[1]   ERP = Enterpirse Resource Planning System = Komplettlösungen für betriebswirtschaftliche Software, Beispiel SAP R/3

Nach dem Produktivstart müssen Management und Beschäftigte somit manchmal schmerzhaft lernen, dass es sich z. B. bei SAP-Projekten eben nicht nur um technische Modernisierungen, sondern um tief greifende Restrukturierungen der Arbeitsprozesse handelt, die sorgsam hätten geplant und konfliktmoderierend begleitet werden müssen. Oft werden IT-Projekte dann im Nachhinein „schön geredet". Es kursiert der Spruch: „Wenn nach zwei Jahren der Schmerz nachlässt, war das Projekt ein Erfolg".

1.2 Der Sachverstand der Endanwender als Erfolgsfaktor für effiziente Geschäftsprozesse

Wenn betriebliche Anwender an der Ist-Analyse oder an Soll-Konzeptionen beteiligt werden, handelt es sich meist um ausgewählte Vorgesetzte. Damit wird aber das Know-how der Endanwender aus der Projektarbeit ausgegrenzt.

Der Aufbau des erforderlichen Wissens zur Abwicklung der neuen Geschäftsprozesse wird meist mittels herkömmlicher Anwenderschulungen angestrebt, die zu einem Zeitpunkt erfolgen, da die Geschäftsprozesse durch die Mitglieder der Projektteams bereits festgelegt sind.

Empirische Untersuchungen zeigen aber, dass in vielen Bereichen die Arbeitsergebnisse nicht in der gewünschten Weise durch Schulungen zu verbessern sind. Nötig für eine nachhaltige Kompetenzerweiterung der Mitarbeiter wären neue, auf die Erfordernisse von Restrukturierungs-Projekten ausgelegte Lehr- und Lernformen sowie eine ernsthafte Beteiligung der Endanwender schon bei der Planung. Dies hätte zudem den positiven Nebeneffekt, nicht auf die in der Organisation vorhandene Expertise zur Optimierung der neuen Geschäftsprozesse verzichten zu müssen.

1.3 Kompetenzentwicklung durch Beteiligung

Kompetenzentwicklung kann am besten durch eine frühzeitige Beteiligung der Mitarbeiter erreicht werden. Die geforderten Kompetenzen wachsen durch eine aktive Mitarbeit in den betrieblichen Projekten (Kompetenz = Wollen + Können + Dürfen). Wenn Mitarbeiter Einfluss auf Ziele und Maßnahmen bei der Gestaltung von Arbeits- und Geschäftsprozessen haben, wächst ihre Bereitschaft, mehr Verantwortung für die zu steuernden Prozesse zu übernehmen. Nur wenn diese Bereitschaft durch echte Beteiligung erzeugt wird, kann die tendenziell durch Restrukturierung und Technikeinsatz angelegte Zusammenfassung von Arbeitsfunktionen auf der horizontalen und der vertikalen Ebene wirklich gelingen. Horizontal meint dabei z. B. die Vermeidung von Doppelarbeiten und von Medien-, System- und Organisationsbrüchen. Vertikal lassen sich Arbeitsfunktionen z. B. durch Aufhebung von Hierarchien und durch die Verlagerung von Verantwortung an den Ort des Geschehens integrieren.

1.4   Durch Beteiligung steigt die Qualität der Restrukturierungsprojekte

Werden zukünftige Endanwender in die Ziel- und Maßnahmenfindung bei Restrukturierungen einbezogen, so steigt die Qualität der Projekte stark an. Die meist
vorhandenen Planungs- und Konzeptionsfehler werden so rechtzeitig entdeckt oder
effektiv kompensiert. Wertvolles Praxiswissen kann von Anfang an einfließen,
Reibungsverluste werden minimiert, und es wird ein gemeinsames „Commitment"
über die hierarchischen Ebenen hinweg erzeugt.

Beteiligung hat im Idealfall eine vermittelnde Funktion: Durch Beteiligung er-
wirbt das Management Wissen über die Praxis der Arbeitsprozesse sowie über ihre Veränderungspotenziale und kann so künftige Qualifikationsanforderungen
besser abschätzen. Umgekehrt erwerben die Beteiligten selbst Kompetenzen, mit
denen sie ihre Eignung für die sich verändernden Arbeitsprozesse steigern.

1.5   Entwicklungsmöglichkeiten müssen stimmen

Sollen Beteiligungskonzepte diese Kompetenzsteigerungen auf beiden Seiten –
Management und Beschäftigte – hervorbringen, so müssen die Rahmenbedingungen und Methoden von Beteiligung, auch unter dem Blickwinkel eines erfolgreichen gegenseitigen Lernens, weiterentwickelt werden. Dazu gehört, dass vor allem
folgende Faktoren im Unternehmen, z. B. durch Personal- und Organisationsent-
wicklungsmaßnahmen und Leadership-Development, systematisch gefördert werden:

- Achtung subjektiver Sichtweisen: Jeder hat aus seiner Sicht Recht. Unterschiedliche Sichtweisen müssen moderiert und integriert, nicht aber verein-
  heitlicht werden.

- Befähigung und Ermächtigung zur kompetenten Mitwirkung aller Beschäftigten bei der Modellierung von Geschäftsprozessen: Abbau von kommuni-
  kativen, zeitlichen und entgeltspezifischen Schranken für eine Beteiligung
  auch der unteren Lohngruppen.

- Lernorientierte Beteiligungsmethoden: Analyse-, Befragungs- und Work-
  shop-Methoden, die eine echte Einmischung in die Ziel- und Maßnahmenfindung quer zu den Hierarchien fördern.

- Unternehmensspezifisches Change-Management-Konzept, welches Beteiligung, Mitbestimmung, Kommunikation, Führung und Evaluation in Restrukturierungs-Projekten vereinigt und Grundlage für eine nachhaltige Prozessbegleitung ist.

- Leitlinien und Regeln, nach denen das Verfahren der Beteiligung unternehmensspezifisch mit den Arbeitnehmern und dem Betriebsrat vereinbart
  wird.

2   Beteiligungsinstrumente für die betriebliche Praxis

Viele Beteiligungsprojekte kranken daran, dass für die Beteiligung der Endanwender die materiellen Voraussetzungen in der betrieblichen Praxis nicht gegeben sind. In dem Forschungs- und Entwicklungsprojekt *Personal@Work*[2] haben wir gemeinsam mit Unternehmen Beteiligungsinstrumente entwickelt, die hier pragmatisch Hilfestellung geben können.

2.1   ChangeAdviser: Unterstützung von Prozessbegleitern in IT- Projekten

In nur sehr wenigen Unternehmen gibt es die Funktion eines Prozessbegleiters, der in IT- und Restrukturierungsprojekten auf die „weichen" Faktoren achtet. Wir glauben, dass die mangelnde Motivation von Projektmanagern und Personalverantwortlichen, sich in die Gestaltung von solchen Projekten einzumischen, auch aus Vorbehalten gegenüber den hohen methodischen Anforderungen resultiert, die eine Prozessbegleitung stellen würde. In unseren Untersuchungen sind wir immer wieder auf Führungskräfte gestoßen, die die Notwendigkeit einer mitarbeiterorientierten IT-Systemgestaltung sehr wohl erkennen, die aber keine Instrumente für die konkrete Mitarbeit im betreffenden Projekt zur Verfügung haben.

Aus diesen Erkenntnissen schließen wir, dass Führungskräfte bei der Mitgestaltung von IT-Projekten professionell unterstützt werden müssen. Daraus ist die Idee unseres *ChangeAdviser* entstanden.

Wir haben Hilfsmittel und Werkzeuge für die Prozessbegleitung an die Phasen herkömmlichen Projektmanagements angebunden. Wer also IT-Projekte mit den eingeführten Projektmanagementmethoden plant und durchführt, kann unsere Werkzeuge passend für die jeweils aktuelle Phase des Projektmanagements finden und dort anwenden. Der *ChangeAdviser* ist ein datenbankgestütztes Vorgehensmodell mit integriertem Werkzeugkasten. Er dient der Beratung, Qualifizierung, Supervision und dem Coaching von Projektmanagern und Führungskräften. Die Datenbank ist ab Mai 2005 einsatzbereit und steht dann als Probeversion auf der Projekt-Homepage www.e-personalarbeit.de zur Verfügung.

2.2   ChangeDesigner: Beteiligungsinstrument für Endanwender

Neben dem *ChangeAdviser* stellen wir ein weiteres Werkzeug bereit: den *Change-Designer*. Der *ChangeDesigner* erlaubt die Beteiligung von Endanwendern bei der

---

[2]   Verbundprojekt der Hochschule für Angewandte Wissenschaften Hamburg mit Wirtschaftsunternehmen, gefördert vom Bundesministerium für Bildung und Forschung im Rahmen des Programms „Innovative Arbeitsgestaltung – Zukunft der Arbeit", Teilprogramm „Arbeit im E-Business"; weitere Informationen zum Projekt siehe Projekt-Homepage www.e-personalarbeit.de.

Restrukturierung betrieblicher Geschäftsprozesse unmittelbar von deren Arbeitsplatz aus. Das Werkzeug wird ab Anfang 2005 angeboten und zurzeit in Unternehmen und öffentlichen Verwaltungen erprobt.

Hintergrund ist die Erkenntnis, dass der Verzicht auf die Beteiligung von Endanwendern meist nicht macht- oder kostenpolitisch begründet ist, sondern oft banale Hintergründe hat:

- mangelnde Kenntnis und damit mangelndes Interesse der Betroffenen und ihrer Vorgesetzten *und*

- mangelnde materielle Möglichkeiten einer Beteiligung durch zeitliche und räumliche Restriktionen.

Werden aber Endanwender nicht beteiligt, so kann das der Softwareeinführung zugrunde liegende Prozessmodell nur sehr grob modelliert werden. Das Wissen und die Erfahrungen der Endanwender über ihre eigenen Arbeitsprozesse werden nicht erfasst und nicht berücksichtigt. Damit tritt den Menschen am Arbeitsplatz das resultierende Arbeitssystem dann als fremd und von außen aufgezwungen gegenüber. Die Erfahrung zeigt, dass dies oft zu Misserfolgen von Restrukturierungsprojekten beiträgt.

Im Folgenden wird das Projekt zur Entwicklung des *ChangeDesigner* sowie das Tool selbst vorgestellt.

Das Projekt

Der *ChangeDesigner* wurde im Rahmen des Forschungsprojekts „Personal@Work" von der Hochschule für Angewandte Wissenschaften Hamburg in Kooperation mit der IDS-Scheer AG entwickelt.

Ziel war es, eine leicht verständliche E-Learning-Einführung in die Arbeit der datenbankunterstützten Prozessmodellierung bereitzustellen und dem unerfahrenen Endanwender die Möglichkeit zu geben, vom Arbeitsplatz aus auf die Prozessmodellierung Einfluss zu nehmen. Kern des Tools sollten Funktionen sein, die eine örtlich und zeitlich ungebundene Mitarbeit in entsprechenden Projektgruppen ermöglichen. Damit sollten sowohl ungeübte Mitarbeiter als auch der Betriebsrat die Möglichkeit erhalten, sich an der Gestaltung des eigenen IT-Projekts von Anfang an zu beteiligen.

Als weit verbreitete Software für die Modellierung wurde eine SAP-Einführung unter dem datenbankbasierten Geschäftsprozessmanagementsystem ARIS der Firma IDS Scheer gewählt. Der *ChangeDesigner* kann mit wenig Aufwand auch an alle anderen Restrukturierungsprojekte angepasst werden, in denen eine Modellierung der Arbeits- und Geschäftsprozesse mit einem Datenbanksystem eine Rolle spielt. Dies können z. B. Projekte zur Einführung einer Balanced Scorecard, Qualitätsmanagementsysteme o. ä. sein.

Das Projekt war in zwei Phasen gegliedert:

Die erste Phase „Konzeption" beinhaltete folgende Aktivitäten:

- Gemeinsamer Workshop mit

  - Zieldefinition

  - Festlegung Funktionsumfang (E-Learning / Kommunikationsplattform)

  - Festlegung Einsatz von Technologien

  - Festlegung Vorgehen

- Nachbereitung / Dokumentation / Entwicklungsspezifikation.

Die zweite Phase „Realisierung / Schulung" beinhaltete folgende Aktivitäten:

- Entwicklung

  - der Kommunikationsplattform – Prozessdefinitionsplattform

  - des Storyboards

  - der Produktion der E-Learning-Elemente

- Test

- Installation mit Einweisung

- Erstellung Dokumentation / Handbuch

- Schulung / Einführungsworkshop

Der ChangeDesigner

Der *ChangeDesigner* ermöglicht eine zeit- und ortsunabhängige Gestaltung von Geschäftsprozessen. Grafische Prozessmodelle bilden dabei eine gemeinsame Beschreibungssprache, die nach kurzer Einführung von jedem Mitarbeiter verstanden werden kann. Es werden im Rahmen der organisationsübergreifenden Prozessgestaltung verschiedene Rollen definiert. Dabei kann grundsätzlich zwischen der Ersteller- und der Betrachterseite unterschieden werden. Die folgende Abbildung zeigt mögliche Akteure bzw. Beteiligte und deren Aufgaben innerhalb einer webbasierten Kommunikationsplattform.

Der Einstieg in den *ChangeDesigner* führt über eine Startseite. Sie ermöglicht den Zugriff auf E-Learning-Bausteine, die in die Thematik und die Nutzung der Plattform einführen. Diese E-Learning-Module bestehen aus mehrminütigen Flash-Animationen, die mit gesprochenem Einführungstext unterlegt sind.

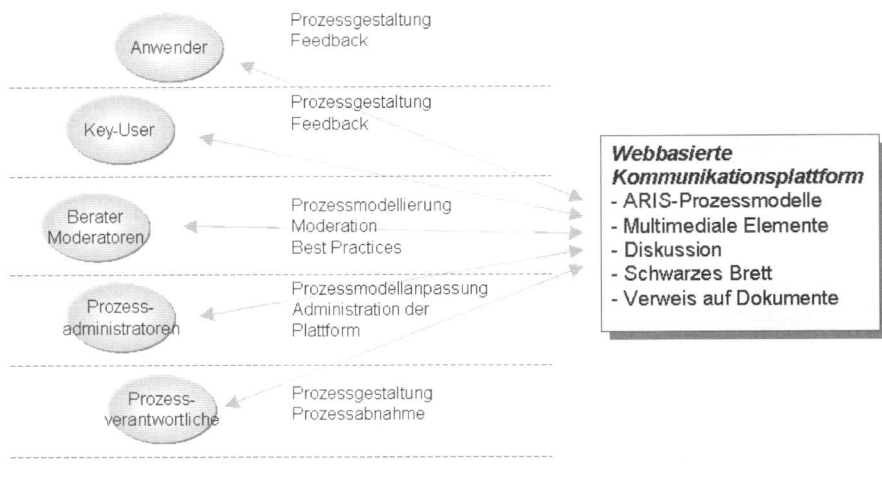

Abb. 10. Grundkonzept des ChangeDesigner

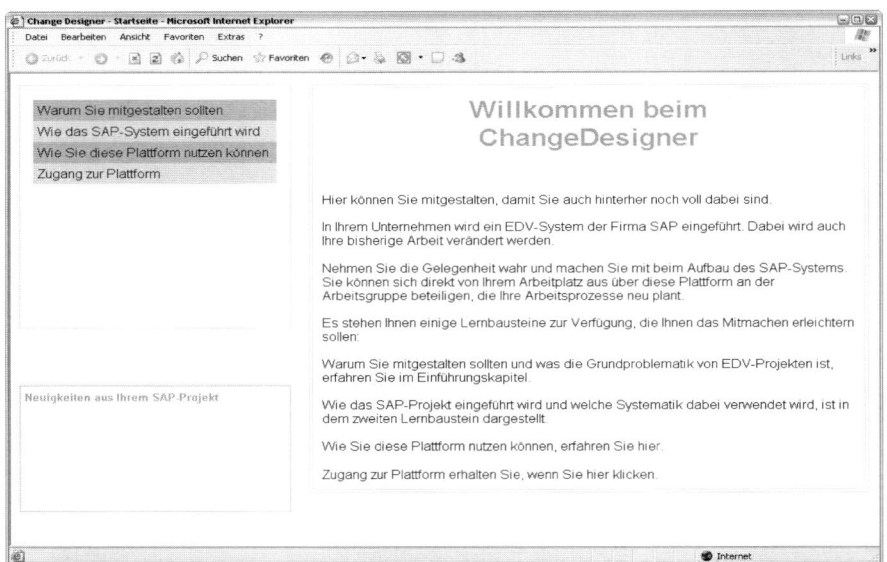

Abb. 11. Startseite des ChangeDesigner

Folgende Inhalte sind in diesem Beispiel realisiert[3]:

- Modul 1 „Warum Sie mitgestalten sollten": Ausführliche Erläuterung zur Gestaltung von Geschäftsprozessen und zur Notwendigkeit, die späteren Anwender in die Prozess-Design-Phase einzubeziehen.

- Modul 2 „Wie das SAP-System eingeführt wird": Definition des Begriffes Prozess und der Thematik Prozessmanagement, Erläuterung der ARIS-Methodik und Beschreibung des Aufbaus von Prozessmodellen.

- Modul 3 „Wie Sie diese Plattform nutzen können": Anleitung zur Nutzung der Plattform auf der Erstellerseite, d. h. Aufruf und Kommentierung von Prozessmodellen.

Die News-Seite „Neuigkeiten aus Ihrem SAP-Projekt" auf der Startseite kann dazu genutzt werden, Ergänzungen und Änderungen, die in der Prozessdatenbank vorgenommen worden sind, anzukündigen.

Damit die Plattform mit Prozessmodellen „befüllt" werden kann, werden die im ARIS Toolset abgelegten Prozessmodelle durch die entsprechende Rolle, in diesem Fall durch den Plattformadministrator, mit dem ARIS WebPublisher in eine web-

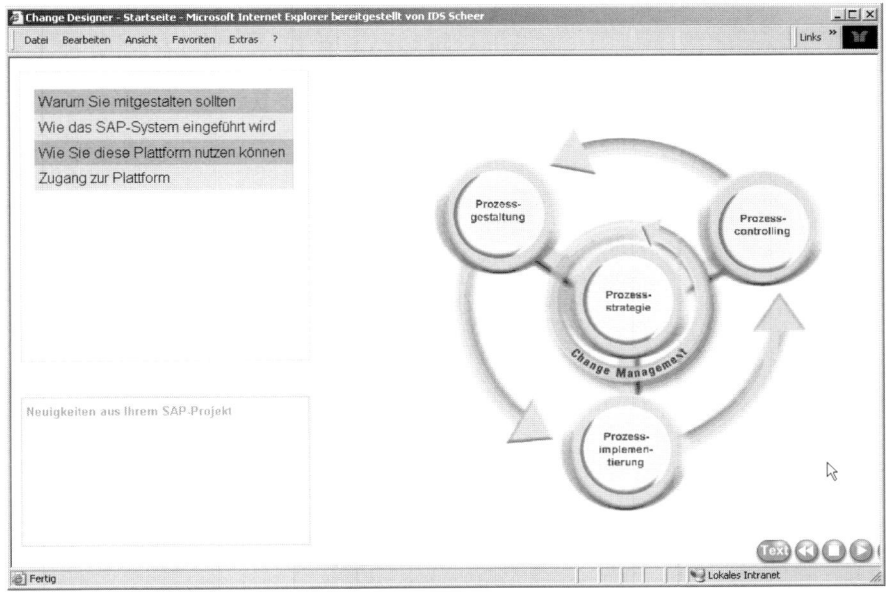

Abb. 12. Ausschnitt aus einem E-Learning-Modul

---

[3]   In diesem Beispiel handelt es sich um die Soll-Prozess-Definition im Rahmen einer prozessorientierten SAP R/3 Einführung.

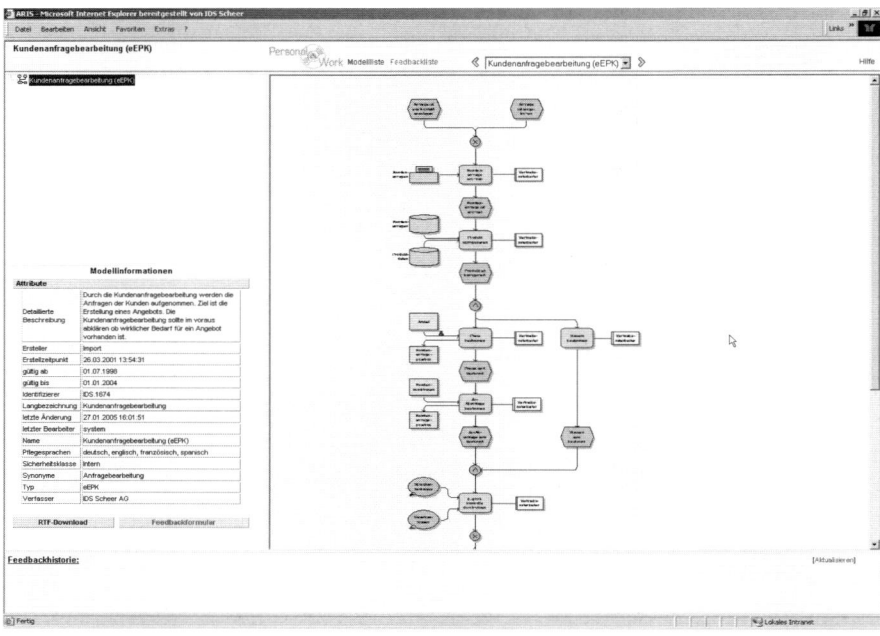

Abb. 13. Aufgerufenes Prozessmodell im Webbrowser

fähige Version umgewandelt. Anschließend werden die webfähigen Prozessmodelle in der Plattform abgelegt. Ziel der Veröffentlichung der Prozessmodelle im
Intranet ist es, die späteren Anwender der Geschäftsprozesse noch vor der Implementierungsphase in die Prozess-Design-Phase zu integrieren. Der Anwender
muss dabei nicht Teil des Projektteams sein, sondern kann aus dem Tagesgeschäft
heraus direkt auf die definierten Prozessmodelle zugreifen und seine Anmerkun-
gen im Intranet veröffentlichen. Dazu greift der Anwender mittels eines Internet
Browsers von seinem Arbeitsplatz auf die publizierten Modelle zu.

Um die Mitgestaltung durch Endanwender im Rahmen des Geschäftsprozessdesigns
zu ermöglichen, kann der Betrachter mit Hilfe des *ChangeDesigner* zu jedem Modell bzw. den darin enthaltenen Objekten Feedback geben. Das Feedback ist nach
Eingabe durch den Betrachter für alle anderen Nutzer des *ChangeDesigner* unter
dem Namen des „Feedback-Gebers" sichtbar. Somit wird, wie in der Grundkonzep-
tion gefordert, ein prozessbezogener virtueller Beteiligungsraum geschaffen.

Damit die Diskussion bzw. die virtuelle Gestaltung eines Geschäftsprozesses ziel-
gerichtet abläuft, sollte auf der Erstellerseite ein Moderator definiert werden, der
zentral auf die Feedbacks reagiert. Die Feedbacks stehen dazu gesammelt auf einer
Seite zur Verfügung. So kann der Ersteller und auch jeder Betrachter auf einen
Blick sehen, zu welchen Prozessmodellen Feedback abgegeben wurde, und auch
direkt von dort in das jeweilige Prozessmodell springen.

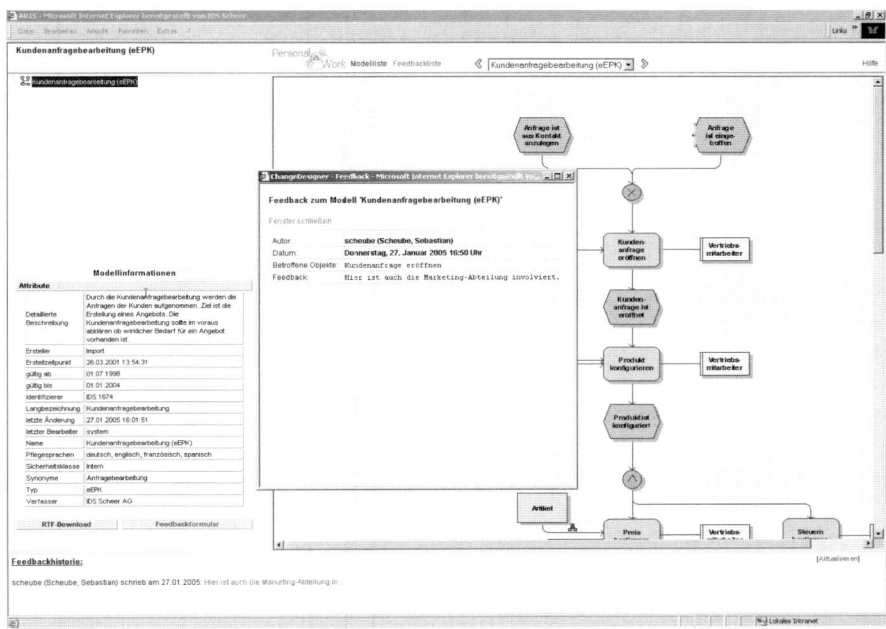

Abb. 14. Feedback zum aktuell geöffneten Modell

Das Reagieren auf das Feedback eines Nutzers durch einen anderen Nutzer kann darin bestehen, das Feedback zu kommentieren bzw. Ergänzungen vorzunehmen. Der Moderator sollte in festegelegten Abständen auf die Feedbacks reagieren, was ebenfalls darin bestehen kann, genau wie der Nutzer eine Kommentierung vorzunehmen oder aber das entsprechende Modell bzw. Objekt zu ändern. Dazu wird das Prozessmodell im ARIS Toolset geöffnet, geändert und anschließend erneut publiziert. Das bisher zu diesem Prozessmodell abgegebene Feedback geht dabei nicht verloren. Erst wenn entschieden wird, ein Prozessmodell aus der Datenbank zu löschen, wird auch das korrespondierende Feedback nicht mehr angezeigt.

Die einfache Handhabung der Plattform ermöglicht es, die Funktionalität der prozessbezogenen Diskussion auch im Rahmen anderer Vorhaben einzusetzen, zum Beispiel bei der Entwicklung von Software, der Einführung eines Qualitätsmanagementsystems oder beim Ideenmanagement in Form eines Vorschlagwesens. Der Feedbackbogen kann dabei beliebig erweitert werden, etwa um Felder zur Bewertung in Form einer Benotung. Im E-Learning-Kompetenzzentrum Bergedorf der HAW Hamburg ist eine Anpassung der E-Learning-Einführungs-Module an spezielle Projektgegenstände jederzeit flexibel möglich.

Literatur und weitere Informationen zum Projekt

siehe Projekt-Homepage www.e-personalarbeit.de

Autorenverzeichnis

Prof. Dr. Peter Berger
Fachbereich Naturwissenschaftliche Technik
Hochschule für Angewandte Wissenschaften Hamburg
Lohbrügger Kirchstraße 65
D-21033 Hamburg
E-Mail: *Peter.Berger@rzbd.haw-hamburg.de*

Patrick Blume
Senior Business Consultant
SAP Business Consulting EMEA
SAP Deutschland AG & Co. KG
Zeppelinstr. 2
D-85399 Hallbergmoos (Munich), Germany
E-Mail: *Patrick.Blume@sap.com*

Peter Friederichs
Geschäftsführender Gesellschafter
CELIDON CONSULTING GmbH
Alfonstraße 1
D-85551 Kirchheim b. München
E-Mail: *info@celidon.de*

Ingrid Katharina Geiger, MBA
Senior Consultant
IDS Scheer AG – Consulting
Altenkesselerstr. 17
D-66115 Saarbrücken
E-Mail: *IngridKatharina.Geiger@ids-scheer.com*

Dr. Maximilian Gontard
Manager Human Capital Management
IDS Scheer AG – Consulting
Lindwurmstr. 23
D-80337 München
E-Mail: *Maximilian.Gontard@ids-scheer.com*

Frank Haupenthal, MBA
Projektleiter FRA PS
Deutsche Lufthansa AG
E-Mail: *Frank.Haupenthal@dlh.de*

Dr. Thomas Hemmann
Stellvertretender Leiter des Projekts „Führung und Kommunikation, Controlling"
im Bundesministerium für Verkehr, Bau- und Wohnungswesen
Postfach 20 01 00
D-53170 Bonn
E-Mail: *hemmann@bmvbw.bund.de*

Dr. Claus Hüsselmann
Practice Leader Öffentlicher Sektor
Project Manager Consulting
IDS Scheer AG – Consulting
Altenkesselerstr. 17
D-66115 Saarbrücken
E-Mail: *Claus.Huesselmann@ids-scheer.com*

Prof. Dr. Wolfgang Jäger
Dr. Jäger Management-Beratung
Limburger Straße 50
D-61462 Königstein i. Ts.
E-Mail: *Jaeger@djm.de*

Dr. Wolfgang Kraemer
Vorstandssprecher
imc information multimedia communication AG
Altenkesseler Straße 17/D3
D-66115 Saarbrücken
E-Mail: *Wolfgang.Kraemer@im-c.de*

Dr. Monika Labes
Lehrstuhl für Psychologie
Technische Universität München
Lothstr. 17
D-80335 München
E-Mail: *Labes@wi.tum.de*

Dr. Christoph Meier
Senior Consultant
Leiter CC-Bildungscontrolling
imc information multimedia communication AG Schweiz
Industriestrasse 50a
CH-8304 Wallisellen
E-Mail: *Christoph.Meier@im-c.de*

Daniel Misof
Manager
Core Service BPM
IDS Scheer AG
Lindwurmstraße 23
D-80337 München
E-Mail: *Daniel.Misof@ids-scheer.com*

Sebastian Scheube
Manager
IDS Scheer AG
Weidestr. 120 b
D-22083 Hamburg
E-Mail: *Sebastian.Scheube@ids-scheer.com*

Fabian Schmidt-Schröder
Senior Consultant
Management Consulting
IDS Scheer AG
Lindwurmstr. 23
D-80337 München
E-Mail: *Fabian.Schmidt-Schroeder@ids-scheer.com*

Peter Sprenger
Director Consulting
imc information multimedia communication AG
Altenkesseler Straße 17/D3
D-66115 Saarbrücken
E-Mail: *Peter.Sprenger@im-c.de*

Druck und Bindung: Strauss GmbH, Mörlenbach